TABLES OF
RANDOM PERMUTATIONS

Lincoln E. Moses and Robert V. Oakford

STANFORD UNIVERSITY PRESS
STANFORD, CALIFORNIA · 1963

Stanford University Press
Stanford, California
© 1963 by the Board of Trustees of the
Leland Stanford Junior University
All rights reserved
Library of Congress Catalog Card Number: 63-12041
Printed in the United States of America

QA 165 .M6 1963

Moses, Lincoln E.
Tables of random permutations

512.925 M853t

PREFACE

Research workers in the biological, physical, and social sciences and in engineering are using tables of random numbers increasingly. This is because of the fundamental requirement of randomness in statistical techniques for testing hypotheses and in other forms of statistical inference.

However, for many common uses tables of random numbers are less useful than tables of random permutations. An investigator drawing a random sample from a finite population, or arranging a group of specimens in random order, or assigning treatments at random to a given set of experimental units, will find a table of random permutations easier to use, and often much easier. Several examples of typical uses of random permutations are presented.

This volume provides tables of random permutations of 9, 16, 20, 30, 50, 100, 200, 500, and 1000 integers. The RAND deck of a million random digits was used as the source of random integers. The method whereby the random integers were used to generate permutations is described in detail in the Appendix.

The permutations of 9, 16, 20, 30, and 50 integers were (separately) subjected to tests for randomness based on the following statistics: (1) length of longest run, (2) Spearman's rank-correlation coefficient, (3) Friedman's analysis-of-variance statistic, (4) the distribution of runs (up and down) of length 1, 2, and 3 or more. The results of these tests are presented.

It is believed that these tables will be of particular value for laboratory researchers in biology, for psychologists arranging training trials, and for quality control engineers.

The authors wish to express their appreciation to Lynne Chatterton and Claude J. Wilson for their assistance in writing and testing the computer program, Mrs. Shirley Eberley for her assistance in programming the statistical tests, and Elizabeth M. Strachan for typing the manuscript.

LINCOLN E. MOSES
ROBERT V. OAKFORD

Stanford University
July 1962

CONTENTS

Introduction   1

Tables

    Table 1—960 permutations of the integers 1–9   9

    Table 2—850 permutations of the integers 1–16   17

    Table 3—720 permutations of the integers 1–20   34

    Table 4—448 permutations of the integers 1–30   52

    Table 5—400 permutations of the integers 1–50   68

    Table 6—216 permutations of the integers 1–100   93

    Table 7—96 permutations of the integers 1–200   120

    Table 8—38 permutations of the integers 1–500   152

    Table 9—20 permutations of the integers 1–1000   190

Appendix   231

INTRODUCTION

Typical Uses of Tables

Investigators use tables of random numbers for purposes belonging to two general classes: sampling with replacement, and sampling without replacement. Tables of random numbers are well suited to the first, and less well to the second. The tables in this book are better suited to sampling without replacement.

If an investigator wishes to simulate 20 trials of a fair coin, he should prefer a table of random numbers to the tables in this book; he would proceed by scoring heads for each even digit and tails for each odd one. If, however, he wishes to simulate 20 trials with a fair coin subject to the condition that 10 trials result in heads and 10 in tails, the tables in this book are more convenient by far. He would turn to Table 3 and score heads for each of the integers 1 to 10, and tails for each of the others. The order in which the sequence of H's and T's is written down is given by the order in which the corresponding integers are encountered in the random permutation.

Experimenters more often have a problem of the second sort than of the first. (The second problem, for example, can arise in certain psychological experiments where 10 out of 20 trials are to be rewarded at random; this same problem corresponds to assigning 10 of 20 mice at random to treatment A, the others to treatment B.) Statistics teachers are very likely to have problems of the first sort, e.g., problems of repeated trials or sampling with replacement in illustrating the binomial distribution.

The following examples will help to illustrate the use of the tables.

EXAMPLE 1. *To assign 27 mice at random to three treatments, A, B, and C.*

Enter Table 4. Assign integers 1-9 to treatment A, 11-19 to treatment B, and 21-29 to treatment C; integers 10, 20, and 30 are not used. The first mouse (either the one with the lowest serial number, or simply the first one grabbed from the cage) is assigned to treatment A, B, or C in accordance with whether the first integer in the permutation is in the sequence 1-9, 11-19, or 21-29, respectively. Then the second mouse is assigned to a treatment group on the basis of the second integer in the permutation. This is continued until all 27 have been assigned. The numbers 10, 20, and 30 in the permutation are simply ignored. Clearly this could also be accomplished with a table of random numbers, but it is much less convenient. It requires looking through the integers 00-99 at each step; and when only two or three numbers remain to be found, the search for them may be long and tedious. Procedures to mitigate this difficulty can be developed, but this increases the complexity of the randomization and does not remove the problem.

EXAMPLE 2. *To construct a random sequence of* 13 *zeros and* 7 *ones, the ones to constitute rewarded trials in a sequence of* 20 *trials in a learning experiment.*

Enter Table 3. Replace each of the integers 1-7 with a 1 and each other integer by a 0. The sequence of zeros and ones is dictated by the order in which the integers 1-7 are encountered in the random permutation.

EXAMPLE 3. *Given* 70 *consecutive patients, to assign* 35 *at random to treatment A and* 35 *to treatment B.*

Enter Table 6. Use only the integers 1-35 and 51-85 and ignore all other integers. Assign consecutive integers (excluding 36-50 and 86-100) from the permutation to consecutive patients. Then the patients receiving the integers 1-35 are assigned to treatment A and those receiving the integers 51-85 are assigned to treatment B.

EXAMPLE 4. *To draw a sample of accounts receivable in auditing practice.*

Auditors sometimes use sampling inspection for auditing accounts receivable or inventories when a company has a large number of accounts with a relatively small dollar value in each account.

If there is a list of 950 such accounts, numbered from 1 to 950, and it has been determined that 10 per cent of the accounts are to be inspected, enter Table 9 and select a permutation. Ignore all integers that exceed 950, but otherwise select the first 95 integers from the permutation. Next arrange the integers selected in ascending sequence. This sequence of integers identifies those accounts that are to be inspected.

In an audit, such as a bank examination, where each account is examined but the examination requires several days, the foregoing technique could be used to select the accounts that would be examined on a given day.

EXAMPLE 5. *To arrange* 105 *objects in random order.*

METHOD A. Enter Table 7 (integers 1 to 200) and write down the integers in the same order as they appear in the permutation, except that the integers 106-200 are ignored.

METHOD B. Enter Table 6 (integers 1 to 100, identifying * as 100). Choose the first permutation not already used. Add at the end of that permutation 101, 102, 103, 104, 105. Now enter a table of random numbers to choose one between 001 and 101. Suppose it is 36; cross out 101 and replace it by 36, cross out 36 and replace it by 101. (Or, alternatively, interchange the integers in the 36th and 101st positions of the permutation.) Now enter the table of random numbers and choose a number between 001 and 102. Proceed as before. Make three more drawings for 103, 104, 105. The 105 integers at this stage constitute the random permutation sought.

EXAMPLE 6. *To simulate a* 2×2 χ^2-*table process.*

This is a case of a sampling experiment where the statistics instructor will find a table of random permutations more convenient than a table of random numbers. Suppose that two treatments E and C are applied to 40 and 60 subjects, respectively, and that 38 of the applications result in success and 62 in failure. The results might correspond to

	Success	Failure				Success	Failure	
Treatment E	20	20	40	or	E	12	28	40
C	18	42	60		C	26	34	60
	38	62				38	62	

or to any of 37 other tables with the same marginal totals. The distribution of χ^2 for this situation can be empirically estimated by entering Table 6 and replacing the integers 1–38 by "success," the others by "failure"; then the number of successes found in the first 40 integers of the permutation correspond to the number of successes in treatment E, and the remaining three entries in the table can be filled in by subtraction from marginal totals. This sample then yields a corresponding value of the χ^2 statistic; by drawing many samples the distribution can be approximated empirically.

EXAMPLE 7. *To arrange 81 pathological slides, consisting of nine from each of nine subjects, in random order.*

In such examinations, the random order is necessary so that clues from one slide of a patient may not influence readings made by the investigator on other slides of the same subject.

Enter Table 6. The nine slides of subject I are given the first nine integers (between 01 and 81) found in the permutation; the nine slides of Subject II are given the next nine integers, and so on. Then the slides are arranged in the order prescribed by the numbers so assigned to them.

EXAMPLE 8. *To simulate the frequency with which "patterns" of a specified kind can be found in random sequences of given composition.*

The sperm whale myoglobin molecule consists of 151 amino acids, linearly arranged [1]. There are 17 different types of amino acid appearing. We list the common abbreviations of these types together with their frequencies below:

gly	11	thr	5	his	11
ala	17	met	2	phe	6
val	6	asp	8	tyr	3
leu	18	glu	17	hy	2
ileu	8	lys	18	pro	4
ser	6	arg	4		

Long scrutiny of the sequence can lead to conjectured patterns of regularity. Naturally it may be asked whether a random sequence of 151 amino acids with the above frequencies might not admit the finding of as much, or more, "regularity." This matter can be investigated by constructing random permutations, using Table 7, and then studying the "regularity" found. Integers 1–11 would denote gly, integers 12–28 ala, and so on.

EXAMPLE 9. *To sample at rate 1/k from a continuous production process.*

The common practice of selecting for inspection every kth item from the production line may be objected to on both theoretical and practical grounds.

The theoretical objection is that is does not actually give each item produced an equal chance to be selected for the sample. The practical objection is that the sample selected may not be representative of the production process because, when the sampling plan is obvious, more care may be used in producing items that are to be inspected than in producing the others. Both of these objections may be overcome by employing the tables of random permutations. Sampling is to be performed at rate 1/16, and 992 or more items remain to be produced.

Enter Table 9 and select a permutation. Since $16 \times 62 = 992$, ignore all integers that exceed 992 but otherwise select the first 62 integers from the permutation. Next, arrange the integers selected in ascending sequence. This sequence of integers identifies the items to be included in the sample when the integers 1, 2, 3, $\cdots$, 992 are associated with the next 992 items produced.

Other tables could be adapted for this purpose, for example, Table 1. If the total number of items to be produced exceeds the capacity of all the tables in the book, there are theoretical objections to re-using the tables in the same manner. In such a case, it may be desirable to program a computer to generate permutations as required. A flow diagram for the permuting algorithm is in the Appendix.

Of course, these tables can be used in a similar manner for selecting a sample for inspection when production is by lots rather than continuous.

Method Used To Generate Permutations

These tables give rather many permutatations of the integers 1, $\cdots$, N for N small and rather few permutations for N large. This is partly because of expense. If an investigator needs very many (say 1,000) permutations of length N, he will find that it is advantageous to run them off on a high-speed computer, and for this reason the method of constructing these tables is given in detail below. Further details of interest to a programmer are discussed in the Appendix.

Memory positions 1 to N are established and the integers 1 to N are placed in them in that order (although any order would suffice). The computation proceeds in cycles, the jth cycle ending in reducing, by one, the value of a control index M_j. The first cycle begins with the control index, M_1, having the value N. We have available a supply of random integers uniformly distributed on an interval 1 to K_0, where $K_0 \geq N$. This supply may be a deck (as in our case) or the output of a subroutine. The jth cycle proceeds as follows. A random integer is drawn. It is compared with the control index, M_j (which is equal to $N + 1 - j$). If it exceeds M_j, it is discarded and a new integer is drawn. This is continued until an integer not exceeding M_j is drawn; that integer we call I_j. Then the following things are done:

(1) The memory position I_j contains some integer, which is removed and placed temporarily in a memory position that will be identified as TEMP;

(2) The integer stored in memory position M_j is removed and placed in memory position I_j;
(3) The integer stored in memory position TEMP is removed and placed in memory position M_j.
(4) The value of M_{j+1} is set at $N-j$. After $N-1$ such cycles, the integers in memory registers 1 to N have been randomly permuted.

If a second permutation is required, the control index is reset to the value N, and the computation is repeated, thereby permuting the previous permutation. For convenience in later notation, we regard $*$ as denoting 100.

A little reflection shows that the program as so far described is only a convenient systematic method of keeping track of which memory positions have already entered the permutation. After many cycles, M_j becomes much less than K_0 (the maximum of the random integers), and the probability of coming upon unusable random integers, i.e., ones exceeding M_j, grows. The program can be modified to reduce the average number of random integers that must be discarded; let it simply be provided that when M_j reaches K_1, the largest divisor of K_0, all random integers be reduced modulo K_1 before being compared with M_j. Later reductions modulo other divisors (K_2, etc.) can be used as M_j continues to shrink. When the integers 1–100 are permuted, one could conveniently use the moduli 50, 25, 12, and 6. For each divisor, there is an associated multiplier $F = 2, 4, 8$, and 16. I is discarded whenever $I > F \times K$ or when $I' > M_j$, where I' is the reduction of I modulo K.

In the case of a computer that works in binary numbers, the successive moduli K_1, K_2, etc., by which to reduce random integers, are most naturally taken as $2^r, 2^{r-1}, \cdots, 2^1$ because this means that the various phases corresponding to K_0, K_1, K_2, etc., are simply the periods during which random integers with (successively) $r+1$ binary digits, r binary digits, $r-1$ binary digits, etc., are used.

The expected number of random integers in the range $1, \cdots, N$ which must be observed to find one lying between 1 and m is N/m. Then, the expected number of integers needed to reduce M_j from 2^r to 2^{r-1} is

$$\frac{2^r}{2^r} + \frac{2^r}{2^r - 1} + \frac{2^r}{2^r - 2} + \cdots + \frac{2^r}{2^r - (2^{r-1} - 1)} = \{2^r\} \sum_{j=0}^{2^{r-1}-1} \frac{1}{2^r - j}.$$

And the average number of random integers used per integer placed in the permutation is obtained by dividing the sum by 2^{r-1}, giving

$$A_r = \{2\} \sum_{j=0}^{2^{r-1}-1} \frac{1}{2^r - j}.$$

By writing the terms of the sum in A_r for two successive values of r and grouping pairs of terms in the sum with the larger value of r, it can be seen that A_r is an increasing function of r. Application of the Euler-Maclaurin summation formula gives the limiting value

$$\lim_{r \to \infty} A_r = 2 \log 2 = 1.3862 \cdots.$$

We thus have the conclusion that where the integers $1, \cdots, 2^r$ are permuted by the method given here, using binary random integers, the expected number of them needed will be less than $1.3862 \ (2^r)$. This efficiency compares advantageously with that of permuting the integers 1 through 6 by using a die, which requires an expected number of throws equal to

$$6/6 + 6/5 + 6/4 + 6/3 + 6/2 + 0 = 6(1.45) .$$

Tests of Randomness

The tables were constructed by using a deck of RAND'S million random digits [2] instead of (less expensively) employing a subroutine to generate pseudo-random integers. The reason for this was that if the RAND digits must be regarded as the outcome of a "truly random" process, then perforce so must these permutations. In effect it was to be hoped that this mode of construction would provide permutations which would automatically exhibit good evidence of randomness. The tests described below not only are descriptive of these permutations, but are in effect further tests of the RAND digits.

Four kinds of tests were applied to Tables 1, 2, 3, 4, 5. No tests were applied to the permutations of length 100 and greater.

(1) *Longest run.* A "run up" of length K is a set of K consecutive integers each larger than its predecessor. A "run down" has a similar definition. The longest run (of either sort) has a distribution tabulated by Olmstead [3]. (For $N = 16, 30, 50$, interpolation was necessary in his Table V to obtain the required cumulative distribution function.) The empirical distribution was compared with the theoretical by the χ^2 test. In each case five cells were used, and the values of χ_4^2 and their significance levels are given in Tabulation I. The very large value at 30 reflects a sharp excess of longest runs of 4, offsetting a similar shortage of longest runs of 2.

TABULATION I

N	χ_4^2	p
9	2.893	.576
16	.502	.973
20	2.150	.708
30	19.342	.001
50	4.006	.405
	28.893	.089

(2) *Rank correlation of permutation with order position.* For each permutation the values of Spearman's rank correlation r_s was computed, correlating the permutation against the standard order $1, 2, \cdots, N$. This was done automatically, and the results were distributed into either 10 or 12 class intervals of equal width. The empirical frequencies were then compared by the χ^2 test with theoretical frequencies given by the normal

distribution for $N = 16, 20, 30$, and 50, and by the exact distribution for $N = 9$. The results are given in Tabulation II.

TABULATION II

N	χ^2	Degrees of Freedom	p
9	11.885	9	.220
16	5.912	11	.879
20	7.676	11	.742
30	8.971	9	.440
50	11.338	9	.253
	45.782	49	.604

(3) *Friedman's analysis-of-variance statistic.* The sum of the integers appearing 1st, 2nd, $\cdots$, nth in K successive permutations of $1, 2, \cdots, N$ has an asymptotically normal distribution as K grows. Friedman's statistic enables one to assess the degree to which these sums in the N order positions reasonably approximate equality. For each table K was taken as 8 (except for $N = 16$, where 10 was more convenient). Friedman's statistic was computed. It should have a χ^2 distribution with degrees of freedom $N - 1$. The obtained values of the statistic were distributed into classes corresponding to the deciles of the relevant χ^2 distribution (except for $N = 9$, where there were sufficiently many values to permit dividing the upper and lower deciles into cells each containing probability .05 and with expected frequency 6). The empirical distributions were then compared with the theoretical by the χ^2 test. The results are given in Tabulation III. It is seen that the fit is not good, but this does not imply that the integers are unequally distributed among the N positions. For example, nearly half of the χ^2 shown for $N = 20$ reflects an excess of values of Friedman's χ^2 statistic lying between the .30 and .40 points of the χ^2 distribution; similarly, two-thirds of the χ^2 shown for $N = 16$ arises from excessive frequency of Friedman's statistic in the two intervals .30 to .40 and .60 to .70.

TABULATION III

N	χ^2	Degrees of Freedom	p
9	16.081	11	.138
16	18.666	9	.028
20	14.847	9	.095
30	8.964	9	.441
50	6.848	9	.653
	65.406	47	.040

(4) *Runs up and down.* Levene and Wolfowitz [4] give the means and covariance matrix of the asymptotic normal distribution of runs (up or down) of length 1, 2, and 3 or more. Although these three statistics could

hardly attain a nearly normal distribution in permutations of nine integers, their sum from K successive permutations should have a nearly normal distribution for K sufficiently large. Accordingly, runs statistics from groups of successive permutations were cumulated in the following way: $N = 9$, $K = 8$; $N = 16$, $K = 5$; $N = 20$, $K = 4$; $N = 30$, $K = 4$; $N = 50$, $K = 2$. Writing R_1 to represent the number of runs of length 1, R_2 the number of runs of length 2, and R'_3 the number of runs of length 3 and more found in the K successive permutations, and letting ρ_1, ρ_2, ρ'_3 denote their expectations and Σ their covariance matrix, we have that

$$Q = \{R_1 - \rho_1, R_2 - \rho_2, R'_3 - \rho'_3\}' \Sigma^{-1} \{R_1 - \rho_1, R_2 - \rho_2, R'_3 - \rho'_3\}$$

should be distributed as χ_3^2.

The values of Q were computed and distributed among the deciles of the χ_3^2 distribution, except that the upper and lower intervals were divided into two intervals each of probability .05, and for $N = 50$ the lowest and highest intervals were divided again in half. Then the empirical distribution of χ_3^2 was compared with the theoretical frequencies by means of the χ^2 test. The results are given in Tabulation IV. The fit is poor, owing to the excessive χ^2 at $N = 16$. This in turn arises primarily because one-tenth of the samples yield values of χ_3^2 below the lower .05 point and none yield values of χ_3^2 between the lower .05 and lower .10 points.

TABULATION IV

N	χ^2	Degrees of Freedom	p
9	14.916	11	.186
16	34.889	11	.0003
20	9.326	11	.592
30	4.952	11	.933
50	9.885	13	.703
	73.968	57	.066

REFERENCES

[1] BRAUNITZER, G., R. GEHRING-MÜLLER, N. HILSCHMANN, K. HILSE, G. HOBOM, V. RUDLOFF, und B. WITTMANN-LIEBOLD. Die Konstitution des normalen adult Humanhämoglobins. *H.-S. Z. für Physiol. Chemie*, **325** (1961), 283-324.

[2] RAND CORPORATION. *A Million Random Digits with 100,000 Normal Deviates.* Glencoe, Ill.: Free Press, 1955.

[3] OLMSTEAD, P. S. Distribution of sample arrangements for runs up and down. *Ann. Math. Statist.*, **17** (1946), 24-33.

[4] LEVENE, H., and J. WOLFOWITZ. The covariance matrix of runs up and down. *Ann. Math. Statist.*, **15** (1944). 58-69.

TABLE 1—Integers 1-9
Each block is a permutation

1 7 5	8 7 6	3 1 7	5 8 2	7 3 5	4 9 8	5 7 6	9 2 8
4 2 9	2 9 3	2 6 9	9 4 7	6 8 2	3 2 6	1 4 2	4 5 1
6 8 3	1 5 4	8 5 4	1 3 6	9 4 1	7 1 5	8 9 3	6 3 7
9 7 4	1 7 3	9 5 4	5 3 4	3 8 2	9 1 3	1 2 5	2 9 5
8 3 6	9 6 4	2 6 8	8 6 1	6 1 5	8 7 5	7 3 8	4 8 1
1 5 2	2 8 5	1 7 3	9 7 2	9 7 4	4 2 6	6 4 9	6 7 3
7 6 1	2 8 9	5 9 2	9 6 7	9 7 4	5 2 1	1 3 6	7 6 5
9 8 5	1 7 3	1 4 3	1 3 8	6 8 2	9 3 4	5 8 4	9 3 4
2 3 4	6 5 4	6 7 8	2 4 5	3 1 5	7 8 6	9 7 2	2 1 8
2 1 9	6 7 5	6 1 9	3 6 1	3 6 5	9 2 1	2 4 3	5 1 6
3 7 5	4 9 8	3 2 5	5 4 9	1 9 8	6 7 8	5 8 7	3 8 7
8 6 4	2 1 3	8 4 7	7 8 2	7 4 2	5 4 3	9 6 1	9 2 4
4 3 9	7 4 5	9 5 3	8 1 5	8 6 2	6 5 8	9 6 7	5 1 8
8 6 7	8 3 2	6 4 7	3 2 4	9 1 4	7 3 1	8 4 5	3 9 4
2 1 5	9 6 1	8 2 1	6 7 9	7 5 3	4 2 9	2 3 1	7 2 6
6 5 7	2 3 1	6 4 7	4 2 8	5 7 4	5 1 3	2 9 6	1 2 7
2 3 8	4 9 5	3 8 2	6 1 3	2 3 6	7 8 9	1 5 4	6 3 5
1 9 4	6 8 7	5 1 9	5 7 9	1 8 9	4 2 6	8 3 7	8 4 9
6 3 8	9 5 4	6 8 2	6 9 5	3 2 6	6 5 1	3 1 7	3 8 5
2 7 1	8 3 7	7 3 4	8 1 2	8 7 4	9 2 3	6 9 5	9 6 7
4 5 9	2 6 1	9 5 1	3 7 4	1 9 5	4 7 8	2 8 4	2 1 4
3 6 8	8 7 5	6 4 3	5 6 2	9 7 3	5 2 4	8 1 2	1 7 6
2 5 1	1 9 3	9 7 1	8 3 4	6 1 4	3 6 9	3 9 7	8 5 2
4 9 7	2 6 4	8 2 5	7 9 1	5 8 2	8 7 1	6 5 4	9 4 3
1 5 7	1 7 6	3 8 1	2 7 6	2 3 9	9 8 6	6 5 4	8 1 3
3 2 4	2 8 3	2 9 5	8 5 4	6 4 5	1 2 7	8 2 9	5 2 9
8 9 6	4 5 9	7 6 4	3 1 9	1 8 7	5 4 3	7 1 3	7 4 6
2 1 5	8 1 2	9 6 2	4 7 2	8 5 2	2 6 9	5 6 9	6 1 7
6 8 4	6 7 4	1 3 8	6 3 9	1 3 4	4 7 1	8 3 1	2 9 5
9 3 7	3 5 9	7 5 4	5 8 1	6 9 7	3 5 8	4 2 7	8 3 4
9 8 1	6 5 9	4 3 1	8 1 7	9 1 3	3 4 2	3 6 2	9 4 8
6 7 3	3 7 1	6 7 8	9 6 4	4 2 6	5 7 8	7 9 5	6 1 2
4 2 5	2 8 4	5 2 9	2 5 3	5 7 8	6 1 9	8 1 4	3 7 5
3 6 8	9 8 5	5 6 2	2 1 3	8 2 5	9 5 4	3 4 7	8 2 7
5 4 9	2 4 7	9 1 8	6 9 5	6 9 4	2 1 7	1 5 9	3 5 9
7 1 2	1 3 6	7 3 4	4 8 7	1 7 3	6 8 3	2 6 8	6 1 4
9 2 5	7 8 5	6 1 4	5 7 1	4 5 6	8 2 1	7 2 3	2 7 6
8 7 3	4 3 1	2 7 5	8 6 4	2 9 3	5 4 6	8 9 5	3 1 4
4 1 6	2 9 6	3 8 9	9 3 2	7 1 8	9 3 7	6 4 1	8 5 9
3 8 6	1 2 8	2 4 6	6 9 5	8 2 5	3 1 2	4 9 6	5 8 9
5 7 2	4 6 5	9 1 3	7 8 4	1 4 9	9 4 7	5 1 8	2 3 6
9 1 4	7 3 9	5 8 7	2 1 3	6 3 7	6 8 5	3 7 2	4 7 1
5 2 6	1 3 9	3 6 1	9 7 3	5 3 6	3 9 2	3 5 7	2 9 1
3 8 9	7 2 6	8 5 7	8 5 1	4 1 9	4 5 6	6 9 1	7 8 4
1 7 4	4 5 8	2 4 9	6 2 4	7 2 8	8 7 1	4 8 2	5 6 3

TABLE 1—INTEGERS 1-9
Each block is a permutation

6 5 8	5 2 8	7 2 6	3 6 4	6 5 7	2 9 5	1 5 8	6 5 7		
7 3 2	4 3 6	5 9 4	7 1 8	3 8 4	8 3 4	2 6 3	9 1 3		
1 9 4	7 9 1	1 3 8	5 9 2	2 1 9	6 1 7	4 9 7	2 8 4		
7 8 6	7 9 5	7 9 2	1 8 6	9 5 8	3 1 8	1 4 5	2 5 1		
3 1 2	4 8 2	3 4 6	2 3 5	4 6 1	5 7 4	6 7 8	7 3 6		
4 9 5	1 3 6	8 5 1	9 7 4	7 3 2	6 2 9	9 3 2	9 4 8		
4 5 6	2 5 6	7 3 9	3 2 4	2 8 4	2 5 7	6 2 9	4 6 3		
8 9 3	8 9 1	8 6 5	6 7 5	9 6 3	1 4 6	8 3 1	8 1 7		
7 2 1	3 4 7	4 2 1	9 1 8	1 7 5	3 9 8	7 5 4	9 5 2		
3 8 2	1 5 4	1 5 3	4 9 1	4 8 5	6 9 5	1 6 5	3 1 5		
1 6 7	2 8 7	9 2 4	6 2 8	7 1 9	7 1 2	4 3 8	2 9 8		
9 5 4	6 3 9	8 6 7	7 5 3	2 3 6	8 3 4	9 2 7	4 6 7		
3 5 7	9 7 8	2 5 1	8 9 6	9 4 2	4 8 5	7 6 1	4 8 6		
4 8 9	1 2 3	4 8 9	1 7 2	3 7 1	9 2 7	8 4 3	3 7 9		
2 1 6	4 6 5	6 3 7	3 5 4	6 5 8	3 1 6	9 2 5	1 5 2		
6 2 7	6 7 5	9 5 4	4 2 3	5 2 8	8 6 2	1 8 7	8 9 4		
4 8 3	3 4 9	1 7 8	8 9 7	3 7 4	5 4 1	6 9 3	3 1 6		
9 5 1	8 1 2	2 6 3	1 5 6	6 9 1	3 7 9	2 5 4	5 7 2		
2 3 1	7 1 3	6 3 5	5 6 1	6 8 2	3 9 8	1 5 7	5 3 8		
4 8 6	9 4 8	8 2 7	3 7 4	1 4 5	4 1 6	4 2 8	6 9 2		
5 7 9	2 5 6	9 4 1	9 2 8	3 9 7	5 2 7	6 9 3	1 4 7		
7 3 6	7 5 6	5 3 7	2 3 5	2 5 4	5 8 1	4 6 5	8 1 2		
8 9 5	8 1 2	4 8 2	4 8 7	1 8 3	6 3 2	1 2 9	9 3 6		
4 2 1	3 9 4	9 6 1	6 9 1	6 9 7	4 9 7	7 8 3	5 7 4		
6 5 3	9 5 7	3 2 1	4 6 7	9 6 2	9 7 8	2 4 6	1 5 9		
9 2 1	1 8 2	9 4 6	5 3 1	5 8 3	2 1 6	7 1 9	7 2 3		
4 7 8	6 4 3	5 7 8	9 8 2	4 7 1	4 3 5	5 3 8	8 6 4		
7 4 1	6 2 9	4 7 2	1 8 2	5 2 6	7 5 8	5 2 9	4 9 6		
3 5 2	8 1 4	8 1 6	5 9 3	1 7 9	3 2 4	7 8 1	7 1 3		
6 8 9	5 7 3	5 9 3	6 4 7	3 8 4	6 1 9	4 6 3	5 8 2		
6 7 8	6 3 4	2 9 1	2 1 7	1 7 4	3 1 4	8 2 6	8 6 2		
2 9 5	8 5 1	6 3 7	6 8 9	6 2 9	2 7 8	9 1 5	7 9 4		
3 1 4	9 2 7	5 8 4	5 3 4	3 8 5	6 9 5	3 7 4	3 5 1		
5 2 8	8 3 9	3 4 9	4 2 6	5 3 8	3 2 1	5 3 8	9 6 1		
1 7 9	7 1 4	5 8 1	7 1 8	6 9 4	5 6 9	7 6 9	5 8 4		
3 6 4	2 6 5	2 7 6	9 3 5	1 7 2	8 7 4	1 2 4	2 3 7		
8 9 5	4 8 6	9 8 3	7 5 1	8 6 1	2 3 8	9 6 4	7 8 2		
7 6 1	3 1 5	1 6 7	8 9 2	3 2 5	7 9 4	5 1 2	1 4 3		
4 2 3	2 7 9	2 5 4	6 4 3	9 7 4	5 6 1	3 8 7	5 9 6		
2 8 1	8 7 2	4 8 5	8 7 3	3 6 2	6 2 4	3 1 8	6 3 1		
5 9 6	6 3 4	2 1 3	6 2 9	4 8 1	5 7 8	9 7 6	7 4 8		
3 4 7	1 5 9	6 9 7	4 1 5	5 9 7	9 3 1	4 5 2	5 9 2		
3 4 7	1 5 3	3 6 8	1 4 2	7 9 5	3 9 8	7 9 1	9 1 4		
2 8 6	6 4 7	1 4 9	8 3 9	1 4 2	7 5 4	4 2 3	6 3 7		
5 9 1	8 9 2	2 7 5	5 6 7	3 6 8	6 1 2	5 8 6	2 5 8		

TABLE 1—INTEGERS 1-9
Each block is a permutation

6 7 2	1 7 6	6 1 8	1 5 6	6 7 3	9 8 1	6 7 3	8 2 5
5 3 1	2 4 8	5 2 7	9 7 8	8 2 5	5 2 6	2 9 8	9 3 6
9 4 8	9 5 3	4 9 3	2 3 4	1 4 9	3 7 4	1 5 4	7 1 4
4 7 5	6 3 4	9 1 3	1 5 8	1 6 2	6 7 1	8 4 2	8 5 7
6 9 8	8 1 2	7 6 5	4 9 7	3 9 8	9 2 8	5 1 7	1 4 6
1 2 3	5 7 9	4 2 8	6 2 3	7 5 4	3 5 4	3 6 9	9 2 3
2 8 9	3 7 6	5 9 7	7 1 5	1 6 4	8 5 3	8 6 4	2 1 4
6 5 3	5 4 9	6 8 4	6 8 2	8 2 5	9 7 2	1 2 7	3 8 7
7 4 1	8 1 2	1 3 2	4 3 9	3 9 7	4 1 6	3 9 5	5 6 9
7 9 6	8 4 3	4 5 2	9 4 5	6 3 8	1 3 9	2 3 4	5 8 7
4 3 5	5 9 7	3 7 6	8 3 6	5 2 7	2 8 4	7 5 6	3 2 4
1 8 2	1 6 2	1 9 8	2 1 7	4 1 9	6 7 5	9 1 8	9 1 6
6 5 1	1 5 2	2 9 4	2 9 1	7 9 2	7 1 3	6 3 9	8 2 5
7 4 3	6 7 3	6 5 3	8 6 3	8 1 4	8 4 2	4 5 8	9 6 3
9 2 8	8 4 9	8 7 1	5 4 7	6 3 5	5 6 9	7 1 2	7 4 1
2 1 4	2 6 3	5 4 8	9 2 7	9 2 3	9 5 1	3 5 9	4 3 1
5 9 7	9 1 4	1 7 3	8 3 6	8 6 4	7 4 8	4 8 6	7 8 6
8 3 6	7 5 8	9 2 6	1 4 5	1 5 7	2 6 3	1 2 7	9 2 5
7 4 2	8 7 1	7 4 6	1 5 8	9 8 1	2 9 6	6 4 5	6 4 2
9 8 3	4 2 5	1 5 2	7 4 6	2 3 7	7 3 5	1 2 9	8 1 3
6 1 5	3 6 9	3 9 8	3 2 9	5 4 6	8 1 4	3 7 8	5 9 7
7 6 4	7 8 2	3 7 1	5 8 9	4 3 6	2 9 3	6 2 9	6 2 4
8 1 3	6 9 3	5 9 4	7 4 6	9 2 5	6 4 8	1 4 7	7 9 5
9 5 2	5 4 1	2 6 8	3 2 1	7 8 1	5 7 1	3 8 5	8 3 1
4 8 3	8 7 3	4 5 8	9 6 5	9 8 5	4 3 2	4 3 7	8 1 3
9 7 6	6 5 9	1 9 6	7 8 4	2 4 6	8 7 5	2 9 8	7 6 5
1 2 5	4 1 2	7 2 3	1 3 2	7 1 3	9 1 6	6 1 5	2 4 9
3 7 8	7 1 3	2 3 9	1 2 3	1 7 8	9 4 8	5 1 7	4 9 2
2 9 6	5 6 4	7 8 1	5 6 7	2 5 9	5 7 6	8 4 3	5 3 1
4 1 5	9 2 8	5 6 4	8 4 9	3 4 6	3 2 1	9 2 6	6 7 8
6 5 4	9 5 4	4 5 2	5 8 1	6 9 1	6 9 7	3 5 9	9 1 4
2 7 8	2 6 8	6 7 1	9 3 7	2 7 8	8 1 3	7 4 1	5 2 8
9 1 3	1 7 3	9 3 8	4 6 2	4 5 3	5 4 2	2 8 6	6 7 3
2 5 9	6 3 5	4 9 7	8 3 4	1 8 9	6 2 3	4 8 2	6 1 8
3 1 8	7 9 8	8 3 2	7 2 6	4 7 2	4 5 1	5 7 6	5 4 3
6 4 7	1 2 4	1 5 6	1 9 5	3 5 6	7 8 9	9 1 3	7 2 9
2 6 8	2 9 3	3 5 8	5 8 7	9 5 6	6 3 1	5 3 7	7 3 5
5 9 4	6 1 7	4 2 6	9 6 2	2 3 1	9 2 7	8 4 2	4 8 2
7 1 3	4 5 8	7 9 1	3 4 1	4 8 7	4 5 8	1 6 9	9 1 6
3 8 7	6 3 9	6 3 1	5 7 9	2 4 5	6 8 5	3 7 2	8 2 6
9 2 6	1 2 5	9 4 7	4 1 8	3 1 6	9 7 4	8 4 1	5 1 9
4 5 1	4 8 7	5 8 2	2 3 6	8 7 9	2 3 1	6 5 9	4 3 7
5 3 4	7 4 5	6 3 9	6 5 1	1 5 4	1 2 7	8 2 3	6 1 4
7 6 9	9 2 3	5 2 4	7 8 2	7 8 3	9 4 8	4 1 7	2 8 7
1 8 2	8 6 1	1 7 8	9 3 4	6 9 2	5 6 3	9 5 6	9 5 3

TABLE 1—INTEGERS 1-9
Each block is a permutation

8 1 2	2 1 5	2 3 1	1 7 9	6 3 9	2 1 7	9 2 3	1 2 7
6 9 5	6 8 3	4 9 8	3 4 5	5 4 2	9 5 4	4 6 1	6 3 4
7 4 3	9 7 4	5 6 7	6 8 2	1 7 8	3 6 8	8 7 5	8 5 9

5 8 1	6 7 1	7 9 2	6 3 5	6 4 8	8 5 4	4 7 5	9 7 1
2 6 7	3 2 5	6 8 3	8 7 9	9 1 5	3 2 1	1 6 2	8 4 2
4 3 9	9 8 4	5 1 4	2 4 1	7 2 3	7 6 9	9 3 8	3 5 6

7 5 2	6 4 9	8 4 1	1 3 8	8 1 6	6 7 3	9 3 4	6 1 2
9 3 6	7 2 3	7 5 9	7 4 9	5 4 2	5 2 9	2 1 8	5 3 8
1 8 4	5 1 8	2 6 3	6 5 2	3 9 7	4 8 1	5 7 6	4 7 9

7 9 4	8 4 2	2 9 7	6 7 3	6 8 5	7 5 1	7 1 3	9 4 5
6 2 1	3 1 7	4 1 3	8 1 4	2 9 7	9 3 2	4 9 8	2 7 6
5 8 3	9 5 6	6 5 8	5 9 2	3 1 4	8 4 6	6 5 2	1 3 8

2 8 1	8 1 4	2 5 9	2 9 6	9 1 4	6 2 4	6 9 8	9 2 5
3 9 5	3 2 5	1 6 8	1 5 4	7 3 8	7 8 1	5 1 7	7 4 1
7 4 6	9 7 6	4 3 7	8 3 7	6 2 5	5 9 3	4 3 2	3 8 6

2 5 1	7 9 4	3 6 7	1 9 7	2 5 1	6 3 2	4 1 8	1 9 6
8 6 9	2 3 5	2 9 5	3 4 5	8 6 4	9 7 1	9 5 2	3 2 5
3 7 4	1 6 8	8 1 4	8 2 6	7 9 3	5 8 4	3 6 7	7 4 8

3 6 4	6 8 5	4 1 3	8 3 4	7 3 9	7 9 5	9 1 4	2 5 8
9 8 5	3 4 1	5 7 2	7 2 5	8 4 5	2 4 6	3 8 6	1 4 9
2 1 7	9 2 7	9 6 8	6 1 9	6 1 2	3 8 1	2 7 5	3 7 6

8 6 4	1 4 8	7 8 5	9 3 2	7 9 6	7 5 8	2 6 8	1 6 2
7 1 5	5 7 2	2 3 1	8 1 4	4 1 5	3 9 2	1 4 7	4 9 7
9 2 3	3 9 6	6 4 9	5 7 6	2 8 3	6 4 1	9 3 5	5 8 3

9 6 3	4 8 9	2 7 4	2 4 8	5 4 1	1 6 8	1 6 8	7 9 6
2 7 8	5 1 3	1 9 3	5 1 6	8 9 2	7 9 4	3 9 2	1 3 4
5 1 4	6 7 2	8 5 6	7 3 9	3 6 7	2 5 3	5 4 7	5 8 2

1 5 3	5 6 9	8 9 7	4 5 9	9 4 3	7 4 1	4 1 8	8 9 4
2 4 6	8 2 3	3 6 4	6 1 3	6 1 7	9 3 8	7 3 2	6 3 5
8 9 7	1 7 4	5 1 2	2 8 7	2 5 8	6 2 5	9 6 5	2 7 1

8 4 3	9 2 7	2 4 7	9 2 5	8 1 7	5 7 6	8 9 6	9 6 8
5 6 1	1 3 4	1 6 8	6 8 7	2 9 5	4 1 2	1 4 3	4 5 7
9 7 2	6 8 5	5 3 9	4 3 1	3 4 6	3 9 8	7 5 2	1 3 2

1 5 8	6 7 9	2 1 3	9 7 6	8 4 5	4 5 3	9 7 2	9 8 7
7 4 2	8 3 4	9 4 7	4 3 2	6 3 2	8 6 1	5 1 3	1 5 4
6 9 3	1 5 2	5 8 6	5 8 1	9 7 1	9 7 2	8 4 6	6 2 3

9 7 5	5 3 7	5 4 6	6 1 5	2 5 3	5 1 8	5 6 2	3 2 9
4 8 1	1 8 4	3 7 2	8 9 3	7 9 6	3 6 2	8 4 7	6 5 4
2 3 6	2 9 6	1 8 9	4 7 2	8 4 1	9 7 4	1 9 3	7 1 8

5 4 9	9 5 4	3 2 6	6 7 3	4 1 9	7 5 9	5 1 3	4 1 9
1 7 8	7 2 6	5 9 4	1 9 4	6 2 7	4 8 3	8 6 7	3 8 5
6 3 2	3 1 8	1 7 8	5 2 8	8 5 3	1 2 6	4 9 2	2 7 6

5 8 4	2 8 5	7 1 5	2 3 5	4 5 1	7 3 1	9 7 1	1 2 5
7 1 6	3 1 6	3 9 2	7 9 6	7 8 9	8 9 2	5 4 3	3 9 7
9 2 3	4 9 7	8 4 6	8 4 1	6 3 2	5 4 6	2 6 8	4 6 8

TABLE 1—INTEGERS 1-9

Each block is a permutation

1 9 8	7 1 8	5 1 4	3 7 6	9 4 8	8 4 9	9 4 5	6 4 5
2 6 7	4 3 2	8 7 9	5 9 2	5 7 2	3 7 2	6 2 8	8 7 2
4 3 5	5 9 6	2 3 6	1 4 8	1 6 3	5 6 1	3 1 7	3 9 1
1 5 8	5 4 9	6 4 1	3 5 6	3 4 2	7 8 2	8 7 9	2 8 9
6 3 7	2 7 8	3 2 8	2 7 1	1 8 6	1 6 4	4 2 1	5 7 1
2 4 9	1 6 3	9 7 5	8 4 9	9 7 5	3 9 5	5 3 6	3 4 6
9 1 7	7 4 6	7 6 8	9 5 3	7 8 2	9 3 8	1 5 9	9 6 5
6 2 4	8 1 3	3 2 1	7 8 1	9 4 1	4 6 1	8 6 2	1 3 8
5 8 3	5 9 2	9 5 4	6 2 4	5 3 6	2 7 5	4 3 7	4 2 7
6 5 1	4 9 6	7 6 2	7 9 3	6 2 9	5 3 7	8 9 4	5 7 3
2 8 4	3 8 2	5 1 9	5 4 6	7 4 3	4 1 6	5 2 7	4 1 8
3 7 9	5 1 7	4 8 3	8 1 2	8 1 5	8 2 9	1 3 6	6 2 9
3 6 9	9 5 4	4 6 3	1 9 5	7 3 6	5 6 2	3 7 4	8 4 5
4 7 1	8 1 7	2 8 5	4 7 8	9 8 2	3 7 9	1 2 6	2 7 3
2 8 5	3 2 6	1 9 7	3 6 2	4 1 5	4 1 8	8 9 5	9 1 6
6 3 8	2 9 8	4 3 5	3 2 5	9 7 8	6 8 7	4 3 1	6 8 2
4 7 5	1 3 4	6 1 9	9 8 4	3 6 2	4 5 9	6 7 9	9 7 4
1 9 2	6 7 5	7 8 2	7 1 6	1 4 5	1 3 2	5 8 2	5 3 1
3 7 9	2 8 1	3 7 8	4 3 9	7 9 1	3 6 1	5 8 4	3 4 1
2 8 4	9 4 6	6 9 4	5 7 6	2 4 8	8 2 4	3 9 1	7 6 2
6 1 5	5 7 3	5 2 1	1 2 8	5 6 3	9 7 5	6 2 7	5 9 8
2 1 3	9 8 7	4 3 9	8 6 1	9 4 7	4 6 8	5 9 6	4 8 9
5 9 7	4 1 5	7 5 8	3 4 2	1 2 3	2 1 3	3 1 4	2 6 5
4 8 6	2 6 3	1 6 2	9 7 5	8 5 6	5 7 9	8 7 2	7 3 1
6 1 3	3 7 5	3 6 2	1 8 3	7 1 8	4 7 3	8 4 5	6 8 7
8 7 4	1 9 2	1 7 5	4 6 7	6 2 3	8 1 5	6 1 9	9 4 5
5 9 2	8 4 6	8 4 9	2 5 9	5 9 4	2 6 9	2 3 7	3 2 1
9 3 6	2 7 9	1 2 9	5 4 1	7 1 9	6 5 8	5 1 3	6 1 8
8 1 4	1 4 5	5 7 3	8 6 2	8 6 4	9 2 4	6 9 4	2 4 7
7 5 2	3 6 8	8 4 6	3 9 7	3 5 2	1 3 7	2 8 7	3 5 9
2 3 6	5 1 2	5 3 4	6 4 7	2 7 5	2 8 5	9 8 4	4 5 6
5 7 9	8 6 4	6 8 9	2 3 9	8 1 9	7 6 9	6 3 7	7 3 2
4 1 8	7 9 3	7 2 1	1 8 5	3 6 4	3 1 4	1 2 5	9 8 1
3 5 7	5 8 3	8 7 9	2 4 1	6 4 1	7 6 2	1 5 3	1 7 3
6 9 4	6 4 1	2 5 4	5 7 8	5 2 9	8 4 1	4 2 7	8 9 5
2 1 8	2 9 7	6 1 3	9 6 3	3 7 8	3 5 9	9 6 8	6 4 2
5 4 8	8 5 3	1 4 5	4 1 7	1 2 4	4 6 1	3 1 8	9 3 5
1 9 3	9 6 7	8 7 9	9 8 6	8 3 5	5 3 8	9 7 5	6 7 1
7 2 6	1 2 4	3 6 2	3 2 5	7 6 9	2 7 9	2 4 6	8 4 2
6 8 5	2 3 1	5 4 2	6 9 5	5 4 6	7 4 3	2 5 7	7 5 3
3 9 2	5 6 8	3 1 6	4 1 7	9 1 2	8 1 5	3 8 4	2 4 6
1 4 7	4 9 7	9 7 8	8 2 3	7 8 3	2 6 9	6 9 1	1 9 8
6 9 7	7 9 5	8 7 5	3 7 8	3 1 6	8 7 1	2 5 6	7 6 1
5 2 4	4 6 8	9 3 6	1 6 4	9 7 5	6 9 2	3 7 1	2 9 4
8 3 1	2 3 1	1 2 4	5 9 2	2 4 8	4 5 3	4 9 8	5 3 8

TABLE 1—INTEGERS 1-9
Each block is a permutation

9 6 5	9 2 5	6 4 7	2 5 8	8 6 4	9 1 4	6 1 2	6 9 3
3 7 4	6 8 3	1 9 5	3 7 1	1 5 3	5 6 8	9 8 5	4 1 2
8 2 1	7 1 4	2 3 8	6 9 4	7 2 9	3 7 2	7 4 3	5 8 7
6 4 5	1 6 8	5 2 3	6 3 1	3 8 4	7 5 8	8 3 7	4 6 2
7 1 3	4 3 5	1 7 4	8 9 5	2 6 7	4 2 9	4 2 5	5 8 9
9 2 8	9 2 7	8 9 6	2 4 7	1 5 9	1 6 3	9 6 1	7 3 1
3 5 9	2 4 7	2 7 8	1 5 8	7 8 2	7 5 9	4 3 9	2 9 7
1 4 6	1 8 5	6 1 5	4 2 9	9 6 1	3 2 1	5 1 6	4 6 5
7 2 8	3 6 9	9 4 3	3 7 6	3 4 5	4 6 8	7 8 2	3 1 8
8 2 7	4 1 7	4 5 9	5 4 6	8 9 7	6 1 5	2 4 5	5 7 1
3 4 5	9 2 5	2 6 8	3 2 9	4 1 2	4 7 8	1 9 7	3 6 9
6 1 9	3 6 8	1 7 3	1 8 7	5 3 6	9 2 3	3 6 8	4 8 2
7 9 1	5 9 3	3 7 5	6 2 3	7 3 8	7 4 1	2 1 6	5 3 4
3 2 4	8 7 1	1 9 8	1 5 4	6 2 9	3 9 5	7 4 8	6 1 8
8 5 6	6 2 4	2 6 4	8 9 7	5 1 4	8 6 2	3 5 9	9 7 2
4 3 1	9 2 5	5 2 8	9 5 4	5 7 2	5 8 2	8 7 3	6 3 5
6 2 9	4 7 1	1 7 6	1 8 6	3 9 8	4 9 6	1 2 4	7 1 2
5 8 7	6 8 3	9 3 4	2 7 3	6 4 1	1 7 3	6 9 5	8 4 9
1 6 4	3 4 6	7 6 3	7 5 1	4 2 7	9 5 8	4 5 3	8 6 9
2 3 5	9 7 8	1 4 2	2 6 4	6 1 8	6 1 7	9 2 7	7 1 2
9 7 8	1 2 5	9 8 5	9 3 8	3 5 9	2 4 3	8 6 1	3 5 4
4 5 2	4 7 6	3 8 7	5 1 9	2 6 1	2 6 3	1 5 6	9 1 6
8 6 9	9 2 3	5 6 2	8 6 4	5 9 3	5 8 4	9 7 4	2 8 5
7 3 1	8 1 5	9 1 4	3 7 2	8 7 4	1 7 9	2 3 8	7 4 3
5 6 1	3 9 8	4 9 2	8 2 1	2 3 7	8 4 7	8 4 1	7 6 8
8 4 7	2 1 6	6 5 1	5 4 3	9 6 4	1 3 6	2 5 7	3 1 4
9 3 2	5 7 4	3 7 8	9 6 7	1 5 8	2 5 9	3 9 6	2 9 5
8 6 7	5 1 7	3 5 1	3 1 4	2 6 5	5 9 3	4 3 8	7 2 6
9 2 5	6 2 8	6 9 4	6 7 8	8 3 4	4 8 7	2 5 7	8 1 4
1 4 3	3 9 4	7 8 2	5 9 2	7 9 1	6 2 1	9 1 6	5 3 9
8 5 3	1 4 6	6 7 4	2 5 1	9 7 5	6 5 8	9 1 2	7 1 9
6 4 2	9 7 8	8 1 2	9 8 7	4 3 1	1 4 9	6 3 7	3 8 4
9 7 1	3 5 2	9 3 5	4 3 6	2 8 6	2 7 3	8 5 4	6 5 2
2 7 1	4 7 2	5 3 1	6 3 5	1 5 9	8 3 4	7 4 1	5 1 8
3 8 9	3 5 8	7 6 4	9 1 4	8 6 2	6 2 1	3 2 8	7 3 9
6 4 5	6 9 1	2 9 8	2 8 7	4 7 3	5 7 9	6 9 5	4 6 2
8 7 4	2 4 6	7 8 2	1 4 5	5 8 7	2 9 6	5 9 7	2 8 3
1 2 3	7 1 9	1 9 4	3 8 9	9 1 6	5 1 8	3 6 4	6 4 9
6 9 5	3 8 5	3 5 6	2 7 6	3 2 4	7 3 4	8 1 2	7 1 5
6 5 3	2 6 3	4 1 7	6 8 1	3 9 5	8 1 4	2 7 5	5 1 2
8 9 1	1 9 7	5 9 2	2 4 9	4 1 8	2 5 6	6 8 1	4 6 7
7 2 4	8 5 4	6 3 8	3 7 5	6 2 7	3 7 9	3 4 9	9 8 3
7 1 3	5 2 7	8 6 7	3 7 4	1 7 6	8 2 3	4 2 6	1 7 8
4 9 5	3 9 6	5 3 2	8 9 6	4 3 9	5 1 7	5 3 9	5 2 3
8 6 2	4 8 1	4 9 1	5 1 2	2 5 8	4 9 6	7 1 8	6 4 0

TABLE 1—INTEGERS 1-9
Each block is a permutation

4 7 9	4 5 9	5 1 9	5 4 2	8 3 2	2 6 8	9 1 4	4 6 3
6 2 5	7 3 2	8 7 4	3 6 8	9 4 6	7 4 3	8 2 6	2 9 1
8 3 1	6 8 1	6 3 2	1 7 9	7 1 5	1 9 5	5 7 3	7 8 5
5 9 7	6 5 1	2 4 1	2 5 8	6 4 9	7 4 9	9 4 5	2 9 5
4 3 2	2 9 4	6 9 7	1 7 3	3 5 7	8 5 3	6 2 1	8 6 7
6 8 1	7 8 3	5 3 8	4 9 6	2 8 1	6 1 2	8 3 7	4 3 1
8 4 5	7 4 2	9 6 1	8 2 7	3 1 5	2 4 1	4 2 5	1 4 2
3 9 7	1 9 3	3 8 4	6 1 3	7 6 4	8 7 9	1 8 6	6 5 9
2 1 6	8 5 6	5 2 7	4 5 9	8 9 2	5 3 6	3 7 9	8 7 3
2 9 4	7 5 3	8 6 1	6 5 8	3 1 7	4 7 5	2 8 9	9 5 8
3 8 1	8 6 2	3 9 5	9 1 2	5 9 2	6 1 8	3 6 7	2 3 7
7 5 6	9 1 4	4 7 2	3 4 7	6 8 4	9 3 2	1 4 5	4 1 6
6 4 1	8 9 1	8 4 1	5 2 6	2 3 4	5 3 2	4 6 2	4 8 7
5 2 7	3 7 6	5 6 3	8 3 9	8 1 6	6 9 7	7 8 9	3 1 9
9 8 3	4 2 5	2 7 9	1 7 4	5 9 7	1 4 8	5 3 1	6 2 5
5 4 1	9 8 5	4 8 7	6 3 8	8 5 4	8 5 7	5 6 4	1 7 6
3 7 2	2 6 1	9 1 2	4 2 9	1 9 2	6 3 1	9 3 8	2 3 4
6 9 8	7 4 3	3 6 5	5 7 1	3 7 6	2 4 9	1 2 7	5 9 8
9 3 4	3 9 5	8 7 3	2 9 7	2 8 5	5 3 1	9 1 4	8 9 5
1 8 5	7 1 4	6 9 1	5 4 1	4 6 3	2 4 9	6 2 7	3 6 2
7 6 2	2 8 6	5 2 4	3 6 8	7 1 9	6 8 7	5 3 8	1 4 7
7 6 8	3 8 2	2 5 3	5 9 4	7 8 1	2 6 1	9 5 4	3 8 4
4 3 2	6 1 9	6 8 7	7 6 2	9 6 3	9 8 3	1 3 2	5 9 7
1 5 9	4 7 5	4 1 9	8 3 1	4 2 5	7 4 5	6 8 7	2 6 1
8 7 4	5 6 7	5 9 1	2 9 3	9 3 7	3 7 6	3 4 1	6 1 8
2 1 3	8 2 9	4 8 2	6 7 1	1 6 8	2 4 1	8 6 2	4 3 2
9 5 6	3 4 1	6 7 3	8 4 5	5 4 2	8 9 5	9 7 5	9 5 7
8 9 4	4 9 5	5 9 6	4 6 9	6 7 8	7 4 1	9 2 4	4 7 6
1 6 7	2 7 3	4 8 1	7 3 2	2 4 5	8 2 5	8 5 7	5 9 8
2 5 3	8 6 1	7 2 3	5 8 1	3 1 9	9 3 6	3 1 6	1 2 3
4 7 9	3 5 2	5 7 9	2 8 9	1 2 4	2 7 1	3 4 8	3 5 1
6 5 1	9 8 6	6 1 3	5 4 3	9 8 3	9 4 8	5 6 2	2 7 9
2 8 3	1 7 4	8 2 4	1 6 7	5 6 7	5 3 6	1 7 9	8 6 4
5 3 9	6 3 2	9 5 3	8 1 6	5 9 3	7 6 9	9 7 5	5 2 7
7 2 1	1 4 5	7 6 1	2 3 4	2 8 7	2 4 5	3 1 6	9 4 8
4 6 8	9 8 7	2 4 8	7 9 5	6 4 1	8 1 3	8 2 4	3 6 1
7 5 6	7 1 2	1 7 9	3 9 6	6 5 9	9 6 1	9 7 5	8 7 5
1 4 2	8 4 5	6 3 5	2 7 8	8 3 2	8 3 4	8 3 4	1 9 2
8 9 3	9 3 6	4 8 2	1 4 5	7 4 1	5 7 2	2 6 1	6 4 3
3 6 7	9 6 7	4 1 8	4 8 3	1 6 5	9 2 5	8 7 9	8 4 3
4 1 5	8 4 2	6 7 5	5 9 7	7 8 2	6 8 7	6 3 4	7 2 6
2 8 9	1 3 5	2 3 9	6 2 1	4 3 9	1 3 4	2 5 1	5 1 9
9 6 2	4 3 9	4 7 2	5 4 2	6 4 5	2 5 9	5 9 6	5 6 7
1 8 5	7 2 1	5 8 6	9 3 6	8 9 1	8 3 1	2 1 8	3 1 8
4 7 3	5 8 6	1 9 3	7 1 8	7 3 2	6 4 7	4 3 7	9 4 2

15

TABLE 1—INTEGERS 1–9
Each block is a permutation

4 5 6	6 8 1	8 9 6	5 6 9	8 1 9	8 5 7	9 3 2	5 2 3
7 3 2	9 4 3	4 7 5	2 4 3	2 5 3	3 9 1	1 8 5	7 9 1
9 1 8	5 7 2	2 1 3	7 8 1	4 6 7	4 6 2	7 4 6	4 8 6
2 6 7	6 8 7	9 4 8	8 7 5	2 7 5	9 6 4	5 8 7	8 5 2
8 5 1	4 9 3	6 2 1	2 6 9	6 8 9	7 8 3	9 2 3	3 9 7
3 4 9	2 5 1	5 7 3	1 3 4	1 3 4	1 2 5	1 4 6	4 6 1
3 6 9	7 4 9	5 7 6	2 5 1	4 8 3	1 9 3	4 5 7	3 1 6
4 2 5	1 2 5	2 8 1	7 8 4	1 7 2	8 2 6	8 6 9	8 2 4
7 1 8	6 3 8	4 3 9	3 6 9	5 9 6	4 5 7	1 2 3	5 7 9
6 9 2	3 6 9	8 2 6	7 6 9	3 6 9	3 5 7	2 1 3	6 7 4
1 3 4	8 4 5	1 5 7	2 1 8	8 5 2	4 2 9	4 9 6	8 2 9
7 5 8	1 2 7	3 9 4	3 4 5	7 1 4	1 8 6	8 7 5	5 3 1
9 5 7	7 8 2	1 5 9	4 6 8	7 9 4	5 8 3	8 7 5	1 4 8
3 2 6	4 6 5	6 8 7	5 9 7	8 1 6	1 2 9	3 1 6	5 3 7
8 4 1	3 1 9	3 2 4	3 2 1	2 3 5	7 6 4	4 9 2	9 2 6
9 5 2	8 7 6	1 8 4	3 1 4	5 9 4	3 4 7	9 6 5	4 1 5
6 8 1	3 2 5	2 6 7	5 6 9	1 8 3	8 5 2	1 2 4	7 2 6
7 4 3	1 4 9	3 9 5	7 2 8	2 6 7	1 9 6	7 3 8	9 8 3
2 5 8	6 1 3	1 7 8	2 3 6	3 2 5	4 6 8	2 4 6	1 9 8
1 7 3	2 9 8	9 6 5	4 9 7	4 8 9	3 1 7	3 9 8	6 3 5
6 9 4	5 4 7	4 3 2	1 5 8	6 7 1	5 2 9	7 1 5	2 7 4
8 3 7	1 2 4	8 9 6	6 8 2	9 1 7	9 6 7	3 8 2	9 7 8
9 1 4	9 5 6	2 3 7	3 1 4	5 6 3	5 1 8	7 4 1	3 1 5
6 2 5	7 3 8	1 4 5	9 7 5	4 2 8	4 2 3	9 6 5	6 4 2
1 6 5	8 3 9	9 2 6	8 6 4	9 6 1	3 9 2	6 7 5	5 6 4
7 2 8	2 1 7	7 5 3	9 3 1	5 8 7	5 8 7	2 8 1	2 9 8
4 3 9	4 6 5	8 4 1	7 5 2	3 2 4	1 6 4	3 9 4	1 3 7
4 2 6	6 2 3	3 1 7	8 2 1	1 9 2	1 8 6	2 9 4	8 6 1
1 3 9	9 4 7	2 9 5	7 3 5	3 4 5	7 2 3	8 6 1	5 9 2
5 8 7	5 1 8	4 6 8	9 6 4	7 8 6	5 9 4	7 3 5	7 3 4
4 7 9	6 5 4	6 3 4	2 1 7	5 7 8	4 5 3	2 4 1	7 8 2
3 8 5	2 8 3	9 1 5	4 6 8	3 6 2	8 7 9	8 6 9	3 6 1
1 2 6	1 7 9	8 7 2	3 9 5	4 1 9	6 1 2	7 3 5	4 5 9
5 3 8	8 9 1	4 5 9	1 6 3	4 2 7	9 6 1	1 4 2	5 1 2
1 6 2	5 2 4	8 6 2	4 5 9	9 5 3	7 2 8	5 7 8	4 8 6
7 9 4	7 6 3	1 7 3	2 7 8	1 8 6	5 3 4	9 3 6	3 9 7
7 8 6	1 7 4	9 8 5	6 1 7	2 4 8	7 9 6	3 2 4	7 9 6
9 2 5	5 6 2	7 1 6	3 4 9	9 7 5	4 8 2	5 1 8	3 4 1
1 4 3	8 9 3	2 4 3	2 5 8	6 3 1	5 3 1	9 6 7	8 5 2
7 1 4	9 6 5	2 1 5	2 8 9	4 1 5	7 2 6	2 1 6	5 2 4
5 8 9	7 4 1	9 3 7	4 5 1	2 9 3	4 9 5	5 4 7	8 3 1
3 6 2	2 3 8	6 4 8	7 3 6	8 6 7	3 8 1	3 8 9	7 9 6
9 5 3	1 5 8	4 7 1	7 5 4	8 9 4	2 1 3	8 4 6	3 1 6
8 4 7	4 3 6	9 6 3	9 1 2	1 2 7	9 6 8	9 1 7	7 8 9
1 2 6	9 7 2	2 5 8	6 8 3	6 5 3	4 7 5	3 5 2	2 5 4

16

TABLE 2—Integers 1-16
Each block is a permutation

2	16	8	14	5	12	9	10	15	3	16	11	14	15	6	16	5	3	12	7
9	3	10	6	1	2	11	16	10	12	9	2	1	4	2	3	15	13	2	9
7	1	5	11	15	13	14	3	7	4	13	5	13	9	11	8	8	10	6	1
4	13	15	12	7	8	4	6	8	1	6	14	10	12	7	5	14	4	11	16

14	11	15	7	5	1	10	8	12	14	3	10	13	4	2	6	2	9	15	10
9	10	8	5	12	2	9	3	2	4	16	8	14	3	15	11	1	6	13	16
2	6	1	13	11	6	4	14	5	11	13	1	10	12	1	5	12	4	11	3
3	4	16	12	16	13	7	15	7	15	6	9	7	16	9	8	7	8	14	5

11	2	13	9	8	13	3	4	11	2	4	16	4	3	1	2	8	15	11	6
12	16	10	1	2	5	15	11	10	1	8	14	13	6	8	11	13	2	5	10
6	4	15	8	10	1	12	7	3	7	5	6	10	12	15	7	9	14	3	12
7	14	3	5	16	6	9	14	9	13	15	12	16	9	14	5	4	7	1	16

1	15	12	2	11	14	15	1	14	3	11	6	7	9	4	14	8	2	11	9
6	4	8	7	13	3	9	12	9	1	2	16	10	12	15	5	3	6	12	4
5	16	13	10	7	10	2	16	12	10	5	4	6	13	16	11	10	14	1	15
3	11	14	9	8	6	5	4	15	8	7	13	1	3	2	8	5	7	16	13

15	7	6	5	7	14	10	1	16	2	4	5	9	3	8	10	8	16	5	3
16	12	1	10	9	11	5	16	3	11	14	6	4	15	2	16	14	11	10	6
13	3	11	4	6	8	3	2	12	7	15	8	11	12	5	7	7	1	2	13
14	8	2	9	12	4	13	15	13	10	1	9	1	13	14	6	12	9	4	15

3	7	9	4	13	12	8	3	6	2	10	8	1	15	3	7	11	16	4	14
14	1	11	13	11	1	9	16	15	11	3	12	13	6	11	12	13	12	1	8
6	5	15	8	4	2	7	14	5	14	9	1	9	14	5	2	6	9	3	7
12	10	2	16	15	10	5	6	16	4	7	13	8	16	10	4	2	10	15	5

13	5	15	4	16	8	4	11	7	5	16	4	2	16	12	4	5	10	1	4
1	16	9	14	13	14	3	12	15	2	10	12	11	15	8	1	15	13	2	14
6	7	8	12	9	6	15	10	6	8	13	9	14	10	5	3	3	11	16	12
10	11	3	2	2	7	5	1	3	11	14	1	13	9	7	6	7	9	6	8

10	1	15	8	12	1	14	13	12	8	6	7	13	15	12	7	11	12	1	9
11	4	12	13	8	16	3	11	16	11	2	15	4	14	11	8	13	7	10	14
2	14	16	9	6	9	15	10	1	13	5	3	3	9	1	2	2	8	5	6
3	6	5	7	5	2	7	4	14	10	4	9	6	10	16	5	15	16	4	3

16	1	13	6	9	5	7	4	5	13	11	14	15	2	16	5	6	14	13	7
10	11	3	12	2	6	15	16	4	3	8	15	10	1	4	9	4	3	15	10
14	5	15	7	14	1	12	8	7	2	16	1	13	11	6	3	12	11	5	8
2	9	4	8	3	10	13	11	9	10	12	6	12	8	7	14	9	2	1	16

8	3	4	13	1	10	6	11	10	8	1	2	1	6	11	10	11	15	1	2
6	10	16	14	14	12	13	7	12	14	13	3	4	16	8	12	16	12	9	3
7	15	1	5	5	16	3	8	11	5	15	7	2	3	7	14	8	13	5	7
9	2	11	12	15	2	9	4	9	16	6	4	9	13	5	15	10	4	14	6

TABLE 2—Integers 1–16
Each block is a permutation

6	5	14	12		16	8	11	6		12	9	15	7		9	2	15	7		9	14	7	1
7	3	2	9		2	4	3	14		1	2	6	10		4	8	5	3		13	10	5	8
13	1	16	10		10	7	12	9		3	14	4	5		11	12	6	10		12	6	2	11
8	11	4	15		5	1	15	13		13	16	8	11		14	13	1	16		15	4	3	16
9	10	5	8		16	9	6	3		1	2	9	5		2	5	9	6		15	11	12	6
11	1	13	16		10	11	7	15		15	6	12	11		8	13	7	11		9	10	14	3
7	4	6	15		8	5	13	4		3	14	4	10		10	16	4	3		13	7	4	2
14	3	2	12		1	14	2	12		7	8	16	13		14	15	12	1		16	1	5	8
1	11	4	13		13	8	5	9		11	3	7	4		9	15	2	12		7	5	3	6
6	14	12	10		11	12	2	7		8	16	9	2		3	11	16	1		15	2	12	1
15	7	3	8		3	15	10	1		5	1	13	12		10	4	5	7		11	16	9	14
16	5	9	2		6	14	4	16		14	6	15	10		13	8	6	14		4	13	8	10
14	12	11	4		5	7	11	15		6	14	3	15		5	6	4	9		3	7	16	12
2	3	9	15		4	2	12	3		5	10	2	7		16	11	12	10		8	5	15	2
8	7	13	10		13	8	14	9		12	1	16	13		3	8	15	1		13	4	11	6
6	16	5	1		10	16	6	1		8	11	9	4		13	7	2	14		9	14	1	10
10	5	3	14		13	6	14	1		5	1	6	15		5	6	4	12		2	13	8	9
4	11	13	2		5	9	3	7		14	10	13	9		2	15	7	3		3	6	5	16
12	8	15	1		8	10	16	11		16	4	2	3		11	14	13	8		12	11	10	15
6	7	9	16		4	2	12	15		8	12	11	7		1	9	10	16		1	14	7	4
11	15	13	8		3	4	1	8		14	3	13	8		15	1	16	14		8	12	3	13
5	6	4	16		16	9	14	5		5	12	11	6		8	4	12	3		1	16	14	11
14	12	9	10		12	13	2	15		2	9	15	16		7	9	11	6		7	4	5	6
3	2	7	1		10	11	7	6		10	4	7	1		2	10	13	5		15	9	2	10
3	4	15	12		9	5	14	2		14	4	5	1		6	14	2	3		5	3	15	1
1	9	13	10		1	16	11	4		12	15	9	2		1	9	16	10		9	12	16	8
8	7	11	5		15	8	12	13		3	7	8	6		13	5	7	12		11	10	13	6
14	2	6	16		3	7	10	6		10	16	13	11		8	15	11	4		4	2	7	14
9	2	16	10		9	12	2	15		8	13	11	4		8	12	7	9		15	7	10	12
15	3	11	5		7	5	16	13		16	10	7	5		3	1	16	6		2	3	4	13
6	1	14	8		3	8	6	11		12	3	2	6		11	4	14	10		9	1	8	14
7	12	4	13		1	10	14	4		1	4	9	15		15	5	2	13		16	5	6	11
11	15	10	16		15	5	8	10		7	2	5	14		3	5	1	7		5	14	6	13
2	12	8	13		9	12	14	11		15	12	3	6		10	12	6	13		15	9	2	1
1	14	4	3		2	7	6	1		10	4	8	13		11	14	8	16		4	8	11	3
7	9	5	6		16	4	3	13		9	16	1	11		2	9	15	4		16	10	12	7
13	8	3	2		11	9	15	14		12	14	3	7		16	11	8	13		16	1	6	11
5	14	1	7		12	10	3	4		16	1	10	4		5	7	14	15		5	14	2	13
11	9	6	4		5	8	13	2		5	9	15	8		10	6	2	1		8	4	12	15
12	15	10	16		16	6	7	1		11	2	6	13		4	3	9	12		9	3	10	7

TABLE 2—Integers 1-16

Each block is a permutation

12 2 15 3	9 16 4 10	6 10 12 4	4 3 10 9	14 8 6 2
5 9 1 11	14 15 1 13	11 5 7 16	15 6 11 16	4 11 5 13
10 4 16 8	3 12 7 6	2 8 15 3	5 2 14 12	12 3 9 10
7 6 13 14	8 5 11 2	14 9 13 1	13 1 8 7	15 16 1 7

9 12 3 15	15 4 9 13	12 2 7 3	14 11 12 9	10 15 4 13
1 10 8 16	7 16 6 10	9 15 5 6	5 15 13 6	8 7 14 11
14 6 5 7	5 12 3 1	14 4 8 1	4 3 10 8	9 12 5 3
2 11 13 4	2 11 14 8	16 11 13 10	1 16 2 7	2 1 6 16

7 4 12 14	12 10 7 13	10 8 16 2	2 11 10 13	7 16 3 4
9 15 13 8	4 3 2 14	7 5 12 4	12 3 6 16	12 9 5 14
2 3 5 6	6 8 16 9	14 15 1 13	9 14 7 5	6 11 1 8
16 11 1 10	11 15 5 1	3 11 9 6	4 1 15 8	10 13 15 2

4 10 15 8	13 12 9 2	3 7 8 13	15 11 13 10	15 8 13 4
11 12 7 9	14 7 4 3	15 9 10 2	5 3 4 8	14 1 12 2
6 14 2 5	10 8 1 16	14 6 11 1	1 7 9 14	16 10 5 6
3 1 13 16	5 11 6 15	5 4 16 12	12 6 16 2	3 11 7 9

8 16 3 12	9 11 13 2	3 8 13 6	10 12 16 6	4 11 9 3
1 4 6 13	10 12 7 3	10 16 5 1	7 5 2 11	2 12 5 14
11 14 2 10	16 15 5 14	9 7 4 12	14 1 4 8	15 10 16 6
15 7 9 5	4 8 6 1	15 14 2 11	15 13 3 9	13 7 8 1

10 2 9 12	2 10 5 13	12 10 15 5	2 10 7 5	9 2 15 13
1 6 3 4	11 1 15 14	6 9 3 2	11 9 14 16	6 11 14 1
5 13 16 15	8 16 3 4	16 8 4 7	4 6 13 12	5 16 3 7
14 8 7 11	6 12 9 7	13 11 14 1	8 1 15 3	12 10 4 8

13 2 12 14	3 14 5 12	12 9 11 13	2 7 6 16	2 4 6 8
10 15 8 3	11 4 2 1	16 5 15 1	13 3 9 8	9 15 12 16
16 1 5 6	16 6 10 13	10 4 6 7	1 10 4 12	1 7 11 14
7 4 11 9	8 7 15 9	2 3 14 8	15 5 14 11	3 13 10 5

4 7 5 12	12 13 7 3	11 5 8 3	8 10 16 12	5 2 8 6
6 14 3 16	6 1 9 2	1 13 9 7	2 3 9 14	4 15 10 16
9 2 11 15	14 4 5 10	12 15 10 6	11 4 7 15	7 12 1 14
13 1 10 8	16 15 8 11	16 4 14 2	13 5 6 1	9 3 13 11

12 6 2 15	13 7 14 1	4 7 14 12	2 5 3 10	14 7 5 4
8 7 13 4	10 9 8 12	6 9 8 5	15 7 16 9	8 1 9 11
11 14 3 16	16 11 2 15	3 1 11 15	11 8 12 6	16 12 13 2
9 1 5 10	3 5 4 6	2 10 16 13	4 13 14 1	15 3 10 6

9 3 10 16	8 3 15 7	2 7 16 5	7 5 1 12	9 7 13 1
11 7 1 6	10 5 14 16	10 15 13 8	15 10 2 11	6 16 12 10
15 13 2 8	13 1 4 11	4 11 14 1	3 9 8 13	14 3 15 11
14 4 5 12	9 12 6 2	12 9 6 3	16 4 14 6	4 8 5 2

19

TABLE 2—INTEGERS 1-16

Each block is a permutation

15	1	3	4	2	5	4	9	9	2	12	4	1	5	6	8	14	15	8	7
2	16	9	10	1	3	15	6	7	8	1	5	3	2	11	12	3	16	5	2
12	5	8	6	7	8	12	13	11	6	10	3	7	14	9	16	9	10	1	4
7	14	11	13	10	11	16	14	13	15	16	14	10	13	15	4	6	11	13	12

7	10	12	6	3	5	8	2	10	13	2	9	5	13	11	10	14	16	11	1
4	16	15	5	10	14	4	9	15	4	1	14	14	1	2	9	2	7	5	4
8	9	1	2	15	11	7	13	7	16	5	8	12	3	6	16	10	12	3	8
13	14	3	11	6	16	1	12	6	12	3	11	7	4	15	8	15	6	9	13

1	3	16	13	14	6	13	3	4	3	1	5	5	16	1	11	1	9	12	4
2	4	11	15	8	7	1	4	9	14	7	10	2	10	13	15	5	3	7	14
12	8	9	10	5	9	12	2	6	2	8	12	9	14	12	6	2	15	11	16
6	14	5	7	11	10	16	15	15	11	13	16	8	4	3	7	6	13	10	8

5	11	6	9	11	4	9	5	11	4	15	7	13	9	12	15	6	15	12	10
13	8	12	2	12	8	16	13	2	8	6	3	3	1	11	16	13	14	4	9
15	4	10	16	1	6	2	15	9	10	5	12	7	6	5	8	3	5	8	1
1	3	7	14	3	14	7	10	14	16	1	13	4	2	14	10	11	2	7	16

11	13	2	6	7	5	6	8	10	7	6	8	5	8	16	15	13	1	8	4
5	8	1	9	9	11	10	16	16	12	4	14	14	11	1	9	7	16	6	15
7	14	4	3	14	1	15	4	11	15	1	3	13	10	4	7	14	12	2	11
10	12	16	15	3	2	13	12	9	5	2	13	6	3	2	12	10	9	5	3

9	15	12	13	15	5	12	9	6	13	9	10	5	1	7	8	8	5	15	7
16	1	10	6	11	2	7	3	15	7	16	14	4	14	3	10	10	2	12	14
2	8	5	4	6	10	1	4	4	3	5	11	2	9	12	6	11	1	4	16
11	7	14	3	8	13	14	16	2	12	8	1	16	15	11	13	3	13	9	6

2	5	6	7	6	13	10	14	4	14	12	11	10	11	8	12	10	11	3	1
16	14	15	12	12	8	3	7	8	2	6	15	6	16	14	13	14	16	12	5
3	10	11	9	4	15	16	9	10	16	13	7	3	4	15	7	4	15	13	2
4	1	8	13	5	1	11	2	3	1	5	9	9	2	1	5	8	9	7	6

14	5	2	8	13	5	1	4	7	16	4	6	8	11	15	14	1	14	15	8
11	15	12	9	12	15	9	8	14	1	5	10	13	10	2	9	7	3	10	5
7	3	13	4	3	7	6	2	13	3	11	8	3	16	12	4	12	2	9	11
1	6	16	10	16	10	14	11	15	12	2	9	1	5	7	6	16	6	4	13

9	7	14	13	13	14	6	7	8	2	10	15	11	13	10	9	1	2	4	15
1	16	12	8	3	9	11	1	1	7	5	12	2	1	12	6	9	3	14	12
4	2	6	10	10	8	5	16	4	16	14	6	3	7	14	16	5	16	10	13
5	11	15	3	2	12	4	15	3	13	11	9	8	4	15	5	6	8	11	7

1	7	13	2	5	6	11	8	16	15	2	4	5	13	9	16	16	9	7	15
8	4	5	3	10	12	15	3	5	6	7	12	1	8	10	7	6	5	4	2
6	14	10	11	1	4	13	2	13	10	1	14	12	6	11	15	12	11	3	14
9	15	16	12	9	7	16	14	3	11	9	8	3	2	4	14	10	13	8	1

TABLE 2—INTEGERS 1-16
Each block is a permutation

15 1 16 8	15 9 14 13	13 6 12 11	13 12 8 16	10 1 14 8
4 2 12 14	6 8 5 4	4 14 8 9	7 3 5 11	15 9 5 13
11 6 10 13	7 3 1 10	10 7 5 16	15 9 1 14	16 7 12 4
7 3 9 5	11 12 2 16	1 15 2 3	10 4 2 6	11 6 3 2

15 12 13 4	6 1 10 9	4 11 5 3	9 16 7 14	5 6 11 15
11 16 2 9	3 13 7 5	13 6 1 9	4 15 12 1	4 9 16 10
6 3 10 5	4 12 15 2	8 12 10 16	2 8 5 3	1 8 2 12
1 14 7 8	16 14 8 11	7 2 14 15	13 10 6 11	13 3 14 7

16 3 9 2	11 10 4 7	1 16 8 11	8 7 14 10	6 3 10 13
7 5 6 15	3 16 1 2	13 9 15 14	13 15 4 5	14 9 5 8
1 14 10 8	5 12 6 8	3 5 4 6	11 3 12 6	4 12 11 1
12 4 11 13	9 15 14 13	7 12 2 10	1 9 2 16	16 15 7 2

15 8 7 9	1 6 8 3	3 16 12 11	4 6 14 12	8 6 1 13
12 1 16 3	11 14 12 15	4 7 13 14	5 9 11 2	3 4 5 12
2 5 14 4	5 4 2 10	8 10 1 2	7 1 16 15	14 2 10 11
11 13 10 6	9 7 16 13	15 6 9 5	8 13 10 3	7 9 15 16

4 2 11 14	7 16 14 8	8 15 2 11	9 16 4 3	10 13 1 9
16 3 6 9	13 2 12 4	14 16 6 10	12 10 8 15	3 15 5 2
10 15 12 1	9 1 10 5	4 3 7 12	5 14 13 11	12 14 16 7
8 5 13 7	11 6 15 3	9 1 5 13	7 2 1 6	6 4 8 11

11 2 3 15	15 8 9 12	13 6 10 11	11 6 4 16	13 5 12 11
16 7 4 13	4 7 3 1	2 5 4 14	5 1 3 14	16 6 14 2
1 5 12 6	14 13 2 6	12 9 15 7	9 7 8 12	3 10 7 15
9 8 14 10	10 16 5 11	8 1 3 16	10 13 15 2	9 1 4 8

8 15 13 2	4 3 7 1	5 6 9 14	2 5 7 11	5 6 12 9
4 3 16 10	8 16 10 5	13 12 15 4	15 3 13 14	8 2 16 13
6 11 1 5	2 12 14 9	2 16 1 7	10 6 1 8	4 3 11 7
14 7 9 12	13 11 6 15	3 11 10 8	12 9 16 4	10 1 15 14

11 8 16 10	15 13 1 2	11 12 7 16	13 14 7 16	7 13 1 16
7 5 4 13	5 12 3 9	14 6 2 10	5 11 9 6	14 2 3 5
15 6 9 2	16 14 6 11	4 15 5 8	12 4 8 1	6 12 8 11
3 14 1 12	7 10 8 4	9 13 1 3	3 10 2 15	15 4 10 9

5 4 9 7	9 12 11 1	13 3 11 5	1 8 2 9	10 1 15 16
14 6 16 15	2 13 4 16	4 6 8 15	10 14 7 13	6 9 7 12
12 1 10 13	5 7 15 10	16 12 7 1	6 3 11 12	14 8 3 2
8 2 11 3	14 8 3 6	2 14 10 9	5 15 4 16	4 5 13 11

12 15 1 11	9 10 15 16	3 14 15 7	3 6 13 11	4 9 7 5
8 9 13 2	6 2 5 8	13 5 10 2	15 8 9 16	14 8 6 2
7 3 5 14	12 13 14 1	11 4 1 16	12 1 5 2	13 11 3 1
16 4 10 6	4 3 11 7	8 9 6 12	14 4 10 7	12 16 15 10

TABLE 2—INTEGERS 1–16
Each block is a permutation

11	7	4	14	14	2	16	10	1	12	3	14	5	10	6	1	1	9	14	2
12	3	9	8	11	5	9	8	16	6	15	11	14	2	3	12	5	8	16	6
15	1	10	13	1	6	4	3	13	2	5	4	11	16	9	4	3	12	15	7
2	16	6	5	13	12	7	15	10	8	9	7	7	8	13	15	4	11	10	13

15	16	10	2	5	1	8	14	5	6	7	3	10	6	1	8	15	11	2	5
13	8	3	6	2	7	3	10	1	10	16	14	11	13	3	9	12	8	3	14
5	9	12	4	9	16	12	4	2	12	11	8	5	4	12	7	1	16	13	7
14	7	1	11	15	13	6	11	9	4	13	15	14	2	16	15	9	6	10	4

14	7	11	15	7	16	5	13	15	2	6	12	9	13	1	15	1	14	9	10
12	16	8	2	12	4	1	2	11	4	1	14	6	3	12	4	12	6	3	7
13	4	9	3	8	6	10	9	13	16	10	3	11	10	16	2	15	16	8	4
6	1	5	10	3	15	14	11	7	8	9	5	14	8	7	5	11	5	13	2

14	7	8	3	6	10	11	8	6	15	16	9	7	14	16	4	16	4	11	6
16	2	11	9	13	12	14	5	5	13	7	1	3	15	13	8	12	14	2	13
6	1	15	13	2	4	3	15	10	3	11	2	9	5	1	10	10	3	1	7
5	4	10	12	9	1	16	7	14	4	12	8	12	11	6	2	5	8	15	9

13	10	9	14	5	2	7	4	1	3	13	2	4	10	7	8	6	8	3	15
15	12	2	1	10	16	3	11	9	7	15	10	3	13	2	9	4	10	9	1
8	3	11	5	6	15	14	13	12	6	5	4	16	11	15	5	14	11	13	5
7	6	4	16	12	8	1	9	11	8	16	14	14	6	12	1	2	12	16	7

7	14	5	8	5	13	9	1	13	1	6	5	1	12	16	13	15	2	12	4
12	6	15	11	6	7	15	12	7	9	3	14	6	10	2	14	7	8	11	10
10	16	2	3	3	14	10	11	16	10	12	8	15	8	7	5	9	5	3	14
4	13	1	9	4	2	16	8	15	11	4	2	4	9	3	11	6	16	13	1

4	13	1	15	12	9	11	8	12	9	14	13	1	12	4	11	3	13	9	2
8	9	16	14	14	7	1	5	8	15	6	2	2	13	8	14	16	4	7	5
12	5	3	10	16	3	2	6	1	7	16	5	10	5	3	9	8	15	1	10
7	11	6	2	10	13	15	4	4	11	10	3	15	16	7	6	14	12	6	11

3	14	13	6	10	6	4	15	3	8	2	1	5	16	9	6	15	6	11	4
4	10	11	12	9	8	3	1	12	14	10	5	12	3	14	7	2	5	9	3
1	8	16	9	11	14	2	7	13	6	7	16	8	13	1	11	13	7	16	14
2	5	15	7	12	16	5	13	11	15	4	9	15	4	10	2	12	1	10	8

2	8	9	12	13	3	16	1	4	13	14	8	3	5	1	15	3	7	1	14
5	7	16	10	5	2	12	10	10	12	7	6	16	9	8	4	12	16	4	5
3	15	13	1	9	8	14	11	1	11	9	2	10	2	12	11	13	15	8	10
11	6	4	14	15	7	6	4	5	3	15	16	13	14	7	6	6	9	11	2

1	3	14	11	15	5	9	8	9	13	14	10	6	16	9	14	9	8	13	3
12	7	15	6	2	3	16	4	15	7	2	16	15	3	8	2	7	15	10	12
2	8	9	16	11	13	6	7	6	8	3	5	13	1	5	12	4	2	6	1
10	5	4	13	14	12	10	1	11	1	4	12	11	4	7	10	5	16	14	11

TABLE 2—INTEGERS 1-16
Each block is a permutation

13	8	5	3		7	5	16	4		16	4	8	14		5	7	13	14		6	8	2	16
9	10	6	4		8	13	3	14		12	7	15	13		16	2	10	12		5	12	1	4
11	16	12	15		10	2	9	11		5	11	9	6		9	8	4	6		11	3	13	10
7	1	2	14		6	12	15	1		2	1	10	3		15	3	11	1		15	14	9	7

5	7	14	3		12	5	9	11		6	10	11	8		15	16	1	9		5	10	8	9
12	8	1	9		14	6	7	1		3	12	15	5		11	10	6	5		4	3	15	13
2	4	15	6		13	16	10	8		14	7	2	9		13	2	12	7		11	6	14	1
13	10	16	11		4	2	15	3		16	4	1	13		3	8	4	14		12	7	16	2

13	3	10	8		1	14	5	7		14	6	5	3		8	7	3	6		16	7	5	9
14	7	2	1		8	2	9	4		1	11	13	2		11	16	10	4		14	4	3	2
5	4	9	11		16	3	11	6		15	9	12	16		2	13	1	9		1	11	12	6
6	12	15	16		12	10	13	15		4	10	7	8		15	5	14	12		8	13	15	10

5	11	3	14		12	8	3	10		11	4	9	1		2	3	12	16		5	11	4	14
13	6	9	2		5	2	14	7		13	14	5	8		6	5	1	7		10	16	1	8
8	15	7	16		1	13	9	4		6	2	12	10		10	13	4	14		3	7	13	12
12	1	4	10		15	16	11	6		15	16	7	3		11	8	9	15		6	15	9	2

16	15	14	6		13	15	14	11		1	16	9	5		15	4	10	7		9	7	13	2
4	7	13	9		6	16	1	9		8	13	15	10		12	14	9	13		1	3	8	10
3	1	2	12		8	10	2	4		14	2	12	11		5	6	2	16		6	15	16	5
5	11	8	10		3	12	5	7		7	3	4	6		1	3	11	8		14	12	11	4

9	15	3	7		4	6	2	5		5	14	15	1		8	12	14	10		16	4	14	9
16	4	13	8		11	12	13	7		9	4	16	2		2	11	6	13		3	2	5	8
12	11	2	6		9	3	16	1		12	7	11	10		16	1	5	7		6	7	15	11
1	5	14	10		14	8	15	10		8	3	6	13		9	4	3	15		1	10	12	13

6	1	8	9		7	2	3	12		2	10	6	12		6	3	16	9		7	12	16	1
15	16	5	11		16	9	10	1		5	3	1	14		2	10	1	14		10	5	15	11
2	3	10	4		15	6	5	11		7	4	8	15		4	15	11	8		3	9	13	8
14	13	7	12		4	14	8	13		16	11	9	13		5	13	12	7		2	4	14	6

9	4	8	10		13	4	12	6		2	1	4	6		3	10	16	5		7	11	4	1
3	16	11	15		3	8	14	2		7	11	14	12		4	8	11	12		6	13	3	16
13	12	14	6		5	7	15	1		5	3	13	16		14	1	9	13		10	14	2	9
5	1	7	2		9	11	16	10		15	9	10	8		6	2	7	15		15	12	8	5

7	15	9	3		4	13	3	14		15	10	12	7		6	13	5	4		5	10	11	7
6	13	10	11		10	8	12	9		13	3	1	16		15	2	9	12		2	12	4	8
14	2	4	1		11	15	6	2		6	4	14	11		11	7	14	16		16	1	13	6
16	8	5	12		1	7	16	5		8	9	2	5		8	10	1	3		15	14	9	3

1	10	6	11		6	14	15	5		12	2	16	14		13	7	12	3		8	12	6	1
15	7	2	12		2	1	8	12		11	15	1	3		5	14	4	6		4	3	16	9
5	16	9	14		13	3	7	4		5	4	8	10		11	2	16	10		10	7	11	13
3	4	8	13		9	11	10	16		6	7	13	9		1	9	8	15		14	5	15	2

23

TABLE 2—INTEGERS 1–16
Each block is a permutation

11	16	4	15		14	10	15	6		10	9	1	4		3	15	12	4		12	7	6	14
13	9	10	8		1	7	16	8		3	7	16	8		7	1	11	14		11	15	1	2
14	6	1	3		12	11	9	4		15	11	6	2		9	5	2	10		5	13	10	3
2	7	5	12		5	3	13	2		14	12	5	13		13	16	6	8		8	9	4	16
13	2	4	14		9	8	3	10		16	8	9	11		6	14	13	3		8	13	1	4
3	6	11	1		7	6	5	1		2	15	14	12		16	2	15	5		9	5	6	12
12	7	9	8		16	13	11	4		3	6	10	1		11	1	7	8		16	14	11	2
15	16	10	5		12	15	2	14		5	13	7	4		10	9	4	12		7	3	15	10
16	14	3	4		12	2	9	8		1	3	11	15		1	13	8	9		10	8	11	13
12	5	6	11		16	13	4	6		7	16	4	14		12	16	11	15		3	4	5	16
9	7	2	15		10	1	3	15		9	5	10	2		3	7	2	10		6	9	15	1
8	1	13	10		7	5	11	14		12	8	13	6		6	5	14	4		12	7	14	2
6	8	2	1		14	13	3	15		4	1	16	14		8	9	11	13		11	7	1	8
11	5	3	12		6	16	9	10		6	12	11	10		10	7	16	6		12	3	9	13
10	14	15	4		12	2	11	1		3	8	13	2		3	1	2	15		6	16	5	4
13	16	7	9		5	8	7	4		7	9	5	15		5	4	12	14		2	14	10	15
10	14	1	6		6	12	9	3		15	12	14	3		12	5	13	4		4	16	9	12
8	15	9	5		14	11	1	2		4	7	6	16		10	2	16	6		15	14	1	6
11	4	3	13		15	10	4	13		13	2	8	11		3	15	14	8		8	11	7	10
2	7	12	16		8	5	16	7		9	10	5	1		1	9	11	7		3	13	2	5
6	13	3	11		4	7	11	13		3	15	12	1		10	12	15	1		12	10	8	11
16	8	1	7		1	3	6	16		10	13	11	16		5	4	9	6		4	5	9	14
2	15	4	12		2	14	5	8		5	7	14	4		14	3	7	13		15	2	16	13
5	14	10	9		9	12	15	10		9	6	2	8		16	2	11	8		7	3	1	6
1	16	3	9		2	15	13	1		16	1	7	12		6	1	13	7		7	13	3	16
12	5	6	7		5	12	9	3		3	10	14	5		8	16	5	14		5	4	10	6
4	15	2	8		6	11	8	14		2	15	6	8		9	4	10	11		15	8	1	2
13	10	14	11		10	4	16	7		11	4	9	13		15	3	2	12		9	14	12	11
6	4	13	11		8	15	7	10		8	12	9	10		13	14	10	16		15	5	9	16
7	14	2	8		5	3	1	13		7	3	1	15		5	9	7	4		4	3	12	2
9	3	5	15		6	11	14	16		4	6	14	16		2	8	3	15		13	11	8	14
16	10	12	1		12	9	4	2		5	2	11	13		6	12	1	11		10	6	7	1
10	12	14	16		16	6	10	2		13	8	3	16		10	9	15	5		3	6	8	13
3	9	1	15		9	14	4	12		15	6	2	7		1	2	4	14		11	15	1	10
4	8	13	6		5	7	3	8		10	12	1	14		7	12	16	13		14	9	4	5
11	2	5	7		1	11	15	13		5	4	9	11		3	6	11	8		12	7	2	16
6	11	10	2		7	8	16	3		15	12	13	3		13	2	3	15		5	2	7	9
15	12	14	9		2	13	1	15		6	10	14	11		4	8	5	12		3	4	16	13
4	7	13	16		9	14	12	5		7	9	8	5		9	11	7	6		6	15	14	11
8	3	5	1		4	11	10	6		2	4	1	16		14	16	1	10		8	10	1	12

24

TABLE 2—INTEGERS 1-16
Each block is a permutation

13 6 1 16	1 11 6 3	14 16 4 15	5 4 13 14	9 3 14 16
14 15 4 9	14 2 8 12	10 1 13 7	7 1 8 2	2 11 5 15
11 10 12 8	16 9 5 4	12 11 6 2	12 10 3 6	6 12 8 13
3 5 7 2	7 10 13 15	9 8 3 5	16 9 11 15	7 4 10 1

3 15 10 11	5 1 11 12	10 2 9 8	16 12 3 5	16 9 13 8
5 9 14 7	15 2 10 8	15 13 1 16	4 11 10 2	15 3 4 5
13 12 2 4	7 3 9 6	12 4 5 11	7 9 13 1	10 14 1 11
6 1 8 16	4 16 13 14	14 7 6 3	6 8 14 15	12 7 6 2

1 16 6 10	15 12 16 14	4 10 6 14	1 12 5 11	9 2 12 11
14 8 13 7	11 2 7 5	13 12 16 8	3 10 4 9	10 1 5 13
9 3 12 5	13 9 6 1	9 7 2 5	2 13 6 15	14 3 4 16
11 2 4 15	10 8 4 3	11 15 1 3	8 14 7 16	7 15 6 8

8 16 12 7	10 15 7 12	4 15 5 16	2 4 12 10	10 3 14 5
6 2 13 4	1 16 4 6	9 10 7 2	9 1 14 7	1 11 2 6
14 15 5 10	14 5 8 11	12 8 11 3	5 13 3 11	4 9 7 13
1 11 3 9	3 2 9 13	1 6 14 13	15 16 6 8	16 15 8 12

5 11 12 8	2 8 4 16	9 6 15 7	1 14 11 16	9 2 12 8
10 6 14 7	7 13 15 9	5 10 13 2	5 7 15 2	6 4 11 5
4 3 16 13	5 12 10 11	8 3 14 4	12 6 13 9	3 1 14 15
9 15 2 1	1 14 6 3	11 12 16 1	3 8 4 10	16 13 10 7

5 15 12 3	1 14 6 9	1 5 13 14	6 3 1 10	15 5 12 11
2 7 13 10	11 4 10 13	2 11 6 16	11 5 12 15	4 1 10 14
16 1 8 11	15 7 5 12	7 9 3 10	7 8 14 2	9 7 6 8
14 9 6 4	2 16 3 8	4 15 8 12	16 4 9 13	16 13 2 3

5 8 2 11	2 14 7 6	3 1 14 7	11 6 5 15	1 6 14 2
14 1 9 15	8 1 11 16	15 4 13 12	13 7 3 8	13 5 16 4
16 13 10 4	9 12 13 3	8 16 5 10	1 4 16 12	10 15 3 7
7 3 6 12	10 15 5 4	11 2 9 6	9 14 10 2	12 11 8 9

1 11 16 10	7 1 11 14	9 2 4 5	7 8 11 13	6 2 11 16
9 4 15 2	13 10 9 4	11 1 7 8	9 6 3 12	13 10 14 12
8 3 12 5	3 6 15 16	10 6 3 13	2 4 1 14	15 7 4 5
7 14 13 6	8 5 2 12	14 15 12 16	16 5 10 15	8 3 9 1

9 16 14 11	12 7 11 16	7 11 12 16	16 2 3 6	9 2 6 11
6 5 13 10	8 3 10 5	13 14 1 2	4 9 14 11	5 7 1 10
8 15 2 1	2 6 15 9	3 9 6 8	1 13 7 8	3 8 15 16
7 3 12 4	14 4 1 13	4 5 15 10	5 10 15 12	13 12 4 14

7 12 2 10	10 13 1 16	2 9 7 6	12 8 15 11	6 10 11 4
8 6 3 13	9 3 14 2	16 3 8 11	9 1 7 4	9 15 8 12
14 11 15 4	6 4 11 7	15 12 5 1	3 10 6 14	14 5 13 16
1 16 5 9	5 12 15 8	10 13 14 4	2 13 16 5	7 3 1 2

TABLE 2—INTEGERS 1–16
Each block is a permutation

12 11 15 1	13 5 15 8	15 6 4 10	8 7 10 13	9 7 10 15
6 16 9 13	10 9 7 11	14 8 5 12	4 14 3 11	12 3 5 4
14 7 8 5	6 12 4 16	9 1 13 3	15 6 9 16	2 1 13 8
3 2 10 4	2 3 14 1	7 2 16 11	2 1 5 12	11 6 14 16

4 10 2 14	6 16 3 10	9 13 15 6	10 7 13 6	10 5 1 3
5 11 13 15	14 15 12 8	10 11 1 16	3 2 9 4	4 16 15 2
8 16 7 3	11 9 13 2	2 5 3 7	11 14 1 12	13 11 6 7
12 1 6 9	7 1 5 4	14 4 12 8	8 16 15 5	12 14 9 8

14 3 6 12	10 2 7 5	2 5 16 7	11 14 16 3	8 14 10 16
11 15 9 4	8 15 14 11	13 10 12 14	6 15 9 13	5 9 4 13
2 8 13 10	1 13 3 6	11 3 4 6	2 8 10 5	6 7 3 11
7 1 5 16	9 4 12 16	15 1 8 9	4 7 12 1	15 12 1 2

1 12 15 9	14 2 7 1	3 15 14 9	8 7 2 5	13 14 4 2
16 10 3 6	5 16 4 9	13 6 4 5	14 12 4 6	10 16 5 6
8 5 14 7	6 8 15 13	12 7 2 1	15 11 9 1	8 15 11 9
4 11 2 13	11 12 3 10	10 8 11 16	13 10 16 3	12 1 3 7

13 15 16 4	1 14 10 13	2 16 13 6	13 7 14 16	14 9 2 1
3 6 8 5	15 11 3 9	8 14 7 4	15 3 4 9	15 3 13 4
14 7 12 9	2 12 7 6	11 1 12 15	11 10 6 1	10 6 7 5
1 10 2 11	5 8 16 4	10 9 3 5	12 5 8 2	12 11 16 8

14 8 10 2	11 10 1 14	16 3 12 5	8 5 6 11	5 2 6 9
15 1 4 6	2 4 6 7	13 14 8 11	3 1 7 16	4 7 10 11
3 16 13 11	3 16 15 8	10 7 9 1	10 2 13 4	3 1 15 12
7 12 5 9	9 12 5 13	2 15 4 6	9 14 12 15	16 8 14 13

15 3 13 5	6 1 4 8	15 7 12 1	15 11 16 9	4 12 1 13
14 2 9 7	7 13 14 12	10 8 9 13	7 1 13 6	7 8 15 2
6 1 12 10	2 10 16 9	2 16 6 11	3 10 12 4	9 3 6 16
4 11 16 8	11 3 15 5	3 4 14 5	14 8 2 5	14 5 11 10

3 14 13 2	10 3 12 16	6 10 13 12	10 1 8 13	16 9 10 5
15 12 9 4	14 6 7 2	4 5 8 2	15 11 7 6	8 7 11 15
5 6 1 7	15 13 1 8	15 9 11 3	16 2 5 3	13 14 1 12
16 8 10 11	11 5 9 4	16 14 1 7	12 14 9 4	3 4 6 2

1 16 5 2	14 7 11 15	2 9 16 14	3 1 9 16	11 8 10 7
3 12 9 11	12 4 6 3	13 10 4 12	10 14 15 6	1 12 3 9
14 7 6 8	1 5 10 13	7 1 3 15	13 12 2 5	4 16 15 13
15 4 10 13	9 8 2 16	11 6 8 5	4 11 8 7	5 6 14 2

10 7 8 14	6 7 4 5	15 5 9 2	11 2 6 4	4 11 3 13
4 13 5 16	9 2 12 13	6 11 13 10	15 8 14 5	15 9 7 6
15 1 3 9	16 10 11 15	14 3 4 7	10 13 7 16	10 16 2 8
6 12 2 11	14 8 3 1	8 1 12 16	12 3 9 1	14 1 5 12

TABLE 2—Integers 1–16
Each block is a permutation

4	5	3	8		4	6	8	2		2	11	6	7		1	8	15	12		5	8	12	7
2	6	12	7		9	5	1	16		15	12	8	16		16	2	11	7		1	9	15	6
13	10	9	1		3	15	11	13		3	14	13	10		13	3	6	14		14	10	11	16
16	14	15	11		12	14	10	7		4	1	5	9		5	10	9	4		3	4	13	2

12	6	11	4		8	2	5	15		14	15	9	3		1	15	6	2		9	8	13	12
13	9	2	10		3	9	13	12		1	6	13	16		3	4	13	14		4	3	2	11
1	5	8	7		11	6	1	10		11	2	12	7		16	5	8	12		5	15	1	14
16	15	14	3		7	4	14	16		10	4	5	8		11	9	7	10		16	10	7	6

14	12	13	3		8	9	13	6		6	2	13	12		11	2	3	6		11	5	4	2
4	10	16	7		16	7	14	15		7	14	5	9		15	1	12	5		3	6	16	14
5	2	1	11		3	2	4	11		16	3	4	15		9	14	4	16		1	10	8	7
6	9	8	15		12	5	1	10		11	8	1	10		13	8	7	10		13	15	12	9

12	2	9	15		10	4	3	11		6	14	10	1		12	9	3	2		6	8	12	2
4	3	1	13		7	9	5	2		8	11	7	13		5	10	4	14		1	11	3	9
5	14	11	6		16	15	12	8		15	5	9	2		13	1	15	8		4	10	16	15
7	10	16	8		14	6	1	13		12	16	3	4		6	16	11	7		7	14	13	5

7	3	4	14		11	2	8	3		14	13	9	5		1	8	3	13		7	6	13	2
5	2	9	13		14	5	16	4		4	10	15	1		10	5	2	9		12	15	14	4
1	6	15	12		12	1	9	7		12	16	11	2		14	4	16	15		11	5	1	3
8	16	10	11		6	10	13	15		3	8	6	7		6	7	12	11		10	16	8	9

1	8	13	15		8	9	15	5		16	3	12	1		13	8	10	1		7	9	16	15
11	16	12	3		6	2	4	13		11	8	14	6		14	5	12	9		13	14	6	5
7	10	14	6		7	3	1	11		5	4	13	10		4	15	11	3		10	11	12	3
2	4	9	5		10	16	12	14		2	9	7	15		6	2	16	7		1	2	4	8

7	13	10	8		15	2	9	8		3	10	5	1		1	8	13	12		10	11	4	14
15	11	9	1		14	7	13	12		6	13	8	16		4	11	6	9		2	3	13	16
12	4	5	3		3	1	11	5		11	2	9	15		15	2	5	7		5	9	1	8
16	2	14	6		6	4	10	16		12	7	4	14		14	10	16	3		6	7	15	12

15	9	4	8		9	11	5	1		15	3	12	7		10	15	9	12		7	13	2	3
13	12	7	14		14	4	16	6		5	8	10	11		2	16	5	14		4	9	6	5
5	1	3	10		7	8	3	2		6	16	4	14		1	8	13	6		15	12	14	11
16	6	11	2		13	15	12	10		13	9	1	2		7	11	4	3		8	10	16	1

8	13	7	4		2	12	13	9		13	9	16	4		12	5	16	10		15	11	2	16
5	16	2	11		16	7	3	1		2	1	6	8		1	9	14	4		12	3	6	7
10	9	15	14		15	14	11	4		7	15	10	3		15	7	8	6		8	4	14	1
3	12	6	1		5	8	6	10		12	5	14	11		3	11	2	13		9	5	10	13

16	10	9	1		11	2	10	15		4	14	11	12		13	8	7	11		12	15	13	3
5	8	6	14		4	12	1	16		1	15	5	8		10	14	15	12		14	5	9	11
4	15	11	12		6	8	7	14		2	3	13	9		6	5	9	3		8	2	4	1
7	3	13	2		13	3	9	5		16	7	6	10		2	1	4	16		16	10	7	6

TABLE 2—INTEGERS 1–16
Each block is a permutation

11	12	15	16		9	13	11	4		3	7	11	13		2	3	8	9		1	16	12	14
10	8	2	3		16	1	12	3		16	5	10	9		10	7	15	13		2	13	15	3
9	6	5	13		14	15	7	2		14	12	15	2		12	14	1	5		6	4	11	8
7	14	4	1		6	8	10	5		1	8	6	4		16	11	6	4		7	5	9	10

2	11	3	6		6	11	4	2		8	7	10	15		5	6	12	8		5	11	13	8
7	8	1	13		7	8	10	16		1	6	9	3		9	16	7	15		15	1	2	16
4	5	12	10		1	12	9	3		16	4	12	13		10	11	2	14		10	7	9	4
16	14	9	15		15	13	14	5		11	5	2	14		4	1	13	3		3	14	12	6

9	12	1	5		12	15	9	2		7	12	5	16		3	13	4	15		14	13	4	12
13	3	6	8		14	1	7	4		10	3	4	14		2	5	8	9		7	2	5	3
15	2	10	14		10	5	8	13		13	8	15	6		11	12	10	1		10	9	6	16
7	16	4	11		3	11	16	6		1	11	9	2		16	14	7	6		1	15	8	11

10	6	13	9		8	2	14	15		10	16	11	9		16	2	11	7		4	5	9	7
15	8	1	11		9	7	3	5		7	12	5	14		13	14	6	4		15	3	10	2
3	12	14	7		1	4	6	11		8	13	3	2		3	15	9	12		11	8	6	16
2	16	5	4		16	10	13	12		15	4	6	1		5	1	10	8		1	14	12	13

8	10	3	6		2	11	16	10		4	9	15	5		11	8	7	2		16	13	2	6
13	5	15	1		5	13	15	4		6	1	11	16		14	10	16	3		15	3	9	12
11	12	16	4		12	3	7	14		2	14	12	10		9	15	5	6		11	10	7	8
7	9	14	2		8	6	9	1		7	3	13	8		12	4	1	13		1	14	5	4

8	12	15	5		13	7	1	2		4	1	16	10		6	7	1	12		2	14	15	12
10	3	16	11		8	10	5	14		14	13	3	15		8	4	9	15		3	9	10	1
14	2	4	6		12	9	16	3		6	5	2	11		10	16	2	5		7	13	4	8
7	13	9	1		6	4	11	15		8	9	7	12		11	13	14	3		5	11	16	6

7	13	12	4		13	9	15	1		2	3	14	1		5	2	6	14		13	4	7	16
11	8	14	10		6	2	12	16		7	15	8	9		1	13	15	9		6	11	15	14
2	6	15	9		8	5	11	10		12	10	4	5		10	4	3	12		9	5	12	10
1	16	5	3		4	7	3	14		13	11	16	6		8	11	7	16		3	8	2	1

9	3	5	12		16	11	12	13		12	11	13	6		8	2	7	1		13	3	10	9
7	4	14	11		4	10	2	15		9	8	5	16		14	9	12	6		4	8	14	15
10	8	16	2		5	1	7	9		4	7	2	10		11	10	3	16		16	11	1	2
13	15	6	1		3	6	8	14		3	14	15	1		4	13	5	15		6	5	12	7

15	10	3	8		15	4	16	9		8	4	13	10		2	1	12	8		5	13	8	11
1	9	12	16		8	14	12	3		11	6	3	14		7	15	4	10		16	10	3	1
6	13	5	14		11	1	13	7		12	1	5	9		11	3	13	5		9	14	12	2
2	4	11	7		6	5	10	2		7	16	2	15		6	14	16	9		15	7	4	6

15	6	16	2		5	8	4	16		7	9	13	8		13	16	10	1		6	7	12	4
4	10	7	13		7	15	6	1		3	14	6	15		6	2	3	7		11	13	14	15
9	3	11	1		3	12	14	10		4	2	16	10		9	5	12	4		16	9	1	10
14	8	5	12		9	13	11	2		11	1	12	5		8	11	14	15		3	8	2	5

28

TABLE 2—INTEGERS 1-16
Each block is a permutation

```
 9 10  1  3    12  3  1  9    10  8  5 14     7 11 10  1    11 14  3  9
 6 11 15  7     7 15 10  8    16 11  9 12    16  6  4 15    10 13  4  6
12  5  2 16    11 14 13  6    15  7  3  4    13  3  9  8    12  5  7  1
 8 13  4 14     2 16  4  5     1 13  2  6     2 14  5 12     8 15 16  2


 6 11  9  1     6 15 14  8     5 14  9 10     8  5 12 16     3  4  1  7
16  5  3 10     1 11 16  5     7  6  4 16     7 15  3  1     2 16  6 13
 7 15  4  8     4 13 12 10     3  2 15 11    13  2 10 14    14  5 12 11
14 13  2 12     3  2  7  9     1 13  8 12     4  6  9 11     9 15  8 10


 9 13 16  5     7  9 10 11    12  4 13  6     5 14 12 11     3  1 13  6
11  2  8  4     5  4  8 14     9  7 14  2     9  6  4 13    16 15 10  8
15 12 14  1    15  1  3 16     3  5  8 16     1  8 10  7    12  5  2  7
10  7  6  3    13 12  6  2     1 15 10 11     3 16 15  2     4  9 11 14


12  7  3 11    11 13 16 15     4 12  7 14     3 10  1 11     1 15  6  2
 9  1  6 14     7  4  9  8     6  1 15  9    14  2 15  6     4  9 13 10
 8 15 16  5     2 10 14  5    13 16  3 10    12 16  5 13     7 14 11 12
10  2 13  4    12  6  1  3     8  5  2 11     8  9  4  7     5  3 16  8


 6 11  1 12    14  8 15  7    12  3  7  4     8 11  5  1     6 13 11  9
15 13 16  9    16  3  1 10     2  5 14 11     9 13  4  6     2  5 10  3
 3  2  7 10     4 13  6  5     8 13 15  6    14 15  3 10     1  7 16  4
 4  8 14  5     9 11  2 12    16 10  9  1     7 16  2 12    12 15 14  8


16  1  3 13    10  6  1 14     6 16  5 15    15  5  6 12     4  5  7 16
 8 15 11  2    13  4  9  3     9  8  2 12     3 10  8  9    11 15 13  2
 6  5 12 10    11  8  5 15    11  4  3 14    13 14  2  7    14 12  3 10
14  7  9  4     2 16  7 12     1  7 10 13     1 11 16  4     8  9  6  1


10  6 12 16     3  8 11 15    12 10  5 15     4 10  7 14     8 10  1  5
13  7  4 15     7  4 16  5     7  8  6  3     2  6 16 13     4 12 16  9
 3 11  5  1    13 12 14 10    14 13  1  2     5  1 11 15     2 11 13  6
 9 14  2  8     6  1  9  2    16 11  9  4     3  8 12  9     7  3 14 15


13 16  6 12    10  4 12  3     1  9  4 10    16 13 14 15    13  2  4 14
 9  4 11  3     9  7  1 14    12  2 13 15    12  7  9  4     6  7 11  5
 2  7 10 14     5 11 16 13     3 14  5  7     8  3  2 10    10  3  1  9
 1  5 15  8    15  6  2  8    16 11  6  8     5  1 11  6    15  8 12 16


 5 12  3  8     7 15  2 14     6 10  9 15     1 12 11 10     9  5  8 10
 4 14  9 15     3 13  1 16     7  3 13  4     9  8  4 15     1 12 16 15
16  6 11  1    12 11  6 10    16  1  2 14    16  2  7  6     2 14 13 11
10 13  7  2     8  9  5  4    12 11  8  5     3 13 14  5     6  4  3  7


 5 11  9 14     4 10  8  6     5  1 10 16    10  5 15  8     1  2 16  7
 1  7 13  6    14  2  9 15     3  4 11  6    14  3  9  1     5 15  6 14
16  3 12 15    12  3 11  5     7 12 15  8     7  6 13 16    12  8  9 13
 8 10  4  2    13  7 16  1    13  9  2 14     2  4 12 11    10 11  4  3
```

29

TABLE 2—INTEGERS 1-16
Each block is a permutation

8 14 3 4	15 10 8 5	6 2 16 7	14 12 9 8	1 6 14 16
6 11 15 13	3 7 12 1	9 11 8 13	4 10 2 3	10 3 2 4
9 10 7 2	14 9 13 16	14 3 1 5	11 6 5 1	5 11 13 7
1 5 12 16	11 4 6 2	12 4 10 15	13 7 16 15	15 9 8 12

9 13 3 8	7 16 15 13	6 3 12 2	14 1 15 2	10 13 8 3
14 16 6 7	14 6 9 1	4 7 15 5	6 11 10 3	11 14 9 5
12 4 10 15	8 11 12 10	13 9 10 11	12 16 8 9	6 1 15 12
5 11 1 2	2 3 4 5	14 16 8 1	5 13 7 4	7 16 2 4

14 3 7 8	2 5 14 8	2 6 3 12	14 2 6 13	2 4 11 9
12 11 2 13	1 11 15 6	16 9 10 4	11 8 16 1	8 10 16 3
1 4 6 9	7 4 3 16	7 15 5 1	7 12 15 9	6 7 15 12
16 5 10 15	10 13 9 12	14 11 13 8	4 10 5 3	13 1 5 14

3 10 16 9	7 14 15 1	16 15 1 2	10 5 14 1	3 12 10 1
2 13 6 15	4 9 11 16	10 12 7 6	8 6 4 3	11 5 16 9
4 7 1 5	13 5 2 6	5 14 3 11	15 12 9 2	15 14 7 6
12 11 8 14	10 3 8 12	13 4 9 8	11 7 13 16	2 4 13 8

5 8 3 13	6 7 15 9	9 2 7 14	7 13 6 16	1 10 6 5
14 15 11 6	2 13 8 10	3 13 11 6	5 4 1 15	2 13 7 12
10 9 16 12	12 5 11 3	4 5 15 12	2 11 9 10	14 9 11 4
1 7 4 2	1 16 14 4	10 16 1 8	8 14 3 12	8 3 16 15

6 5 13 8	8 11 3 13	9 11 12 4	3 1 13 15	10 4 11 6
4 2 11 10	9 7 10 2	2 13 7 8	7 4 10 11	12 2 15 1
16 3 15 1	6 15 4 1	15 14 10 5	16 2 14 6	9 13 16 7
14 7 12 9	16 12 5 14	6 16 1 3	9 8 5 12	14 5 8 3

13 12 2 3	14 12 6 3	3 11 4 7	1 11 6 13	3 8 1 2
14 1 5 16	4 7 9 15	15 6 8 13	15 7 5 2	11 9 4 13
15 6 11 10	13 5 1 16	9 2 16 1	9 4 3 10	7 12 14 5
8 7 9 4	2 8 11 10	12 10 5 14	8 14 12 16	6 15 10 16

11 1 15 6	8 15 7 1	7 10 1 5	6 9 10 12	2 12 14 13
13 10 8 3	5 4 14 2	6 13 12 15	1 13 2 16	11 10 6 15
16 2 12 14	10 6 3 12	9 3 11 4	3 14 15 7	1 4 9 8
9 5 4 7	13 16 11 9	16 2 8 14	11 4 5 8	16 3 5 7

7 16 13 12	3 13 5 9	15 1 2 10	4 2 13 10	12 11 16 1
4 1 2 5	7 15 10 2	16 4 6 7	9 16 7 11	2 7 6 13
15 9 11 3	1 12 14 4	14 3 5 9	12 1 14 6	14 15 5 10
6 10 14 8	16 11 6 8	11 12 13 8	5 8 3 15	4 3 8 9

11 13 1 14	2 14 3 1	1 14 9 11	16 13 1 5	15 5 4 2
10 15 2 8	12 7 6 15	6 10 8 12	4 8 3 11	12 14 11 6
12 9 5 4	16 11 4 5	5 13 16 7	10 15 6 2	3 9 7 1
3 16 6 7	13 8 9 10	4 2 15 3	9 7 12 14	13 16 8 10

TABLE 2—INTEGERS 1-16
Each block is a permutation

13 8 11 7	6 11 10 1	7 12 1 8	15 2 4 7	8 3 13 6
16 10 1 6	15 13 4 3	10 11 16 2	10 6 14 5	4 12 14 2
15 3 5 12	12 9 7 5	4 5 9 13	8 1 12 11	11 15 1 9
9 14 2 4	14 8 2 16	15 3 6 14	9 3 13 16	16 5 10 7

6 13 2 16	1 2 13 15	6 1 11 16	9 1 5 7	10 2 15 7
9 1 12 10	11 5 10 3	8 13 14 9	4 16 12 10	4 13 6 14
7 3 15 14	4 7 14 8	3 7 2 10	15 11 2 13	16 12 1 11
4 8 5 11	12 9 16 6	4 15 5 12	14 8 6 3	3 5 8 9

9 11 6 7	15 3 12 16	8 5 15 13	12 13 11 5	4 5 2 6
3 14 15 4	5 11 8 13	2 4 10 12	14 7 1 9	3 8 7 15
12 8 2 13	10 7 14 1	11 3 1 6	4 3 2 8	11 10 13 12
1 10 16 5	4 2 9 6	16 14 7 9	16 10 6 15	1 16 9 14

5 8 11 9	5 12 15 8	15 11 4 6	8 3 16 7	9 10 3 8
12 13 2 6	10 2 3 13	9 16 10 1	10 11 1 13	4 6 12 5
16 7 3 1	16 1 6 11	7 3 8 14	12 4 15 5	2 1 16 14
15 4 10 14	14 4 7 9	2 13 5 12	14 9 2 6	15 7 11 13

3 11 4 6	7 2 10 6	15 14 11 3	7 10 13 15	16 7 11 15
8 12 16 15	4 8 16 14	4 1 8 10	3 4 2 11	2 13 10 4
9 13 14 5	15 13 5 12	13 16 6 9	1 6 5 14	1 9 6 3
1 7 10 2	9 11 1 3	5 7 2 12	16 12 8 9	8 14 5 12

13 8 12 5	1 7 16 4	5 13 15 3	12 9 15 13	5 16 2 13
1 6 2 14	13 2 3 14	14 16 2 10	5 4 6 14	7 9 6 15
11 9 3 7	6 11 15 8	1 9 6 11	7 2 8 1	12 11 3 1
16 10 15 4	12 5 10 9	12 7 4 8	11 3 16 10	4 8 14 10

4 9 7 1	14 1 6 12	9 13 10 14	12 14 4 5	2 14 12 8
13 11 14 10	8 5 3 10	2 6 1 3	15 11 16 1	16 11 5 15
8 12 2 15	11 9 16 13	4 11 8 5	8 13 10 7	9 1 6 10
16 3 6 5	2 15 7 4	15 7 16 12	9 2 6 3	4 13 3 7

16 1 6 12	13 1 8 14	1 15 7 9	10 15 14 12	9 1 16 15
9 5 14 4	15 10 9 4	4 14 3 5	9 2 4 8	7 14 13 11
7 15 11 2	5 6 2 7	11 2 13 8	6 11 5 16	8 5 2 4
13 3 10 8	11 16 3 12	10 12 6 16	3 13 1 7	12 6 10 3

6 1 13 2	11 14 2 6	13 12 8 10	13 11 10 3	15 4 14 11
16 3 11 15	13 12 15 4	1 9 6 5	14 1 15 2	10 1 8 9
5 10 12 4	16 1 5 9	15 11 7 16	16 4 12 9	13 6 12 5
8 14 7 9	10 7 8 3	3 2 14 4	7 8 6 5	16 3 2 7

13 15 8 4	3 15 12 13	1 14 13 10	4 11 9 6	10 1 2 8
7 10 14 5	7 1 6 2	12 11 7 8	2 7 1 5	12 7 4 9
16 2 6 12	14 5 8 11	6 9 5 16	3 14 15 10	6 16 15 11
11 3 9 1	16 4 9 10	3 4 15 2	16 13 12 8	3 5 13 14

TABLE 2—INTEGERS 1-16
Each block is a permutation

5 11 2 6	4 6 14 1	3 2 8 9	7 12 11 5	14 6 16 15
3 14 1 4	9 5 13 16	7 12 11 5	2 16 14 6	11 7 4 1
13 9 10 15	7 10 15 8	1 14 15 6	8 15 13 1	8 9 12 10
7 8 16 12	12 3 11 2	10 16 13 4	4 10 9 3	3 13 2 5

13 3 10 7	15 10 13 3	6 4 10 13	16 8 9 10	6 14 13 3
15 9 1 11	12 9 16 1	11 15 5 12	14 13 11 5	9 11 8 15
5 2 14 12	14 7 11 8	3 8 2 1	1 3 12 2	4 1 12 5
6 8 16 4	4 5 2 6	7 9 14 16	7 4 6 15	16 7 10 2

12 9 8 7	10 8 1 6	1 12 13 5	12 7 6 1	3 12 11 14
6 16 10 5	12 9 15 13	9 3 14 15	10 13 5 14	4 10 16 8
2 14 4 1	5 2 3 4	6 16 8 11	11 8 15 4	7 6 1 5
13 11 3 15	11 16 14 7	10 7 2 4	3 2 16 9	15 2 9 13

11 8 14 1	12 1 13 5	4 7 11 5	6 14 13 10	2 3 5 7
3 13 6 2	11 16 7 15	14 6 9 1	7 15 8 5	11 14 16 12
10 15 16 5	4 3 8 9	3 15 2 16	12 11 4 1	13 15 6 8
4 7 12 9	6 14 2 10	12 13 8 10	2 3 16 9	10 4 1 9

7 12 5 9	3 10 7 2	8 9 15 10	3 1 10 4	9 5 8 11
13 6 4 1	12 15 13 1	12 3 2 13	2 14 9 11	2 15 6 13
3 14 15 16	11 4 8 16	16 6 1 7	8 5 16 12	4 14 1 12
2 8 10 11	6 5 9 14	11 5 14 4	6 13 7 15	10 3 7 16

13 16 5 14	14 6 1 13	6 7 2 10	6 8 3 16	16 1 10 12
4 12 11 10	3 8 12 16	12 8 1 16	2 15 10 9	7 14 6 3
6 9 7 8	5 15 7 2	9 11 3 13	5 12 11 7	13 4 8 11
2 15 3 1	11 10 4 9	14 4 5 15	4 14 13 1	2 15 5 9

7 5 1 3	11 15 9 3	7 12 4 15	8 6 12 7	2 8 12 5
8 6 16 14	10 5 2 7	9 3 10 11	2 10 4 3	15 16 1 4
13 9 10 4	12 4 8 6	14 5 6 16	13 15 9 14	6 9 7 13
11 2 15 12	13 16 1 14	8 1 13 2	5 1 16 11	10 14 3 11

12 7 16 4	3 7 10 4	6 11 8 12	7 4 6 2	10 5 9 2
2 3 9 15	16 8 2 6	7 3 16 13	1 3 11 9	16 7 13 12
14 8 10 6	9 14 15 11	15 9 14 2	14 16 13 10	1 14 4 8
11 13 1 5	12 1 5 13	10 1 4 5	15 12 8 5	3 15 11 6

12 6 2 3	10 11 7 16	15 7 2 1	12 11 1 7	11 6 13 2
14 1 4 10	14 4 8 3	13 10 3 12	8 4 3 13	16 10 3 15
11 5 8 16	5 15 9 12	11 16 5 14	10 16 15 14	7 5 4 9
15 9 13 7	1 2 13 6	8 4 9 6	5 2 9 6	8 1 12 14

9 2 14 10	16 8 2 3	10 8 12 4	5 16 15 8	3 8 1 14
15 1 6 5	4 10 14 11	9 16 15 5	3 11 2 6	4 16 15 13
8 7 16 11	7 9 15 6	11 14 2 13	9 14 10 4	11 6 7 10
4 12 13 3	12 1 13 5	3 6 1 7	12 13 7 1	5 12 9 2

TABLE 2—INTEGERS 1-16
Each block is a permutation

12	14	15	7		15	8	5	7		2	4	3	5		11	5	13	14		15	9	7	5
16	3	5	1		2	9	1	3		9	11	7	10		12	8	6	4		13	2	1	6
10	13	4	9		14	4	16	10		15	1	8	13		16	1	3	10		12	11	16	8
11	6	8	2		6	12	13	11		16	14	12	6		15	7	2	9		3	14	4	10

5	6	3	13		9	3	16	5		8	13	2	1		11	14	7	13		3	9	8	7
11	15	14	16		12	13	7	2		4	11	16	9		9	15	16	10		4	5	15	16
8	4	1	9		11	10	14	15		14	3	10	5		12	2	3	4		14	6	11	10
12	2	10	7		6	8	1	4		7	6	15	12		8	6	1	5		1	12	2	13

5	16	4	8		3	2	5	4		3	2	12	4		8	5	9	11		5	1	13	12
6	9	12	10		13	1	14	16		15	6	11	1		10	15	14	3		8	15	3	9
3	14	15	2		10	12	6	8		9	8	10	14		16	4	2	6		16	4	2	11
7	13	11	1		15	9	7	11		7	16	5	13		13	1	7	12		10	14	7	6

2	13	12	14		7	11	9	4		2	9	10	6		5	2	6	13		15	9	1	11
15	16	9	3		8	2	3	16		16	4	7	11		11	3	14	7		12	7	4	8
7	4	6	1		14	12	13	10		8	1	15	3		4	1	16	10		14	13	6	10
8	11	5	10		6	5	15	1		12	13	14	5		8	15	9	12		5	2	16	3

1	5	6	9		16	4	11	3		16	7	5	4		15	9	6	2		12	6	15	7
14	15	4	12		6	7	14	10		12	13	1	3		8	11	10	16		14	2	8	3
7	10	3	8		13	5	15	2		9	10	2	11		13	3	5	1		4	5	9	10
11	2	16	13		12	9	8	1		8	6	14	15		14	7	4	12		13	16	11	1

5	16	12	4		5	1	12	11		3	8	7	2		6	15	16	11		3	7	9	15
9	10	3	14		10	14	2	4		12	4	15	16		4	9	3	1		14	4	16	11
7	2	13	1		3	9	8	7		13	1	14	5		13	5	14	2		2	13	5	1
11	6	8	15		13	15	16	6		6	11	10	9		10	8	7	12		8	12	6	10

13	6	10	16		6	10	2	11		12	15	5	9		10	1	11	7		2	11	5	14
8	1	3	15		14	7	3	5		16	13	14	1		8	12	14	4		16	3	7	13
9	14	5	2		16	4	8	1		10	2	11	4		15	3	5	16		4	12	8	10
12	4	7	11		13	15	12	9		8	6	7	3		13	6	2	9		9	15	6	1

7	9	1	15		10	6	15	16		15	11	9	10		2	1	11	4		15	6	1	10
16	3	13	6		5	13	4	1		2	12	6	14		13	14	8	5		13	5	8	14
14	8	2	11		2	12	8	11		13	8	16	5		15	3	7	6		7	11	12	4
12	4	10	5		7	9	14	3		4	1	3	7		16	9	10	12		16	2	9	3

6	11	14	8		1	14	10	11		7	9	14	12		4	7	12	15		2	8	5	6
4	3	10	9		3	9	4	13		5	15	11	3		10	2	13	11		15	1	9	10
5	16	7	12		8	15	12	16		4	16	2	10		1	14	3	5		13	11	4	12
2	15	13	1		6	2	5	7		6	1	13	8		8	16	9	6		7	16	14	3

3	15	12	1		9	1	11	14		12	7	4	8		2	3	4	6		7	15	3	8
8	13	6	16		10	4	13	2		3	9	13	1		9	8	15	12		14	2	6	10
11	9	5	14		3	7	6	16		2	11	16	5		13	5	11	16		5	4	9	1
7	2	10	4		12	5	15	8		15	10	14	6		14	7	1	10		12	13	16	11

33

TABLE 3—INTEGERS 1-20
Each block is a permutation

4	1	11	18	15	3	12	20	15	4	10	16	17	20	7	16	17	2	14	1
19	8	7	16	9	7	13	1	14	5	1	2	12	13	5	4	8	11	19	13
2	14	5	6	17	9	19	2	18	16	14	19	4	8	6	15	20	10	3	6
13	12	10	3	20	10	11	6	8	17	15	3	18	9	11	18	7	12	5	9

19	11	8	13	9	19	18	17	16	15	6	13	5	12	3	3	2	1	16	6
18	4	20	15	6	14	10	6	20	9	15	8	7	1	2	12	10	8	5	4
7	3	12	17	5	8	3	7	13	2	18	14	17	10	4	15	13	17	9	14
1	14	10	16	2	1	5	12	11	4	20	19	16	9	11	19	11	20	7	18

5	18	9	7	6	16	15	9	14	1	6	12	9	1	2	15	4	16	5	7
16	12	8	17	20	13	19	12	8	17	15	18	7	3	13	19	6	18	8	1
1	4	2	15	13	5	4	7	2	3	11	14	16	17	8	11	13	20	9	2
11	14	19	10	3	18	11	10	6	20	10	19	5	4	20	12	17	14	3	10

16	13	1	6	17	8	4	19	10	17	18	12	2	20	4	9	16	4	6	8
7	8	5	18	2	6	3	15	11	14	16	11	10	13	3	11	3	10	12	17
3	19	10	14	12	7	5	12	16	2	6	7	14	17	9	18	1	15	7	13
9	15	11	20	4	9	1	18	20	13	15	19	5	1	8	19	14	2	5	20

2	14	15	19	7	9	5	18	6	7	1	15	9	18	5	7	3	11	17	13
10	12	1	11	20	16	4	14	3	15	2	7	19	11	14	12	16	15	1	18
17	18	16	5	3	2	1	13	12	19	8	20	13	10	3	4	19	2	5	9
4	8	6	13	9	11	20	17	10	8	12	6	16	4	17	8	6	10	14	20

6	2	11	8	4	10	17	12	14	2	5	6	13	17	7	10	3	9	16	14
1	20	19	18	12	7	6	19	13	4	10	20	4	14	1	18	15	17	19	4
10	15	13	7	16	9	16	1	15	18	2	18	8	15	3	20	6	5	1	2
9	3	5	14	17	3	11	5	8	20	11	16	19	12	9	12	7	11	13	8

20	18	15	13	12	10	11	1	5	6	11	19	1	9	5	2	14	5	8	3
6	10	14	8	1	7	9	15	19	2	10	6	4	3	16	12	9	18	15	20
7	17	5	9	3	14	4	13	18	3	17	7	12	18	20	13	11	4	17	16
11	16	4	19	2	12	20	8	16	17	14	13	2	8	15	6	7	19	10	1

9	7	6	17	2	10	2	20	16	7	16	11	14	18	10	10	3	17	20	9
5	11	14	1	18	12	6	8	5	15	15	20	8	1	17	16	2	15	1	5
10	8	13	4	16	4	11	9	19	1	2	7	9	5	13	4	6	14	13	11
3	20	12	15	19	14	3	18	17	13	12	4	6	3	19	7	8	19	18	12

10	14	4	16	7	14	8	4	10	3	11	6	18	20	17	8	4	7	5	6
18	19	9	2	11	9	15	2	5	16	7	15	8	2	12	15	18	2	16	9
15	12	8	5	17	1	11	20	19	13	4	1	9	13	3	12	19	11	20	13
1	13	3	6	20	18	7	6	12	17	10	16	5	19	14	3	14	10	1	17

9	16	19	5	15	6	2	5	14	19	19	4	8	1	15	3	15	4	19	5
18	10	7	4	3	16	8	10	11	20	3	13	17	9	16	17	2	14	18	13
17	14	20	6	1	17	9	12	13	1	18	11	2	10	12	7	9	10	11	1
2	12	8	11	13	4	18	15	3	7	5	6	14	7	20	16	12	8	20	6

TABLE 3—INTEGERS 1-20
Each block is a permutation

5 4 11 16 2	8 13 10 17 6	11 17 8 6 15	10 14 17 15 4
10 1 19 3 7	9 19 12 2 7	19 14 12 13 2	13 5 1 20 8
9 6 18 17 20	3 20 14 15 16	16 3 7 18 4	3 12 16 9 6
14 12 8 15 13	18 5 1 4 11	10 9 1 20 5	7 18 11 2 19

20 4 12 1 2	10 7 8 3 16	2 17 1 16 14	18 15 5 7 1
14 10 17 8 11	17 1 2 5 6	9 19 6 8 4	4 8 16 14 3
19 9 18 7 16	12 11 19 18 20	13 15 7 3 12	20 11 19 9 10
5 6 13 3 15	14 9 4 15 13	10 5 18 20 11	17 2 12 6 13

6 11 14 9 7	19 18 10 9 12	14 1 12 16 2	12 8 11 20 4
3 1 19 20 18	6 11 15 14 20	3 10 6 9 5	1 19 3 17 6
2 5 10 12 15	5 16 3 8 2	8 4 17 15 7	18 9 15 16 7
17 16 4 8 13	7 13 1 4 17	11 18 19 13 20	13 2 14 10 5

3 19 16 4 14	5 6 16 19 3	11 3 17 12 9	8 7 4 14 1
12 5 18 13 15	1 13 20 7 11	16 1 2 14 4	17 10 20 6 15
11 1 6 10 20	15 9 10 12 4	20 13 7 15 10	9 19 16 3 12
9 17 8 2 7	8 17 18 14 2	6 18 5 19 8	2 11 5 18 13

18 17 12 13 5	1 20 12 13 16	1 19 2 10 14	3 14 6 1 16
7 2 11 8 1	4 14 2 19 9	20 15 18 12 6	10 8 18 19 11
15 14 6 9 4	11 15 18 5 7	5 7 11 3 9	13 5 12 9 20
19 3 10 20 16	3 8 6 10 17	17 4 13 16 8	2 15 4 7 17

14 7 2 6 1	15 12 13 18 3	17 10 20 15 6	2 20 12 3 1
15 9 11 12 18	19 8 16 4 1	11 9 5 16 7	6 5 8 11 4
5 20 17 4 3	17 5 10 14 20	2 4 18 12 13	17 10 14 7 18
10 8 13 19 16	11 2 9 6 7	8 19 1 14 3	19 9 16 15 13

6 10 13 17 5	18 7 6 5 11	20 5 12 1 10	19 4 12 14 10
4 7 16 12 2	20 15 1 2 19	13 9 6 17 11	7 18 13 11 3
9 20 14 3 19	3 13 16 14 10	14 8 3 7 16	17 2 16 5 8
15 1 8 11 18	4 8 9 17 12	2 15 18 4 19	1 9 6 20 15

10 2 14 19 8	12 17 7 20 5	14 3 18 9 12	12 14 1 5 4
18 9 20 4 11	15 8 6 14 16	4 6 16 13 2	16 17 8 19 11
6 12 17 13 1	3 19 13 18 1	19 10 15 17 11	3 13 7 18 15
16 15 7 3 5	9 2 10 4 11	7 8 1 20 5	10 6 9 20 2

1 16 11 3 14	16 4 2 8 17	10 17 8 15 9	10 19 4 9 7
6 19 18 2 17	13 7 5 15 11	12 5 14 11 13	13 12 3 8 20
15 13 5 10 7	14 20 1 6 18	19 20 7 3 1	11 5 16 6 1
20 9 8 12 4	3 12 9 19 10	4 18 2 16 6	17 14 18 15 2

16 7 9 13 5	17 15 20 18 4	5 18 15 11 16	12 4 7 18 19
10 14 3 19 11	14 13 1 19 5	4 10 1 2 7	6 8 17 10 1
17 18 8 1 4	16 11 9 10 6	8 6 17 9 20	14 16 11 20 15
2 15 12 6 20	7 2 3 12 8	3 14 19 12 13	5 2 3 13 9

35

TABLE 3—INTEGERS 1-20

Each block is a permutation

```
 5  6  7 10  1     1  4 16  5 12     8 12 19  4 17    16  8 10  4  5
16  2 20  4  9    14 18 17  6 15     2  6 10 16  9     9 12  2 17  7
19 13 15 14 17    11  3  2 20 10     3  1 20  5 11    18 20 15  3 14
11  8 18 12  3     8  7  9 19 13    14 13  7 18 15     1  6 13 19 11


15 17 18 19 12    16  4 20 13 17    16  5  2 11  1    13  4 12  3 14
 9 10  3  2 14     2 12 10 18  6     4 15  3 13 19    19  8  6 15  9
 8  7  4  6  1     8  5  3  1 19     6 10  9 14 18    11  1  5 20 10
20 16  5 11 13    15  7 11 14  9    17  8  7 12 20     7 17  2 18 16


17  2  1  9  5     1  4 14 11 17    20 11  6  4 12    11 15 17 10  3
10 14 19 12 11     6  5  8  7 16    10 13  5  8 16     9  5  6  7  4
 7  8 20 18 13    13 20  2 15  9    17 19  3  1  7     2 19 14 16 20
 6 16  4 15  3    10 18 19 12  3    15  2 14  9 18     8 18  1 13 12


14  3  9 12  7    19 17 11  2 16    16  3 19 11 18     9 15  8 14  5
19  5 20 17 11    13  6  3  7 20     2  1 10  8  7     7 12 11  3 10
16  4  1 13  6     8  9 15 10 14    17  9  4 12 20     2 13 16 18 19
10 15  8 18  2     4 18  5 12  1    15 14  6  5 13     4 17  1  6 20


 9  1 16 20 13    14  5 16  3  2     8 16  2  1 17    10 11 17  3 16
 5 11  3 12  6     4  9  6 18  1    14 18 13 12 15     5 13  1 15  9
18 17  4 14 19     8 13 11 12 19     7  4  6 19 10    12  8 19 14  2
 2 10 15  7  8    15 17 20  7 10     3 20  5  9 11     7  6  4 18 20


 4  7 13  6  8     3 18 20  4 11    16  7  4  3 20    19  2 11  3  7
17 14  2 20 15     2 13 15  7 16    19 15  2  9  6    20  4  1 13 17
 5 11 16  1 10    14  5 12 17 19    17  8 12 18 11     9 16 12 14  5
19  9 12 18  3     1  9  8 10  6    14 13 10  1  5    15  6 18 10  8


 2  4  1 13 18     2 13 15 14  6    20  8  1 15 19    15 20 17 19  8
15 10 19 20  7    17 10 19  4 11     4  3 11 14 18    11  1 14 12 10
 8 14 16 17 12     7  3  1 16  8    13  6  5 17  2     3  4  7 18  6
 5 11  9  6  3    18 12  5  9 20    16  7 12  9 10     5 16  2 13  9


 7 14 19 13  3     2 10 17  7 12    16 10 11 19  6     8 20 16 17  5
11  5 12  8  2    19 13  9 16  1    17  3  4 20 13     3  1  9 14 10
 9 16  4  1  6    11 18  6  3 15     9  5  2 15  7    15  6 11 19  7
18 20 15 17 10     8 20  5  4 14    12  8 18 14  1    13 18  2  4 12


10  9 11 20 17    20  9  7 16 18    10  3  7 16 13    11  5 18  4 12
15  2  1  4 16    17 11 15  2  4     8 11 18 17  2     2 17  7 19  1
 7  5 18 12 13    13  5  1 12 10    14  4  6 15  9     6 15  8  3 13
19  3  8  6 14    19 14  3  8  6    19  1 20  5 12    14  9 10 16 20


13  5 11 18  7    11 13 15  5 16     1 10 19 17  6    20  3  8 14 12
14 12  2  8 10     4  7  6  1 14    16 20  7 11  3     4 11 13  2  1
19  6 16 17  3    18  9 17  3 20     9  5 14  8 13     5 19 10  6  9
 9 20 15  1  4    10  8 12  2 19    12  4 15  2 18     7 18 17 15 16
```

TABLE 3—INTEGERS 1–20
Each block is a permutation

```
 5 20 16 10  3     13  3 10  4 20    20  4 16  8  6    14  1  3 12 20
 6  2  8  4 12      7  1  2 16 12    11 14  7  3 15     9  6 18 15 19
 1 14  7 19 17      8  6 11 17  5     2  9 12  1 10    11 10 13  7  5
11  9 13 18 15     19 18 15 14  9    17  5 13 19 18     4  8 17 16  2

16  8 18  4 14      1 14 11  7  3    17 20 11  1 12    14 19  2 13  6
20  2  1  5 11     15 18 16 17  2    16 13  4 14  8    18 17  9  3  7
 9  7  3 13  6      8 10  4 13 12    15  5  2  9  3    16 15 11  8  4
10 19 15 17 12     20  6  5 19  9    10  7 19  6 18     5  1 10 20 12

18 17  6 15 19     19 18  8  3  1    16 13  3 11 18    19  4 13 15 11
16 20  8  1  5      6 15 12 17  4     4 19 14 10  8    12 10  8  7 18
 3 12  9 13  2      5 14  2  7 16    20  5  1 15 12    20 14  3  1  9
 4  7 10 11 14     13  9 20 11 10     6  2 17  9  7     6  2 17  5 16

 7  9 11  5  8      3  5 12 20  6    19 10 15 18  8     7  4 17 15  8
 3  2  4 15 20     14 15 17  4  1    13  5  2  9  6     6 13 10  1 12
12  6 13 17 16     13  9 18 11 10     7  3  4 12  1     5 16 11  3  2
18 14  1 19 10      2  7  8 16 19    14 20 16 11 17    14  9 20 19 18

 9  4 11 12 18      8  7  1 18 11    17  9 11 13  7     2 11 13 15  4
 3  2  7 16  8      9  2 17 12  4     4 12 19  6  5     3 10  8  1 20
17  6  5 10 20      6 16  5 13 10    16  3  1 15  8    17 18  5  6 14
13 19 15 14  1     19  3 20 15 14     2 18 14 10 20     7 12 16  9 19

10  6 14 13  8     14 12  9  4 17    10 18  5 14  9    19  1  3  7  6
18  3 19 16 17      7  5 15 13 11    13 11  4  6 19    10  5 17 15  9
 4  1 15 11 20      8 19 10 18  2    17  8 16  7  1     2 16 14  8 11
 2  5 12  9  7     20  3  1 16  6    12 15  2 20  3     4 18 12 20 13

18 14 10  2 19      8  6  2 18 15     5  4 13  2 18    18  7 13  8 16
13  5  8 16 15     17 13 14  3  4     7 19 12  3  6     6  3 12 11  9
17  1 12  6  3      1  9 16 10 19     8  1 16 11 14     4 17 19  5 15
 4  7  9 11 20      7  5 11 12 20    10 20  9 17 15    20 14 10  1  2

 6  8  1  4  7      6 16 12  8 20     3 16 17  1 12     1 15 19 13  7
15 13 10  3  2     19  9  4 14 17     6  4  2 10  9    14  2  6 12  9
 5 17  9 14 19     15 11  3 13  1    11  8 19 14  5    16  3 10 20 17
12 20 16 11 18      7 18  2  5 10     7 15 18 20 13     8  5 18 11  4

 7 19 20 15 13      1  6 11  8 15    15  4 18 14 16     8 11  5 12 16
 8  6  5 12  1      5  9 14 13  2     9  3 20  2  7    19 18 13 20  1
14  4 11  9 18     20  7 12  4 18     8 10  1 17 11    17  9  6  2  7
17 10 16  3  2     19  3 17 10 16     6  5 13 19 12    15  3 10 14  4

 7  2 19  9 18      5 20  7  2  1    20 17 15 11 12     9 18 11 16  6
14 17  5 13  4     13 17 14 12  4    19  1 14  5 18    13  7  1  5  2
20 11  1 12  8      9 18 10  8 16     3  6 13  4 10    14  8 12 20  4
 3 15  6 16 10     11 15 19  3  6     9  8  7 16  2    19 17  3 10 15
```

37

TABLE 3—INTEGERS 1-20
Each block is a permutation

7 13 15 17 18	19 16 12 20 15	1 9 3 14 16	7 20 16 2 18
20 1 12 8 19	8 2 13 14 10	7 11 8 18 4	3 19 17 1 9
14 9 5 16 10	18 4 9 1 7	13 10 15 5 20	6 11 14 12 15
6 4 2 3 11	5 6 11 17 3	2 17 12 19 6	5 8 13 10 4

19 8 9 4 2	1 20 12 17 13	18 13 17 14 3	5 17 14 19 9
3 5 6 18 16	3 4 2 8 9	15 19 10 5 4	11 12 15 8 18
7 17 20 13 12	19 5 15 6 16	16 12 2 20 1	1 13 2 4 20
11 1 15 10 14	14 18 10 11 7	9 6 11 7 8	7 16 10 3 6

5 1 16 4 18	4 13 18 2 3	1 19 12 2 10	18 10 5 2 13
19 2 14 7 15	19 9 14 8 15	17 8 4 5 7	1 14 17 9 3
17 13 8 6 10	10 11 5 20 16	9 3 20 14 16	16 11 19 4 8
12 9 20 11 3	12 6 1 17 7	15 13 18 11 6	15 12 6 20 7

18 14 4 20 9	17 14 7 8 18	11 9 17 12 16	5 18 4 20 16
17 1 12 13 10	20 15 10 3 6	13 20 10 7 18	6 17 10 9 12
7 8 2 19 5	12 16 1 9 2	2 3 19 4 8	7 2 14 11 3
3 15 11 16 6	5 4 19 11 13	14 5 15 6 1	19 8 1 15 13

11 2 19 6 5	12 17 1 14 5	5 15 20 16 8	7 17 4 14 12
3 16 8 13 14	10 8 13 3 9	12 13 4 19 17	11 2 1 6 8
1 4 15 12 7	7 11 18 2 4	6 1 14 3 2	18 16 10 3 19
18 9 17 20 10	20 15 6 19 16	7 9 18 10 11	5 13 15 9 20

16 9 13 2 17	8 10 1 3 15	14 2 19 10 16	2 8 10 17 11
12 8 3 20 15	18 16 7 19 6	1 4 20 12 15	14 18 7 15 5
5 14 19 11 7	12 2 20 17 13	8 18 5 6 9	4 6 20 16 1
6 10 1 4 18	9 11 14 4 5	7 11 13 3 17	3 19 13 9 12

17 20 15 14 7	10 17 11 2 14	20 6 10 16 8	13 17 3 16 6
6 2 18 11 1	7 1 19 15 16	2 13 19 7 3	7 19 8 14 12
12 19 10 5 13	4 18 12 13 8	5 12 4 15 17	10 20 4 1 2
16 9 4 8 3	9 20 3 5 6	9 11 18 1 14	11 5 9 18 15

17 16 9 15 13	18 17 19 6 20	2 10 3 17 19	18 3 7 4 10
19 4 11 1 10	10 15 11 5 4	12 11 9 18 6	5 19 9 17 13
20 5 2 6 18	8 1 12 13 3	13 16 7 8 15	1 14 12 20 15
12 3 7 8 14	9 7 14 2 16	14 4 20 1 5	6 11 8 2 16

1 8 5 16 14	2 9 5 3 16	20 5 7 1 13	6 14 19 2 7
13 20 11 7 9	11 6 14 1 10	12 15 4 10 18	11 13 4 10 15
6 15 18 17 10	19 7 8 20 15	17 16 14 3 8	16 1 5 9 20
12 4 3 19 2	18 17 4 12 13	6 11 2 19 9	3 12 17 18 8

6 8 7 13 4	16 1 14 13 19	15 3 13 19 5	9 17 16 13 10
12 5 17 3 20	4 5 7 18 10	14 12 1 10 2	19 6 14 12 2
14 18 16 2 15	8 12 11 6 3	16 11 4 7 18	7 8 18 11 20
9 19 1 10 11	20 17 15 2 9	8 17 6 20 9	15 5 1 3 4

TABLE 3—INTEGERS 1-20
Each block is a permutation

```
 7 18 13 20 19    15  4 17 14  7     8 19 20  5 17     6 14 16 15 20
 3  4  2 16 14     2  9  3 16 20     6 14  4  9  1     8 13  1 10  5
10  5 11 17  8    10  8 12  6 19     3 16 10 12 13     2 12  4 19  9
 6 12 15  9  1     1 18 11  5 13     2 15 18 11  7     3 11 17  7 18

16  8 15  4 17     7  9 15 10  3    20  7  2  8 12    15 14  1 11 17
19 13 11 18  3    20 17 16  2  4    19 11  4 10 17     2 19  3  4 13
12 14 10  6  2    13  8 11  5 18    15 16 14  1  6    18  9 16 10 20
 1  9 20  5  7     6 14 12 19  1     9 13  5  3 18     5 12  6  7  8

 9  1 14 15 20    16  7  1 11 14     6 18 17  7  4    11  2 20 12 13
12  3 10  7  2     4 15 10 17 20    15  8  9  2 16    10  9  8 15  5
13 17  8  4 18     3 19 13  9  2     5 11 20 12 19    16 14  3 19  4
19 16 11  6  5     8  5  6 12 18    14 10  3  1 13     1  6 17 18  7

12 11  2 17 14    15  6  8 17 10    18  1  6  5 15    18  3 16  4  6
 1 15 18 19 13     7  5 13  4 12    19 12 11 14  3     8 15 20  2  1
 5 16  7  4  9    14  1 20  2  3    20 16 13  8  4    14  5 19 12 17
20  3  6  8 10    18 19  9 11 16    17  2  9 10  7     9 13 10 11  7

 6  1  5  2  7     1 17 16 20  3     1 13 11  8 16     1  4 11 13 16
19  8 10 12 13    14  8 12  5 19    12 14  3  7 10    12  5  8 10  2
16 18  3 14 15     4 13 10  2  7     6  5 15  4 20    17 19  6 18 14
 4 11 20  9 17    18 11  9 15  6    18  9  2 19 17    20  3 15  9  7

19  8 20 10  2     8  3  4  7 14     8  5 20  9 13    12 13  5 11  8
13 14 12  9 18    20  6  9 18  1    16 17 18  1  2    14  4 20 15  6
11 17  6 15  7     5 15 16  2 17    10  6 14 12 11     1  7 10 17 18
 1  4  3  5 16    19 12 13 11 10     4  3  7 15 19    16 19  2  3  9

17 13 19  9 10    13  2 15  7 17    11 18 14  9  6     7 10 15  9  2
11  4  7  1 15    20  9 16 11 18     8 15 17  4 10    20  4 11 14 17
 2  6 18 12 20     5  1 12 14  6    13  2  7  3  5    13  6  1 18 19
14  3  5  8 16     3  4 10 19  8    16 12 19  1 20    12  3  5  8 16

12 10 17  7  5    11  8  7  6 10     7  5  3  4 18    20  7  6  8 15
18 13  3  4 19     4 14 15  3 17    16 15 19 11  8    13 10  4 11  2
 8 20 16  6 14    12  9 13 19  5     9 14 13 20 12    16  9 14 17  5
15  9 11  1  2    16 18  2 20  1    10  1  6  2 17     1 19 18 12  3

 5 19 11 15  8    13  2 10 17 20    15  9  1 20 13    13 20 18  9 11
 3  9 20 13 17     8 18  4  5  3    14  6 11 16 17     5 19  3 15 12
12  4  6 18 14    12 16  1  6 19    19  4  2  3 10     4 16  1  8  6
 2  1 16  7 10     9 15 11  7 14     5  7 12 18  8    17 10 14  7  2

 5 19  6 13 16     8 19  4 11 17    16  4 12  3 15     8  3  5 20 18
 4 15  2 17  9     2  3  9  6  7     9 20  7 11 14    13  9 11 19 10
 3  1  8 12 10    10 18 15 16 14     5 10 18 13  8    12  6 17  1  2
18  7 20 11 14     1  5 13 12 20     1 19 17  6  2     7 16 15 14  4
```

TABLE 3—INTEGERS 1-20
Each block is a permutation

15	19	10	12	1	13	6	5	20	3	17	5	13	19	8	6	18	4	3	1
8	3	13	6	7	7	15	16	9	10	11	7	20	15	12	9	15	20	12	2
14	4	5	16	11	1	18	12	19	2	2	1	18	6	14	19	16	11	17	13
20	9	17	18	2	11	4	14	8	17	3	10	16	9	4	14	8	5	10	7
6	2	9	20	14	2	17	18	11	5	16	1	12	19	10	15	8	11	18	1
1	17	3	7	4	8	9	16	10	3	14	18	5	4	8	9	10	3	5	20
5	10	12	13	11	13	4	15	20	7	7	20	9	6	15	7	2	13	16	6
19	8	16	15	18	6	19	1	14	12	11	3	2	17	13	14	4	12	17	19
5	10	12	19	4	3	9	4	6	7	12	19	3	15	16	16	6	8	9	1
17	9	1	15	6	19	5	1	18	20	4	6	10	18	9	7	12	18	15	13
16	11	7	13	14	8	17	14	16	15	11	20	14	2	8	4	19	20	2	10
20	8	18	3	2	12	13	2	10	11	13	17	1	5	7	17	3	5	11	14
8	6	9	10	14	4	5	16	11	10	13	20	7	18	19	5	19	4	9	17
20	16	19	3	1	8	13	7	3	9	5	11	14	15	12	12	2	13	11	18
15	18	11	12	5	15	14	19	1	20	17	10	4	1	8	16	20	10	14	15
4	17	2	7	13	18	2	17	6	12	3	9	16	6	2	6	8	3	1	7
11	14	2	10	18	16	3	18	15	17	18	9	14	13	4	16	20	8	15	1
5	16	3	12	17	13	4	11	6	20	8	3	16	19	1	17	19	2	13	14
19	8	9	6	13	10	12	8	19	9	12	7	10	11	15	3	7	10	6	4
4	7	15	1	20	2	7	1	5	14	2	6	5	20	17	5	9	12	11	18
4	16	15	19	6	3	18	20	9	1	14	19	20	15	3	12	1	16	5	7
11	13	10	14	17	2	6	12	14	8	13	12	4	5	17	2	4	9	11	18
9	5	2	7	1	19	11	7	16	13	9	18	11	8	2	10	17	19	15	14
18	8	20	3	12	5	10	15	17	4	6	10	1	16	7	8	3	20	13	6
4	3	20	1	19	16	3	12	18	6	8	16	7	4	14	2	15	10	4	19
13	9	18	2	14	1	20	14	5	13	13	17	5	2	3	8	16	3	18	17
12	16	10	17	7	17	10	2	19	11	18	12	10	9	1	6	11	14	9	12
15	8	5	11	6	9	4	15	7	8	11	6	19	20	15	20	13	5	7	1
18	15	17	7	19	6	7	19	4	18	4	10	9	13	19	9	19	18	11	6
12	3	10	11	14	15	8	9	3	12	2	8	6	17	11	15	4	5	10	16
9	5	1	6	8	16	17	13	11	10	12	5	18	16	7	8	1	13	7	3
13	2	4	16	20	5	2	14	20	1	14	1	15	20	3	20	14	12	2	17
17	8	12	2	6	4	9	16	8	17	1	18	9	13	8	11	6	14	10	2
5	10	3	19	4	13	2	6	15	12	10	4	14	6	15	20	19	5	3	18
18	15	11	9	14	20	3	10	18	7	17	3	20	16	12	15	16	7	1	13
16	20	7	1	13	19	1	14	5	11	2	7	11	19	5	4	8	17	9	12
17	16	11	20	8	19	12	2	14	10	11	6	15	9	12	12	15	11	8	19
19	6	3	7	1	6	7	20	11	5	18	3	4	16	8	18	7	4	1	20
14	9	18	15	4	8	16	1	9	15	2	7	5	13	20	17	13	9	10	2
5	2	10	12	13	13	18	4	17	3	14	17	10	1	19	14	5	6	16	3

TABLE 3—INTEGERS 1-20
Each block is a permutation

2	18	3	4	10	5	9	10	1	13	4	12	2	15	3	1	5	16	2	7
15	5	19	7	9	7	3	20	19	8	13	18	6	11	19	14	10	9	3	18
6	11	20	13	16	11	12	18	17	2	20	7	9	16	1	6	11	15	12	19
8	1	17	12	14	14	15	6	4	16	5	10	14	8	17	17	8	4	13	20

11	14	10	9	8	13	10	3	11	6	5	15	20	13	19	15	3	4	19	1
18	1	6	3	7	4	8	20	12	9	17	6	16	4	8	6	13	7	5	12
16	17	13	20	4	18	1	15	19	7	10	11	9	3	14	16	10	2	14	18
15	12	19	2	5	14	16	5	17	2	2	1	7	18	12	9	17	8	11	20

9	18	17	15	4	14	1	9	10	17	8	3	11	14	4	14	19	20	1	5
5	13	19	20	1	15	4	20	6	16	1	12	16	17	18	2	7	4	12	9
16	7	2	3	14	18	19	12	8	11	2	5	6	20	15	17	11	13	15	18
11	12	8	10	6	5	7	13	3	2	7	9	10	19	13	8	16	6	3	10

17	7	12	13	3	20	10	8	11	16	18	4	8	20	15	19	5	17	8	10
9	18	15	11	2	12	2	1	13	19	1	2	14	19	17	11	1	3	14	15
16	20	8	6	14	6	7	9	4	14	13	16	12	5	10	18	6	20	7	16
4	10	5	19	1	5	18	15	17	3	6	9	11	7	3	2	12	4	13	9

17	4	12	5	10	19	2	9	14	12	16	11	1	9	15	4	15	2	12	19
20	9	18	8	2	17	5	1	7	20	8	5	17	3	6	5	1	20	9	11
1	15	19	13	3	8	4	13	11	6	19	2	7	20	13	6	17	13	7	18
7	16	14	6	11	15	3	16	18	10	10	14	18	4	12	3	16	10	8	14

7	12	18	4	11	8	15	13	11	9	8	14	11	12	5	8	9	12	18	4
17	13	5	15	20	1	12	20	14	7	3	18	20	10	2	17	16	2	1	20
2	6	14	1	16	17	4	3	16	19	13	6	1	7	15	15	10	5	13	19
9	10	19	8	3	5	2	6	10	18	16	17	19	4	9	3	11	7	14	6

7	14	9	11	4	20	4	18	11	8	14	10	1	3	5	1	11	5	10	6
20	3	16	19	6	9	14	5	19	16	19	16	17	8	4	17	15	12	14	18
8	5	18	1	13	3	15	13	12	10	20	6	2	7	9	13	19	2	8	9
2	17	15	12	10	2	6	1	17	7	13	15	12	11	18	4	3	20	7	16

19	18	17	14	9	16	9	18	13	20	5	12	10	19	8	17	2	6	18	16
10	4	12	7	1	2	15	3	8	1	6	13	17	15	7	20	5	10	7	3
3	11	8	16	6	17	4	10	19	5	3	1	18	14	16	14	15	8	1	4
15	20	2	13	5	7	6	14	12	11	20	2	11	9	4	12	11	13	9	19

19	2	16	3	20	5	1	17	8	7	15	4	13	17	18	5	3	12	8	10
1	9	6	12	4	20	19	2	13	15	1	5	7	9	12	6	9	16	7	1
15	14	8	13	18	3	11	18	16	12	14	10	2	3	8	18	11	15	14	2
7	5	10	11	17	10	9	6	14	4	16	6	11	20	19	4	19	17	13	20

2	1	18	13	19	13	7	2	6	15	16	1	10	13	5	6	12	4	8	7
8	14	11	5	15	10	17	3	4	18	6	19	9	12	2	20	11	5	16	2
17	10	12	4	9	20	16	14	12	11	20	8	4	11	3	1	14	13	15	9
3	20	6	7	16	19	9	5	1	8	7	14	17	18	15	17	18	10	3	19

TABLE 3—INTEGERS 1-20
Each block is a permutation

15 8 5 13 17	4 2 9 10 15	11 9 8 17 13	10 12 6 2 8
3 10 19 2 4	1 8 11 20 19	16 19 2 7 18	5 11 18 9 14
12 18 1 6 14	7 18 6 16 14	10 15 12 14 1	19 13 3 15 7
11 20 16 7 9	5 3 13 12 17	3 6 4 20 5	16 1 4 17 20

4 5 10 16 12	10 2 19 18 5	12 2 8 7 10	17 18 4 10 3
19 9 1 17 15	9 8 17 4 16	15 11 13 5 18	9 12 8 13 2
2 7 11 13 3	12 11 14 15 7	17 3 4 20 14	6 16 5 7 15
8 6 18 14 20	1 6 13 20 3	9 1 16 19 6	19 20 1 14 11

5 17 18 19 3	3 6 4 8 12	20 4 2 14 3	5 4 13 2 6
2 10 16 15 14	20 17 14 7 19	5 15 6 13 12	17 18 8 11 16
8 1 13 12 11	10 18 16 1 15	17 8 11 18 1	20 1 7 10 12
4 9 6 7 20	9 2 11 13 5	16 9 7 10 19	9 19 3 14 15

6 7 15 18 10	9 4 7 12 20	14 18 17 20 5	17 13 9 18 15
12 16 17 11 19	14 3 6 19 17	10 8 11 7 3	2 3 6 12 5
13 14 20 2 3	2 16 15 1 11	4 19 2 12 15	10 11 4 14 1
8 4 5 1 9	18 5 8 10 13	13 6 16 9 1	8 16 7 20 19

2 7 18 20 19	5 2 16 13 17	1 20 16 4 10	2 6 9 3 20
16 9 14 13 5	14 12 10 11 4	13 15 17 6 18	4 11 15 14 7
12 15 11 8 6	15 6 7 19 3	19 7 8 3 12	5 16 10 13 12
4 10 17 3 1	18 1 20 8 9	2 14 5 9 11	8 19 18 1 17

14 11 2 8 10	11 2 20 18 19	14 10 11 4 1	16 8 11 18 14
20 1 13 7 9	16 15 5 4 9	17 19 5 12 20	3 10 7 13 19
6 19 16 4 3	12 8 3 17 1	3 16 15 8 2	12 20 17 5 15
15 17 5 12 18	14 10 13 7 6	6 18 7 9 13	6 2 4 9 1

14 9 4 7 13	13 17 14 12 5	8 3 20 12 5	17 8 3 15 18
6 19 20 2 18	10 1 11 4 9	11 17 1 15 16	5 20 9 4 16
5 16 12 11 3	7 16 8 3 18	4 7 13 18 10	2 13 11 19 1
8 17 15 10 1	19 15 2 20 6	19 2 14 9 6	10 12 7 6 14

8 14 15 9 1	3 10 16 7 15	18 2 16 13 1	10 8 3 5 16
3 13 19 5 6	1 4 14 11 8	10 9 14 3 20	15 11 17 1 14
12 18 10 4 20	9 2 19 20 12	17 7 4 19 11	19 7 12 6 18
16 17 11 7 2	6 18 13 5 17	8 12 6 5 15	20 2 9 4 13

3 20 15 9 4	14 1 4 5 7	14 18 9 10 17	7 12 1 2 11
2 6 1 11 5	20 18 16 8 6	19 16 8 4 7	8 3 4 6 16
13 18 7 16 12	11 15 10 2 19	12 3 20 1 15	17 14 18 5 13
8 14 10 17 19	17 9 13 12 3	5 11 6 2 13	20 10 19 15 9

13 6 11 9 15	2 5 13 19 11	11 2 17 15 8	15 7 8 13 11
10 8 16 4 19	9 8 10 1 3	19 3 4 9 13	2 12 17 9 5
14 12 17 7 18	14 6 18 15 4	1 12 16 20 18	18 10 20 16 14
1 3 2 5 20	7 20 12 17 16	14 10 5 7 6	19 3 6 4 1

TABLE 3—INTEGERS 1-20
Each block is a permutation

6	13	15	9	4	19	17	9	5	12	2	3	15	12	6	9	1	19	15	10
11	2	7	5	16	20	10	7	6	18	8	9	7	20	19	11	6	17	16	2
17	19	12	14	10	8	3	11	4	2	18	10	11	1	13	4	3	7	12	13
3	20	1	8	18	1	16	13	14	15	5	4	17	14	16	18	8	14	20	5

15	4	2	10	7	6	18	1	8	13	5	9	17	16	18	17	11	16	14	3
12	3	20	6	8	3	10	9	2	17	20	3	14	12	19	10	1	2	4	8
9	19	14	1	18	14	19	12	11	16	7	11	1	15	2	6	13	12	20	9
13	5	11	16	17	4	7	20	5	15	4	8	13	10	6	7	19	15	5	18

20	13	12	17	10	9	2	3	15	12	4	14	1	18	13	16	19	20	11	4
9	19	4	15	5	7	11	14	6	10	10	16	5	2	15	15	7	9	5	10
6	14	2	18	3	19	1	4	5	16	3	12	7	6	17	14	2	8	6	18
1	7	11	16	8	20	17	13	18	8	11	19	20	8	9	12	1	17	3	13

9	15	16	13	4	5	19	16	14	3	16	19	11	3	18	20	11	8	14	6
8	10	12	19	7	17	4	1	2	12	14	1	9	10	7	4	2	7	19	3
18	3	1	14	11	7	9	13	18	15	17	8	15	20	12	18	10	16	12	1
17	2	20	6	5	10	11	20	6	8	4	5	6	13	2	5	15	17	13	9

4	5	6	13	9	7	11	17	18	15	12	4	1	19	2	13	11	7	2	10
19	11	15	14	16	8	16	4	5	14	16	5	8	3	13	19	14	9	3	1
7	1	2	17	8	2	10	6	20	13	18	7	10	9	11	18	4	16	15	12
20	12	10	3	18	9	19	12	1	3	6	20	17	15	14	6	5	8	20	17

15	6	11	4	14	17	12	1	2	10	16	3	14	13	19	4	8	5	12	16
19	12	18	20	3	7	19	4	13	16	18	10	12	6	20	14	15	2	7	17
5	8	17	13	1	20	14	15	8	18	1	5	2	11	15	1	18	11	13	9
10	7	9	16	2	9	11	6	5	3	4	9	7	17	8	6	19	3	20	10

12	1	14	6	3	5	4	20	2	9	4	5	8	12	10	3	4	11	14	18
9	18	10	16	7	13	6	1	15	3	14	3	15	2	20	2	6	20	7	16
5	13	15	2	4	7	12	18	8	14	1	9	17	13	18	10	17	1	12	9
11	8	20	19	17	16	10	11	17	19	19	6	7	16	11	13	15	5	8	19

3	2	11	8	19	6	14	10	17	1	3	19	14	18	16	13	9	19	20	14
6	12	5	13	10	7	8	15	20	3	17	2	8	10	11	1	12	16	10	5
7	20	18	17	9	5	12	13	9	11	5	4	20	7	15	8	6	3	4	17
1	14	4	15	16	2	4	19	18	16	1	13	6	12	9	2	7	15	18	11

7	14	18	1	3	15	7	3	9	20	4	18	7	13	2	12	6	5	8	15
19	8	15	20	5	4	16	11	13	10	5	16	8	19	9	3	11	2	17	13
4	11	16	9	6	5	18	2	14	19	10	17	15	11	20	20	14	9	7	18
10	12	2	13	17	6	12	17	1	8	12	14	3	6	1	10	19	4	16	1

4	18	14	15	17	12	2	13	5	18	11	5	18	16	7	11	8	13	20	17
5	13	20	8	12	7	8	20	17	14	4	8	3	17	19	12	6	16	10	1
11	16	19	10	6	11	4	19	16	9	12	13	2	14	6	9	18	7	19	5
3	9	7	1	2	6	3	1	15	10	20	9	10	1	15	4	14	3	15	2

TABLE 3—INTEGERS 1-20
Each block is a permutation

5 2 14 9 17	14 19 5 7 13	5 3 20 19 4	1 5 4 3 18
20 16 4 13 3	10 15 11 8 18	6 1 9 17 12	8 17 9 12 16
8 19 10 18 15	12 2 4 20 9	16 18 10 2 14	7 20 6 10 13
7 12 6 11 1	3 6 1 16 17	13 11 8 7 15	19 11 15 14 2

13 2 15 3 20	7 3 19 16 8	19 11 13 4 14	7 16 15 8 3
18 10 4 19 7	6 9 2 15 18	7 9 15 8 17	2 4 19 20 18
16 17 11 5 8	14 17 4 12 10	3 10 5 6 2	17 1 11 13 9
12 14 9 6 1	20 1 5 13 11	1 12 16 20 18	6 10 14 12 5

17 6 7 20 15	1 2 7 8 4	15 2 1 17 13	18 8 15 4 3
5 2 13 3 4	6 14 13 11 3	9 10 4 6 5	13 16 2 14 5
1 18 10 19 11	17 15 9 19 18	20 11 12 3 16	9 19 7 12 6
8 14 16 9 12	12 5 20 16 10	19 7 18 8 14	20 11 17 10 1

17 18 12 2 14	7 11 19 5 20	6 10 19 5 16	8 13 17 9 10
13 9 3 15 5	15 13 10 16 1	14 15 13 12 4	20 6 18 2 15
10 1 4 19 6	2 4 12 17 3	18 9 7 8 1	16 19 7 11 1
16 11 7 8 20	6 8 18 14 9	20 2 17 11 3	3 4 14 5 12

16 11 3 7 1	1 6 19 2 4	6 3 12 18 1	10 7 13 5 2
15 8 17 18 6	15 11 20 7 18	8 4 13 10 19	19 15 17 1 14
5 2 9 10 19	13 17 3 8 12	5 2 16 11 14	8 11 18 6 20
14 4 13 12 20	10 16 9 14 5	20 9 7 17 15	12 3 9 16 4

5 12 1 17 19	13 8 7 10 3	20 12 16 1 8	19 9 13 5 7
13 6 2 9 16	5 4 6 18 2	19 7 5 6 14	16 17 6 2 10
4 14 20 11 3	9 20 16 14 12	4 13 17 18 9	4 18 15 20 11
8 18 7 15 10	19 1 17 15 11	10 15 11 3 2	12 14 3 8 1

16 8 2 19 12	1 3 8 12 7	6 10 7 4 18	7 5 15 4 20
4 5 6 11 9	2 17 11 18 13	19 3 11 1 15	18 9 12 3 14
7 20 3 1 15	15 19 20 16 10	2 14 20 9 17	11 16 19 13 6
10 13 17 18 14	14 9 6 5 4	16 8 13 12 5	2 10 17 8 1

15 2 9 11 8	9 3 16 13 18	15 1 19 3 18	9 3 17 4 13
6 18 1 20 5	5 1 11 10 14	4 11 8 16 12	11 20 19 6 10
4 7 14 10 17	17 15 19 2 8	10 14 5 6 9	1 18 2 7 5
3 16 13 12 19	20 4 12 6 7	20 2 17 13 7	8 12 15 14 16

13 6 4 19 9	17 3 2 6 19	20 6 7 12 3	7 8 20 3 4
3 15 5 2 17	16 5 13 15 14	18 15 16 4 5	12 6 18 19 14
20 16 14 12 1	9 18 8 20 7	8 9 14 2 19	13 11 15 16 9
18 10 7 8 11	11 10 12 1 4	1 17 11 13 10	1 2 10 5 17

17 8 4 9 12	11 18 9 20 1	5 4 16 14 15	11 3 20 9 14
18 6 1 16 13	17 4 6 16 7	17 19 7 1 9	16 17 7 10 5
7 19 11 20 14	14 5 3 13 8	18 12 3 20 8	8 12 1 19 15
10 2 15 3 5	2 15 19 10 12	11 10 6 13 2	18 2 6 13 4

44

TABLE 3—INTEGERS 1–20
Each block is a permutation

```
12 19 15  9  3      3 12 20 17 13      8  7 14 17 16      8 10 11 14 19
10  5 17 13  8     11 15 10  7  9     15 18 20 13  2      5  7  9 17 13
 2 14 20 11 18      1 14  2  6 19     10  3  9  5 19      2  3 12 16  4
 6  1  4  7 16      5  4 18 16  8      6 12  4  1 11     18  1 15 20  6


 5 17  2  8 16     11 14 17 10 20     12 10 15  5  7      9 18  3 11 12
11 13  4  6 19      3 15  7 16  8     13  1 20 18  6     20  7  5 13 16
15 14 18  9  1      5 19  6  4 12     17  2  9 19 14     17  4 19 14  8
 3 20 10  7 12      2  9  1 18 13      8  3 16  4 11      2 10 15  6  1


11 12  5  8 14     15 20 19  8 14      7  3 18 12  4     10 11  6 18 14
 3  9 17 10 18      7 11 18 16  1     17 20 15 16  9     15  7  9  2  5
15  4  2 13 20     10 17 12 13  5      1 19 11 14 13     19  4 17 12  8
16 19  1  6  7      2  3  9  6  4      2  5 10  8  6     20 16 13  1  3


 3  8 11 16  1     10 11  4  7 15      9 14 18 13  4     10  4  6  3  2
17  4 18 10  9      5  6 17 12 14     20  5  3 11 15     17  8 14 20 13
12 20  6 13  2      3  1 16 19  8     12 16  2  6 10     19  1 18  9  5
19  5 14 15  7     20  2  9 18 13     17  1  8  7 19     16 12  7 15 11


 9 16  1 15 12      2  6  8  1 19      2 10  8 12  7     16 15  3  6 19
 4  7 11  8 18     17  5 10 12 16      4 14 15 20  5      7  9 13  4  8
 6  5 20 13  3     18 11  4 13  3     19  6  9 11  1      2 10  5  1 17
17 19 10  2 14     20 15  7 14  9     17 16 13  3 18     12 20 18 14 11


 1 14  5 12  9      8 12 14  5  4      1  8  6  5  2     13  8 16  7 15
17 20  8 13  7      7 20  9 11 16     13 12  3  4 11     14 19 20 12  5
19 11 15  3 18     10 15 13 17  2     20 16 15 17 10     10 17  9  1  2
 4 10  2 16  6     18  1 19  3  6     19 14  7 18  9     11 18  4  6  3


10 17 12  9 14      9 15 11  8 20     20 11 10 12  1     20 19  9 11 12
15 20  7  6  8      4 16 17  3 14     19  6 15  3 16      5  3  6 17  7
16 13  2 18  5     19 12  6 10  7      9 14 18  8  5     16  8  1 18 15
 1  3  4 11 19     13 18  1  5  2      7 17  4 13  2     13 10  2  4 14


11 19  3  1 13     17 20  9  5  1     13  4 16  8 10     13 12 20 19  8
 2 12  9  6 17      8  2 16 10 12     15 12 11  3 19      5 16 14 10  9
 8  4 10 20  7     14 11 19  7 15     18  7 14  1  2      6  1  7 15 18
15 14 16  5 18      4 18 13  3  6     17 20  5  9  6      2  4  3 17 11


10 18 16 19  9      8 16 12  4 20      4  6  3  5 17      3 19 10 16 18
12  6  2  5 13     15 19  1 10 14     20 15 13 10  7     15  7 17 14 12
17 20  3  8 11     11 18  2  6  5     18  8 16 12  2      9 13  5  8  6
 4 14 15  7  1     13 17  3  7  9     14 19  1  9 11     11 20  2  1  4


 5  6 19  2 12      5  1  9 18 12      2  4 18  9 10     13  6  5  3  9
20 16 15  9 18     16  6  3 17  7      7 15 17  8 19      7 14 18 17 10
 1 14  4 10  3     10 20  8 19 14      6  5  3 14  1     20  8  2 16 15
 7  8 13 17 11     11 13  4 15  2     13 20 11 12 16     11  1 12 19  4
```

TABLE 3—INTEGERS 1–20
Each block is a permutation

13	16	11	10	6	9	5	14	18	2	3	14	2	13	8	16	3	13	8	20
17	20	7	14	1	6	10	3	13	12	16	11	12	18	7	19	9	17	4	1
19	3	12	2	8	1	20	16	4	8	19	1	15	20	6	6	14	18	7	15
18	5	15	9	4	19	7	17	11	15	9	17	10	5	4	11	2	12	5	10
17	13	8	15	10	4	1	8	10	11	11	8	13	7	4	13	18	20	5	2
18	12	3	11	4	17	13	14	18	5	9	10	19	12	2	7	6	15	17	11
6	5	19	20	7	16	7	15	20	3	18	20	6	14	16	8	3	14	4	9
9	1	16	2	14	9	2	12	6	19	17	1	5	15	3	19	16	12	10	1
17	7	15	3	6	14	3	11	2	5	8	20	15	10	13	16	14	7	13	19
16	11	14	2	20	7	12	10	9	15	4	16	3	7	11	1	2	12	6	11
8	12	10	1	4	20	8	16	4	1	2	5	17	19	9	9	3	10	18	17
5	9	13	19	18	6	13	19	18	17	18	14	12	6	1	8	4	20	15	5
6	17	4	12	8	14	1	6	9	3	11	14	15	9	4	12	5	8	16	7
15	18	1	5	3	7	17	13	16	8	17	8	13	3	19	13	19	15	14	1
2	13	14	9	10	20	19	18	5	4	5	16	12	10	6	17	18	6	11	20
7	19	16	11	20	12	2	10	11	15	1	2	20	18	7	4	2	10	9	3
10	20	14	11	17	9	6	4	7	3	7	13	11	12	9	15	5	16	17	11
6	12	4	16	13	10	11	15	2	1	1	14	2	8	15	8	12	14	2	20
19	3	8	9	5	19	20	5	18	14	19	6	17	20	5	7	1	9	4	19
15	7	18	1	2	8	12	13	16	17	18	4	16	3	10	18	13	3	6	10
18	7	3	10	15	19	20	16	5	18	6	19	14	16	10	3	6	5	18	10
12	17	4	2	5	2	13	9	12	7	4	17	12	18	7	14	13	9	8	1
8	20	19	13	9	17	15	8	3	1	3	9	5	15	2	7	17	11	2	16
14	1	6	11	16	11	6	14	10	4	13	8	1	11	20	12	20	15	19	4
14	11	7	9	18	12	6	2	13	9	1	10	13	6	12	7	5	14	3	10
6	2	19	20	1	5	19	8	18	14	14	7	4	18	15	15	6	13	12	8
12	8	13	10	17	10	11	4	16	17	11	8	20	2	16	4	19	17	9	16
16	4	15	3	5	3	15	1	7	20	19	5	9	3	17	1	20	11	2	18
11	13	8	6	14	7	16	10	20	11	5	10	20	17	4	20	10	12	17	7
16	17	20	4	1	5	19	13	2	17	16	15	1	11	14	19	11	14	13	18
5	12	15	9	7	6	15	1	8	14	12	18	19	2	6	8	6	9	2	15
3	10	18	2	19	4	9	12	18	3	7	13	3	9	8	4	1	16	3	5
6	4	10	8	17	3	15	20	10	1	18	10	11	19	1	11	18	5	7	16
15	20	7	16	9	9	17	7	11	4	4	8	13	12	2	13	9	14	19	1
18	19	14	13	5	6	2	14	5	13	3	6	15	5	17	8	12	4	3	6
3	2	1	12	11	12	16	18	19	8	9	16	14	20	7	10	2	17	20	15
19	7	4	12	3	3	14	5	7	4	17	14	7	4	12	16	7	11	17	6
20	9	17	2	5	1	17	16	6	8	19	5	1	20	15	1	19	5	3	4
16	18	1	6	14	2	15	19	13	10	18	3	8	6	9	8	2	12	18	20
11	13	8	10	15	20	18	12	9	11	16	13	11	2	10	15	10	13	9	14

TABLE 3—Integers 1-20
Each block is a permutation

11	9	5	1	3		11	7	18	8	2		11	17	5	9	8		10	8	7	3	17
20	4	13	7	16		12	15	4	14	5		20	7	1	2	14		4	5	19	9	16
18	17	2	14	12		6	1	16	17	9		16	15	4	3	10		14	1	11	12	15
6	15	8	19	10		19	20	10	13	3		19	12	13	18	6		18	6	13	20	2

17	2	12	15	14		18	20	7	6	13		2	7	6	13	19		13	20	15	1	9
3	19	9	6	1		1	14	12	11	17		18	8	17	16	10		2	17	11	18	8
11	10	4	20	13		16	3	5	2	10		3	11	15	20	14		3	19	16	10	7
8	7	5	16	18		19	8	15	9	4		9	1	4	5	12		5	6	4	14	12

10	13	15	1	4		17	7	16	10	1		19	1	14	4	13		1	5	17	19	4
14	5	16	9	12		12	14	11	2	6		3	5	2	18	16		15	12	14	10	20
18	6	7	2	8		4	19	3	15	18		11	7	10	20	12		16	11	3	7	6
3	17	19	11	20		5	9	13	8	20		6	8	17	15	9		2	13	8	18	9

18	19	13	2	16		6	18	14	1	11		14	1	19	17	4		8	2	1	10	5
6	15	12	20	17		17	4	19	15	9		11	7	13	18	10		6	12	3	16	20
5	14	1	3	8		12	7	8	10	3		16	9	12	15	2		15	18	13	17	7
10	7	11	9	4		20	5	2	16	13		8	20	6	5	3		19	11	14	9	4

12	15	17	20	2		12	14	5	19	7		15	7	12	9	5		10	1	13	2	12
7	19	14	8	9		8	20	3	4	13		14	1	2	19	17		3	7	17	6	11
4	5	18	6	10		16	17	6	1	9		8	4	3	6	20		18	4	14	9	8
1	11	13	16	3		18	10	2	11	15		16	11	18	13	10		20	15	19	16	5

9	15	4	16	19		7	2	17	13	16		2	1	18	12	11		17	13	14	6	7
14	6	7	10	2		12	15	9	18	6		19	9	6	3	16		15	16	19	3	8
11	1	17	3	18		1	8	20	19	5		13	15	5	7	8		5	1	18	2	10
12	13	20	5	8		14	3	4	10	11		20	14	4	10	17		11	9	20	12	4

14	12	10	19	1		15	19	2	8	7		18	19	9	7	11		18	2	10	6	11
16	9	8	11	7		13	6	17	11	12		6	13	17	16	12		5	9	7	20	17
15	18	17	2	3		9	5	18	1	3		8	15	1	4	20		19	3	8	13	12
20	13	4	5	6		16	4	20	10	14		2	5	10	14	3		4	1	14	15	16

8	18	5	11	9		13	4	20	10	8		3	16	17	4	15		8	13	1	9	15
4	6	13	10	20		1	18	2	19	3		11	20	12	6	18		11	6	20	17	16
17	16	1	3	19		11	9	12	17	7		5	9	1	19	7		7	14	2	5	12
7	15	14	12	2		6	15	16	5	14		2	8	10	13	14		18	3	4	10	19

10	3	7	16	20		13	6	20	3	4		4	2	8	17	18		11	7	6	20	3
2	15	13	11	4		17	16	2	15	18		15	6	10	7	13		17	5	14	18	13
14	18	19	12	1		12	5	10	19	9		1	9	12	3	5		9	2	12	10	1
8	17	9	6	5		14	1	8	7	11		16	11	19	14	20		4	8	19	15	16

8	17	3	7	14		5	20	12	16	1		4	5	10	6	8		3	14	1	8	20
20	9	10	13	15		15	10	13	7	6		3	1	14	19	18		17	7	19	6	10
12	4	19	11	5		8	9	4	3	14		16	7	20	17	2		18	9	16	15	13
2	18	16	6	1		19	11	17	2	18		15	12	13	11	9		2	12	11	5	4

TABLE 3—INTEGERS 1-20
Each block is a permutation

1	13	20	8	6	17	12	2	10	8	12	9	15	16	2	16	13	20	10	18
19	17	11	16	9	11	9	7	18	4	17	6	20	18	11	6	12	1	4	11
5	15	10	4	12	15	19	6	14	20	1	5	7	10	4	8	19	7	2	3
18	14	7	3	2	5	13	16	3	1	3	8	19	13	14	5	17	15	9	14

20	4	12	5	18	10	13	8	20	17	11	14	9	5	20	16	14	3	8	4
2	15	1	16	9	9	15	12	11	1	6	8	4	19	17	6	10	19	15	5
13	11	7	14	6	19	3	18	4	16	1	16	3	15	18	11	13	9	2	17
8	10	19	17	3	5	2	7	6	14	13	2	12	10	7	18	12	20	1	7

3	11	8	13	10	5	9	7	11	4	13	5	4	6	17	20	15	10	14	13
1	6	9	12	20	10	8	14	12	6	16	18	19	20	1	2	5	12	8	18
14	15	5	18	19	19	17	13	1	2	11	8	10	12	2	6	16	9	1	3
7	2	16	17	4	15	18	20	16	3	14	15	3	9	7	17	7	19	11	4

1	19	8	7	6	16	12	14	7	20	2	4	17	15	18	3	18	2	6	13
14	13	16	12	2	6	1	19	18	8	16	20	8	5	13	5	14	1	4	11
17	20	15	5	9	11	4	13	5	10	1	3	9	14	10	12	15	16	8	19
3	4	18	10	11	9	17	2	15	3	19	11	12	6	7	10	20	17	7	9

2	5	6	8	16	10	16	9	13	6	3	20	18	13	17	15	16	3	4	2
20	17	18	1	3	1	11	20	7	4	12	7	6	2	4	10	1	20	8	13
7	14	10	15	4	17	19	12	8	14	5	1	19	14	15	9	19	14	5	12
9	13	19	12	11	2	18	5	15	3	16	11	9	10	8	6	11	17	18	7

13	2	15	16	9	19	16	6	8	12	2	8	11	16	10	15	7	11	20	2
12	14	10	11	20	5	7	3	13	15	14	17	20	1	9	17	18	12	3	5
1	4	5	8	19	14	18	17	1	20	19	4	5	6	3	13	14	16	9	1
17	6	18	3	7	9	4	11	10	2	18	15	7	12	13	10	19	4	6	8

13	11	3	4	12	13	15	16	8	7	13	8	15	6	3	8	15	17	19	14
14	16	1	20	19	20	4	10	14	9	9	4	20	19	7	18	6	2	1	20
8	18	5	17	6	6	18	12	2	1	18	16	14	11	2	5	3	7	12	11
10	9	2	15	7	19	17	3	5	11	5	17	1	10	12	16	4	13	9	10

14	20	9	12	10	20	18	13	10	14	6	19	8	7	17	8	7	5	6	3
6	15	13	3	17	9	4	2	5	19	13	12	4	3	5	2	20	9	13	11
19	16	2	8	5	15	3	16	17	11	15	9	16	11	20	15	14	12	17	4
4	18	11	1	7	6	7	12	1	8	10	14	18	2	1	1	10	19	18	16

3	19	6	11	9	3	7	18	11	6	19	14	6	3	11	9	11	7	4	17
16	18	13	8	4	8	4	17	2	9	5	16	1	10	20	5	10	2	14	15
1	5	15	12	2	15	10	14	5	20	9	15	12	4	8	12	19	1	20	8
7	20	10	17	14	12	16	13	19	1	17	18	13	7	2	3	6	16	13	18

14	15	17	16	1	8	16	1	19	17	3	7	16	14	2	17	4	18	8	9
4	11	19	9	10	10	18	9	15	11	8	20	5	12	15	7	1	15	14	10
2	3	7	8	18	4	7	2	3	5	11	18	17	9	4	11	3	19	6	5
6	13	12	20	5	12	13	6	14	20	19	6	1	13	10	16	13	2	20	12

TABLE 3—Integers 1-20

Each block is a permutation

18 17 9 19 5	19 17 6 2 20	16 1 6 7 20	6 11 4 10 14
6 16 15 8 11	8 15 16 9 13	8 4 13 12 18	12 18 1 15 7
14 7 13 20 4	12 14 1 11 3	3 11 2 9 15	8 2 20 9 3
2 3 10 1 12	18 7 5 4 10	14 17 10 19 5	19 17 13 16 5

18 11 9 15 13	16 12 17 13 2	17 7 8 1 18	9 10 1 6 17
19 2 20 8 1	1 19 11 9 7	10 6 13 3 20	20 14 8 19 2
3 12 10 7 14	10 18 15 14 6	14 16 12 5 9	11 18 16 12 3
16 17 6 5 4	4 20 8 3 5	4 11 19 2 15	7 5 13 15 4

11 20 4 15 7	1 12 7 9 18	12 18 13 3 4	19 12 11 6 8
12 1 8 3 10	19 6 10 15 14	9 6 14 19 11	9 14 16 18 20
14 6 16 18 13	13 17 3 20 5	8 16 17 2 1	4 15 7 1 5
9 5 19 2 17	16 2 8 4 11	10 20 5 7 15	2 3 10 13 17

13 1 5 12 19	1 14 10 16 8	15 19 14 1 5	2 15 3 12 17
15 11 14 7 17	4 20 18 7 3	4 10 18 12 16	18 9 5 10 13
6 18 4 9 10	9 11 19 2 12	2 17 7 8 6	16 11 8 6 4
20 16 3 8 2	15 5 13 17 6	9 20 13 3 11	1 14 20 19 7

7 3 9 13 17	6 5 16 10 17	15 1 16 5 19	7 9 15 13 1
18 10 6 20 4	11 14 8 4 2	8 18 9 20 17	14 8 20 17 16
2 16 8 19 1	15 13 9 18 12	6 13 10 12 7	4 12 3 10 19
11 14 15 5 12	1 3 20 19 7	14 3 4 11 2	11 6 5 2 18

12 19 7 14 15	17 13 8 16 19	12 18 5 7 15	8 16 4 7 18
20 6 3 10 4	12 14 2 11 6	1 9 8 3 16	15 10 6 14 12
9 13 17 2 8	7 4 15 10 1	4 13 19 14 6	20 1 13 2 17
1 18 16 11 5	3 9 18 20 5	2 10 17 11 20	5 9 11 3 19

16 5 10 20 17	16 10 7 17 19	10 12 8 16 19	8 9 2 1 20
8 1 3 13 11	9 18 13 4 1	9 2 11 4 17	13 10 5 16 12
19 2 4 18 9	3 6 11 8 5	3 13 20 14 1	3 7 15 19 17
12 15 14 6 7	12 2 20 14 15	7 18 6 5 15	18 14 6 4 11

3 12 20 15 19	15 18 20 19 16	2 17 13 16 4	10 6 2 4 13
9 14 7 2 1	13 6 3 4 2	10 7 5 9 11	7 8 17 12 9
11 17 6 13 16	10 17 1 14 12	12 6 15 3 14	20 15 16 1 3
10 5 18 8 4	9 5 7 8 11	20 8 19 1 18	11 19 5 14 18

19 15 5 9 11	7 13 18 9 12	16 18 2 7 17	5 9 8 16 18
17 3 10 13 6	15 20 2 3 17	5 6 19 12 10	7 1 15 12 3
20 7 4 2 12	6 8 11 14 5	11 15 13 9 1	20 4 2 13 19
1 14 18 16 8	10 19 1 16 4	14 4 3 8 20	17 10 11 6 14

17 15 2 4 13	14 2 3 20 16	4 18 15 20 17	15 5 3 8 13
16 7 12 8 20	18 4 19 1 17	3 16 2 11 10	12 2 7 11 6
9 14 5 10 11	6 8 15 10 5	6 8 13 1 5	14 19 18 20 9
3 18 1 6 19	13 9 12 7 11	7 9 14 19 12	10 16 4 1 17

49

TABLE 3—INTEGERS 1-20
Each block is a permutation

4	3	17	2	5	2	16	17	15	10	18	14	4	13	20	14	16	7	1	10
6	16	18	1	12	4	18	12	8	9	3	12	17	5	9	18	15	4	3	5
14	20	13	9	8	13	5	11	19	20	11	6	19	8	1	6	12	19	20	13
7	10	19	15	11	7	3	14	1	6	7	10	2	15	16	9	8	17	2	11
6	4	9	15	20	8	16	14	19	11	8	15	16	7	19	13	2	4	5	7
11	16	17	2	5	6	10	2	18	20	9	10	17	12	3	10	1	3	12	20
18	3	12	10	1	5	15	9	4	12	1	5	14	11	18	15	8	19	9	6
19	8	7	14	13	1	13	17	7	3	20	4	6	13	2	11	16	18	14	17
7	3	8	4	18	9	6	16	12	13	5	9	3	15	12	8	11	18	17	19
17	13	14	16	12	20	15	7	1	3	11	6	10	14	4	6	13	4	3	15
11	2	5	19	6	17	11	5	14	8	18	17	19	13	7	20	16	9	2	14
10	9	20	15	1	2	4	10	18	19	16	20	2	8	1	1	12	7	5	10
16	9	17	4	12	16	4	20	12	1	18	2	17	13	16	18	19	4	9	15
5	1	11	20	15	8	18	19	15	10	12	9	4	11	7	14	7	2	6	16
8	6	2	3	13	5	2	9	13	17	10	8	20	19	1	13	1	5	11	12
10	18	14	19	7	7	3	11	14	6	14	15	5	3	6	3	17	8	20	10
2	12	17	14	10	16	2	7	19	1	10	2	12	16	13	18	10	12	1	17
8	5	11	18	16	11	12	14	3	13	3	14	4	11	6	3	14	15	20	9
6	13	19	20	3	9	5	20	18	4	5	7	19	8	20	5	13	11	6	16
7	15	4	9	1	17	15	6	10	8	18	9	15	1	17	2	7	19	4	8
12	19	3	18	15	1	8	2	19	17	2	15	11	14	1	18	14	9	2	3
20	10	8	2	13	20	12	18	6	11	4	18	5	10	12	10	15	20	5	16
9	16	6	5	17	16	7	5	15	10	7	20	17	16	3	12	17	4	6	13
14	11	7	4	1	9	4	13	14	3	9	6	19	13	8	8	7	11	19	1
10	12	7	4	19	12	15	3	5	9	2	13	12	3	11	7	5	9	4	3
13	2	14	3	11	11	20	2	19	1	4	16	20	19	6	11	16	17	14	20
20	5	9	6	8	18	10	6	8	7	9	5	14	15	17	10	8	19	12	6
16	18	1	15	17	16	4	14	13	17	10	18	7	1	8	18	13	2	15	1
12	16	1	9	13	17	9	19	10	14	16	5	17	11	12	7	20	13	15	10
18	20	11	19	10	16	20	15	12	3	8	4	18	19	10	16	18	1	12	19
6	14	8	3	5	2	4	11	18	7	14	13	2	1	6	8	14	6	3	17
15	2	17	7	4	5	6	13	1	8	15	9	7	20	3	9	4	11	5	2
9	6	2	11	4	19	17	11	9	1	7	12	11	14	1	3	8	17	12	18
7	15	16	3	5	8	20	2	15	4	20	19	9	4	8	20	16	7	9	5
17	18	19	20	1	16	5	13	7	10	6	18	15	16	2	19	14	2	1	10
13	12	10	14	8	6	12	14	18	3	10	3	17	13	5	13	15	4	11	6
14	1	12	8	3	8	1	10	14	16	16	15	2	10	18	12	20	8	6	17
16	11	17	20	2	9	18	11	19	5	4	17	5	8	9	16	1	9	14	4
18	7	19	5	10	7	2	20	15	17	3	19	13	14	12	2	15	5	18	3
9	13	6	4	15	12	6	4	3	13	20	7	6	1	11	7	13	19	10	11

TABLE 3—INTEGERS 1-20

Each block is a permutation

4 14 11 18 19	6 3 11 17 15	7 6 20 1 9	13 15 2 8 3
1 7 10 17 13	20 12 1 19 5	15 16 10 4 11	18 16 6 1 5
12 2 6 3 16	14 13 4 18 7	18 17 14 2 12	7 14 17 19 12
8 15 5 20 9	2 9 16 8 10	8 13 5 3 19	9 11 10 20 4

4 7 19 3 13	17 19 1 14 6	2 7 11 15 12	12 18 10 20 15
1 6 14 20 2	3 20 13 16 18	19 1 16 9 4	11 6 19 8 2
16 9 18 10 5	9 5 15 12 4	20 6 10 14 18	14 4 7 9 17
11 17 8 15 12	8 2 11 7 10	8 5 3 17 13	5 13 3 1 16

6 20 1 4 16	4 3 17 12 15	1 5 19 9 8	9 1 8 15 13
7 12 3 18 17	9 10 20 5 18	3 6 15 2 18	12 6 16 7 2
15 9 19 8 10	16 6 1 11 13	10 11 7 20 17	17 10 18 19 5
5 2 14 13 11	14 19 7 8 2	13 14 4 16 12	14 20 3 11 4

5 6 2 13 16	7 4 16 9 20	5 4 17 2 18	20 14 5 6 8
1 9 19 17 4	3 17 15 8 10	12 1 19 3 8	16 3 2 19 12
7 20 3 8 12	1 12 5 2 18	20 7 10 6 15	7 1 17 4 11
11 15 14 18 10	19 11 13 14 6	14 11 16 13 9	15 9 18 10 13

10 15 3 4 7	19 14 7 13 2	3 15 19 2 16	13 18 17 12 10
13 20 19 9 17	8 18 20 3 5	18 10 4 6 11	7 3 6 14 4
2 11 16 5 12	4 12 1 9 6	5 20 12 7 9	9 20 5 16 15
6 1 14 8 18	10 17 11 16 15	13 14 1 17 8	11 2 8 1 19

3 19 20 16 9	4 15 7 11 8	8 2 12 16 17	7 13 5 4 6
15 18 10 2 7	2 14 10 17 1	10 15 18 7 9	11 18 19 2 20
5 11 12 6 13	20 18 12 5 19	4 14 11 5 13	1 16 12 15 14
1 8 4 14 17	6 9 3 13 16	3 19 1 20 6	9 17 10 8 3

16 8 1 19 12	9 12 19 14 4	7 6 11 4 17	20 6 15 11 18
3 4 2 13 11	5 7 6 16 2	19 16 14 13 2	14 4 5 13 8
5 20 7 10 17	13 17 10 20 18	18 15 5 9 1	10 17 16 9 7
15 6 18 9 14	15 8 11 1 3	3 12 20 10 8	2 12 19 3 1

20 2 18 11 10	12 13 2 9 3	15 17 8 20 14	13 1 9 7 6
19 1 7 17 5	15 11 1 7 19	18 5 7 13 12	16 5 12 17 2
14 12 3 9 15	17 14 18 20 4	11 3 6 2 10	10 4 11 14 15
16 13 4 6 8	16 8 6 5 10	9 16 4 19 1	20 19 8 3 18

5 19 8 6 10	19 14 2 12 11	1 6 8 11 4	5 8 19 13 12
15 12 17 14 4	8 6 1 9 10	7 3 14 20 18	15 2 7 11 3
20 11 16 2 3	7 4 17 18 16	13 5 17 2 16	4 20 16 1 18
9 7 18 13 1	3 13 15 5 20	12 10 9 15 19	6 14 10 17 9

6 1 17 14 2	12 11 9 17 6	15 14 10 8 5	7 17 16 20 13
16 19 3 9 18	20 14 8 16 3	18 6 11 16 3	19 9 5 4 18
5 10 4 20 7	5 7 1 2 18	19 2 12 1 20	12 14 2 8 3
13 11 12 15 8	15 10 19 4 13	7 9 17 13 4	6 10 1 11 15

TABLE 4—INTEGERS 1-30
Each block is a permutation

14	28	2	29	9	21	3	18	5	24	6	17	14	16	25	8	5	26	29	4
23	24	26	20	6	30	11	7	6	20	19	24	26	10	9	6	17	7	1	18
17	30	18	8	21	17	12	16	23	15	23	2	15	28	8	22	14	25	9	10
13	3	22	16	4	13	10	2	25	8	5	29	22	12	7	15	23	11	28	24
11	15	25	1	27	14	27	19	9	26	13	18	1	4	20	20	2	21	19	13
10	19	5	7	12	22	1	28	4	29	27	3	11	21	30	30	16	27	12	3

26	5	23	28	21	21	29	27	15	4	10	3	15	13	27	18	8	20	21	2
14	29	19	27	15	28	6	7	16	19	6	25	8	9	7	4	25	22	17	28
17	12	6	4	9	18	14	22	11	13	4	11	24	22	18	1	11	29	9	30
8	16	11	2	10	3	26	1	2	25	12	26	1	29	5	27	19	3	26	13
18	1	24	13	7	5	24	8	20	12	28	16	2	23	14	5	7	10	16	6
30	22	25	3	20	17	10	30	9	23	30	19	20	17	21	14	15	23	12	24

19	1	15	27	17	25	30	8	13	2	6	26	15	18	17	15	14	18	17	10
5	8	9	12	14	20	17	3	27	28	12	1	7	23	30	20	27	29	16	11
7	4	3	28	24	6	21	18	26	11	24	2	22	13	28	1	25	8	4	24
20	16	6	22	25	19	10	15	4	22	21	10	14	9	3	22	5	23	12	3
10	30	13	23	2	23	29	1	7	12	27	16	25	20	19	28	9	21	30	2
21	18	11	29	26	9	14	5	16	24	11	4	8	29	5	13	6	26	19	7

1	7	16	17	18	21	23	17	7	30	2	9	27	5	4	16	9	17	27	8
22	12	6	8	9	3	26	1	10	27	18	1	20	28	23	14	30	11	10	12
11	27	4	2	5	12	22	9	16	6	15	16	17	7	29	26	6	24	21	7
20	23	21	13	30	11	2	4	5	25	30	21	13	26	24	3	15	5	22	23
24	29	26	10	19	14	8	20	13	29	14	19	8	22	25	20	1	13	19	28
3	14	25	28	15	18	15	19	24	28	11	10	3	12	6	25	29	2	4	18

1	3	30	6	27	3	16	29	5	11	14	4	13	5	21	4	12	22	24	28
5	24	2	16	23	23	21	9	2	15	11	8	6	29	3	29	14	5	15	16
14	22	28	17	20	10	24	18	17	7	24	17	2	20	1	2	8	26	10	17
4	9	10	11	26	30	25	8	28	26	19	10	26	27	9	9	27	21	7	23
15	8	25	12	19	19	14	13	1	4	28	12	30	25	23	3	30	25	6	13
18	29	13	7	21	22	20	6	27	12	18	15	7	22	16	18	11	20	19	1

16	15	14	13	4	29	24	20	14	21	16	14	13	2	21	18	15	9	14	25
22	18	19	7	1	12	15	25	17	4	26	10	11	4	24	12	2	8	27	11
27	12	28	30	17	19	27	13	10	11	29	1	22	28	18	22	21	16	1	6
5	10	20	3	25	28	1	16	5	18	27	12	23	25	19	17	5	10	19	4
24	9	21	11	23	26	7	8	22	9	5	7	8	6	3	26	20	13	29	23
2	6	26	8	29	6	3	2	30	23	15	30	20	9	17	3	7	30	28	24

7	3	10	23	14	18	1	13	25	30	13	29	2	22	5	14	23	17	21	8
13	21	18	6	20	24	7	16	10	14	11	21	20	27	28	2	9	6	25	4
4	29	30	9	8	2	19	5	21	11	14	23	7	25	26	5	28	27	13	22
22	15	2	1	5	22	15	27	26	8	10	4	30	9	19	7	30	15	26	3
12	28	19	17	11	17	20	3	4	12	18	6	3	1	24	29	1	18	24	16
24	27	16	25	26	6	23	28	29	9	8	15	12	17	16	11	10	12	20	19

TABLE 4—Integers 1–30
Each block is a permutation

30 10 22 24 1	10 8 9 23 28	27 25 7 26 17	2 9 21 3 4
12 13 18 26 21	18 12 6 1 5	22 5 3 10 13	7 30 28 1 11
20 2 14 27 16	20 11 29 27 17	18 9 1 23 14	16 24 5 20 19
29 7 15 23 3	22 24 16 3 30	15 30 21 19 16	23 18 8 17 26
4 28 17 5 19	13 2 15 21 25	12 8 6 11 24	13 10 12 27 15
6 8 9 11 25	14 19 7 4 26	28 20 4 2 29	25 6 14 22 29

15 12 23 24 8	15 16 2 11 17	1 13 11 3 4	14 17 22 20 8
4 22 13 16 25	7 24 5 14 20	21 26 6 14 15	16 5 10 1 13
17 18 3 7 5	4 21 26 30 3	22 18 29 9 7	28 23 2 27 21
6 26 1 9 27	10 9 29 12 23	28 5 10 20 23	12 9 24 29 4
11 29 28 30 21	8 13 6 18 27	25 12 16 17 8	18 25 3 7 30
10 14 20 19 2	19 25 28 22 1	30 19 24 27 2	26 6 19 15 11

9 17 7 4 5	13 14 5 22 19	25 20 24 5 4	25 23 3 28 7
13 21 18 24 27	11 9 30 6 18	14 11 1 6 16	14 15 6 5 29
11 3 25 22 1	23 15 8 29 24	8 22 7 3 30	21 24 30 20 18
30 6 16 20 14	25 27 10 26 7	29 2 28 12 27	10 4 16 19 1
26 15 10 8 2	4 28 17 16 3	21 26 23 19 17	13 9 8 27 17
12 29 28 23 19	1 12 2 21 20	13 10 15 18 9	11 12 26 22 2

24 30 13 26 23	4 30 13 17 16	20 3 19 29 16	18 11 13 2 8
15 17 1 29 22	8 23 12 21 3	26 27 21 30 28	9 5 14 19 12
11 3 4 27 7	14 18 26 2 11	11 9 10 12 1	22 30 17 21 3
20 28 14 21 9	6 24 19 15 10	18 7 14 24 17	1 24 10 26 4
8 2 18 16 6	9 25 7 28 20	13 6 5 25 23	6 15 29 16 23
10 12 25 5 19	27 1 29 22 5	8 4 15 22 2	25 7 28 27 20

14 3 12 22 29	17 6 9 23 26	15 1 5 30 9	27 3 29 4 14
10 4 6 1 19	5 27 10 20 30	7 22 10 4 28	17 13 5 30 8
27 26 2 11 21	16 25 14 28 12	3 19 2 27 26	18 9 6 11 22
17 9 16 18 15	11 29 22 2 1	25 20 12 29 13	28 1 2 19 15
25 30 24 13 20	15 8 18 19 3	16 14 11 6 18	21 10 7 20 16
23 7 5 28 8	13 21 24 4 7	8 21 17 23 24	12 23 25 26 24

19 2 14 7 12	19 2 20 23 1	15 5 24 25 4	21 25 30 28 16
11 15 29 16 27	5 29 24 3 10	22 3 10 8 2	7 18 9 12 19
10 4 26 13 5	7 12 4 6 21	14 28 13 7 29	3 20 1 17 27
1 18 22 20 21	17 18 26 11 25	1 27 11 6 21	10 2 13 4 6
8 6 30 24 23	27 9 28 16 13	26 20 12 23 16	15 24 22 11 8
9 28 17 3 25	8 15 14 22 30	18 17 9 19 30	26 23 14 29 5

26 19 21 30 10	7 9 11 29 22	18 8 25 29 7	3 6 24 10 2
29 7 8 3 5	4 13 12 20 30	22 1 5 9 4	17 15 7 29 30
20 15 22 24 2	6 14 19 16 17	28 21 2 27 16	12 23 25 14 16
12 6 9 27 11	27 18 25 21 28	15 20 6 14 11	21 19 18 11 1
25 14 28 13 1	24 23 1 26 2	10 19 17 13 12	26 4 20 22 8
17 23 4 16 18	5 3 15 10 8	3 23 30 24 26	27 13 28 5 9

TABLE 4—INTEGERS 1-30
Each block is a permutation

28	2	15	11	30	20	28	9	14	12	23	22	24	18	10	24	11	5	22	25
22	27	19	18	24	7	22	26	27	11	27	30	20	13	5	8	15	2	3	1
14	3	10	6	29	29	4	19	21	16	11	4	9	6	26	18	17	9	19	6
13	9	25	4	7	5	1	30	24	23	28	16	2	19	25	29	4	23	7	10
8	5	17	20	1	8	10	3	2	25	17	1	15	12	8	27	14	12	26	16
16	26	23	21	12	18	15	13	6	17	7	21	3	29	14	20	13	30	28	21

|27| 3|23| 8|21|12|28| 5| 9|19| 7| 2| 5|21| 4|22|15|20| 1|30|
19	14	5	18	6	15	8	25	23	18	23	26	28	14	15	8	17	14	6	13
11	17	13	28	16	6	1	10	27	17	25	12	11	16	29	21	4	19	3	11
4	10	29	9	12	30	4	3	29	14	18	24	13	10	20	7	18	29	10	9
24	1	25	20	22	11	20	24	21	2	8	17	1	27	22	24	25	5	2	16
26	2	15	7	30	26	7	13	16	22	19	30	9	6	3	26	28	23	27	12

| 2|22|19| 8|27|22|15|10| 6| 5| 8| 7|27| 3|16| 9| 6|15| 4| 8|
|29|15|25|21|11| 2|28|26|13| 3|25|17|10|13|11|18|10|11| 1|26|
|23| 4|18|26| 9|18|20| 1|16|24|15|26|21|18| 5|16|22|23|29|28|
|30|17| 6|10|13|11| 8| 4|21|25| 1|29| 9| 2|14| 7|30| 2|20|14|
|24|20| 5| 7|28|23|27|12|30| 9|24|19|28| 4|30|17| 3|19|24|21|
|12| 3|14|16| 1| 7|14|19|17|29|12|20|23|22| 6|25|13|12| 5|27|

| 2|30| 6|12|28|17|16|11|27|15|25|17|20|12| 5|12|26| 4|24|30|
|23|19|17| 8|24| 4|18|30| 8|25|23|19|18|21| 2| 5|20|19|14|29|
|18| 3|15|26|11|20| 7|22| 9|28|30|26|13| 4|10|10| 3| 1| 6|25|
|29|25| 7|22|16|10| 6|21| 1|12|15|24| 3|14| 7|21| 8| 9|13|18|
|13| 1|27|20| 5|24| 2|26| 5|13| 8|29| 1|28| 9|22|16|15|23| 2|
|14|10|21| 4| 9|29|14|23|19| 3| 6|11|16|27|22| 7|27|11|17|28|

11	22	20	10	19	21	13	25	6	7	30	5	10	21	11	17	28	19	9	14
26	17	15	13	18	24	16	17	1	22	19	13	6	28	9	11	1	5	27	15
16	29	28	25	9	28	11	10	8	15	8	20	26	7	1	24	23	25	2	20
6	4	30	2	21	3	30	9	20	4	15	29	22	2	27	4	29	3	13	21
24	8	14	23	12	27	5	12	26	19	3	23	4	17	14	7	6	18	8	22
3	1	27	7	5	14	18	23	29	2	12	16	18	24	25	26	16	30	12	10

|12| 2|16| 5|27| 9| 1|15| 6|20|26|24|13|19| 7|20|10|13|17| 3|
18	11	25	30	26	28	17	16	8	21	18	5	22	17	4	7	23	24	21	28
6	20	3	24	9	22	24	18	26	14	1	6	30	16	21	29	25	11	15	16
13	28	4	29	17	30	29	12	7	2	25	20	15	27	23	18	6	26	12	4
8	22	7	10	1	5	10	4	27	13	12	11	29	2	10	5	8	19	14	2
14	19	23	15	21	11	23	25	3	19	8	14	28	9	3	22	30	27	1	9

10	24	29	3	20	21	20	1	29	23	2	8	9	25	16	20	28	11	22	27
6	28	4	8	1	22	19	11	6	28	23	28	13	21	27	4	8	29	5	23
21	25	18	11	2	10	25	12	26	7	15	19	3	11	29	1	9	7	12	15
7	9	5	13	17	18	13	9	17	16	7	17	6	24	26	25	18	16	3	10
15	16	26	23	12	3	5	8	27	24	22	20	12	18	5	24	14	30	6	19
22	30	27	19	14	15	30	4	14	2	1	14	4	30	10	13	26	17	21	2

54

TABLE 4—INTEGERS 1–30
Each block is a permutation

22	1	7	20	29	16	1	6	23	12	16	2	21	3	11	25	27	13	4	16
5	11	21	16	12	17	7	11	8	4	19	24	17	9	20	15	2	20	26	17
23	14	4	3	18	29	3	14	15	28	30	7	27	5	4	23	29	10	22	30
24	17	2	8	26	9	27	20	22	19	14	18	25	10	1	1	9	3	12	19
15	25	28	19	6	30	21	25	5	26	13	23	15	6	12	24	5	18	7	28
27	30	9	10	13	10	2	13	24	18	8	26	22	28	29	8	11	21	14	6
24	30	21	8	6	27	4	2	7	13	4	10	7	30	3	20	2	7	19	5
5	17	29	1	19	15	3	28	20	8	18	14	20	28	1	13	23	26	12	28
11	20	2	10	3	14	1	6	9	16	29	2	5	8	9	22	6	27	30	1
22	13	27	15	23	30	10	24	21	29	21	23	19	13	15	14	8	16	24	25
16	25	9	12	18	17	19	11	23	12	24	26	12	16	22	21	4	29	3	15
26	4	7	14	28	26	5	22	18	25	6	11	17	25	27	17	10	11	9	18
21	28	18	27	22	3	12	28	23	21	21	8	3	13	9	15	4	19	10	2
10	24	5	1	3	2	8	16	17	26	20	17	24	26	19	26	16	18	23	14
17	29	15	30	4	19	27	1	10	9	4	7	16	18	12	13	27	5	22	6
2	23	25	16	11	29	7	5	25	14	15	6	23	27	2	3	25	30	9	17
12	6	8	9	20	6	4	13	24	11	14	10	25	11	30	11	24	12	20	1
14	13	26	19	7	22	15	18	20	30	28	1	22	29	5	21	8	29	28	7
23	12	11	21	28	20	5	13	21	15	19	3	11	22	2	9	25	27	13	12
27	10	29	13	18	24	3	4	14	30	1	26	17	6	30	10	6	11	26	4
3	17	2	5	20	9	28	12	25	22	7	12	29	8	5	14	2	16	8	29
16	25	22	1	30	18	19	2	7	8	25	10	15	18	13	20	1	7	18	30
9	15	8	24	6	17	1	11	23	29	4	24	16	21	20	28	15	24	5	22
4	14	26	19	7	26	10	27	16	6	27	9	28	14	23	3	17	19	21	23
24	6	29	23	12	19	30	22	1	6	5	15	29	8	16	15	17	4	5	9
20	26	18	17	30	27	20	13	5	11	21	26	14	28	1	18	27	3	26	16
22	5	10	25	2	23	15	25	4	21	18	7	24	9	20	11	21	14	23	20
15	8	21	9	13	3	10	29	14	24	23	22	10	4	25	7	12	10	1	22
1	28	16	11	19	9	26	12	18	2	19	30	3	13	6	8	28	19	13	24
7	14	27	3	4	28	7	16	17	8	11	17	12	27	2	2	30	6	25	29
4	11	18	24	29	11	26	15	10	16	15	11	16	22	9	27	3	6	20	19
14	7	30	22	26	30	19	2	22	9	17	25	6	13	10	2	16	5	30	17
9	28	19	20	17	25	13	7	6	20	30	19	26	2	27	18	4	21	15	11
5	8	6	1	27	27	14	29	28	24	24	14	7	8	18	22	23	26	12	8
25	13	23	10	15	17	5	1	23	18	28	20	29	1	23	29	9	14	24	28
2	3	21	12	16	4	8	21	3	12	12	5	4	21	3	25	1	13	7	10
29	28	13	10	30	11	6	15	16	18	6	2	19	3	30	22	12	20	7	8
27	9	19	14	24	9	20	26	13	2	20	10	29	25	28	28	23	18	5	30
20	3	21	8	11	24	10	17	28	25	22	23	7	27	17	29	25	4	19	13
26	12	16	23	2	27	30	4	1	21	11	1	8	21	13	11	21	26	24	10
1	25	18	5	17	23	12	8	7	14	9	14	16	15	24	27	9	15	2	14
15	7	22	4	6	3	22	29	19	5	12	18	4	26	5	6	3	16	1	17

TABLE 4—INTEGERS 1-30
Each block is a permutation

```
 6 15 29 26 12    30 18 14 10  3    12  9 20 16 15    28 17  8 18  6
21 28 17 23 27    12 27 29 16 13    21  5  8 18 25    25 20 15 29 11
19  3  9 30 20    24  1  2 23  9    22  6 24 29 30    16 30  3 26 12
 1 18 10  7  5     5 20 17  8 25    23  4 13 28  2    23 27  7 22 13
 4  2 11 16 24    22 21 26 11  6    19 17 27 26  3    10  1  9 21  4
14  8 22 25 13     7 15 28  4 19    11 14  1  7 10     2 24 19  5 14


16  9 12  6 15     6 16 12 27 13    19  9 25 11  3    13  7 14 26 12
22 27  1  3  5    30 17 23  9  1    10 12 24 26 20     4 23  5  6 20
 8 17 20 13 26    19 18  3 10  2    16 22  1 15 17    25 29 28  3 24
28  2 23  4 30    25  7  5  4 26    18 23 13  2  5    17 10  1 11 27
19 18 25 10  7    14 15 20 22 21     8 14 30 27 28    19  2 22 21  8
21 24 29 11 14    24 29 28  8 11    29 21  4  7  6    18 30 15  9 16


24  4 15 11 21    10  1  5 17 30    16  5 11 22  4     8 16 23 15 12
10 17  2 26 25     9 23  3 26 18     6 30 23 27 29     4  1  3  9 26
 6  7 14 28 27    12 25 14  8 11     2  3 28 12  8    14 20 11 17 10
 3 13 30  5 20     7 16  6  2 15    21 25  1 17 20    30 19 21  6 27
 9 16 29 23 22    13 21 28 24 27     9 10 24 26 13    13  2  5 28  7
 8 12 19  1 18    20  4 29 22 19    19 14 15 18  7    29 24 25 22 18


 9 24 25 18 11    13 24 30 10 15    18  9 26  6  3    27 23 18 20  4
14  5 15 29 16    18 17 14  3  2    27 29 15  8 16    17  8 14 30 19
 8 27 10 28 13    11  4  8 26 27    17  2 13 24 25     9 28  6 22 24
30 20 22 12 26     6  9 12 29 19    12 14 19  1 30    11  5 29 21  2
 2 17 21  7 23    23 20 16 22 28    10 28  7 23  5    15  7 10 25 16
 6  3 19  1  4    25  5  1 21  7     4 20 11 22 21    13  1 12 26  3


21 28 10 17  1    28 27 26 15 13    14 12 23 18  8    17  5 23 18  6
25 23  2  7 29    14 19  3 12  9    24  6  7 29  5     1 26 30 21  3
 5  9 20 15  4     2 10  4 18  7    10 11  3  9 16    29 12 19 27  8
13 11 22 27 14     5  6 11 20 30     1 13 19 26 20     7 25 20 16  4
16  3 30 18 24    25 23 21 17  1    30 27 25 21 15    15 14 22  9 10
19  6  8 26 12    16 24  8 29 22    17  4  2 22 28    28  2 24 11 13


10  7 27  8 20     2 29 25 12  8    12 23 17 10 19     3  1  4  2 17
22 17 25 21  1    10 11  4 16 15    24 28  7 15 26     9 20 16  7 28
12  9 30  5  2    27  5 23  9 26    21 22  3  2 18    26 15  5 11 13
16 18 13 28 14    17  3 21 18 19    16 11  8  6  1     6 12 27 19 18
 6  4  3 24 29     1 24 28 22 13    25  9 30 29  4    21  8 10 14 25
26 15 11 19 23    20  6 14 30  7     5 27 14 20 13    30 24 23 22 29


19  6 16 23  9    29  4 10 14 30    15 30 24 11 16    27  8 11 29 24
29 11 24  5 30    21 24 26 17 28     9  7 22 17 27     6 15 25  4  9
 4  2 15 27 26     5  9 15 12 22    26 19  5 13 23    17 19  5  7 18
12 18  1 28 21     3 25 23  6 16     3 28  1  2  6    26  2 14 21 28
20 25 17  8 10     2  8  1 11 20    29 18  4 21 12    20 22 13 12  1
22 13 14  7  3    27 19 18  7 13    20 25  8 14 10    16  3 30 10 23
```

TABLE 4—INTEGERS 1–30

Each block is a permutation

19	7	3	4	18	11	5	29	26	3	1	17	23	10	20	24	3	25	17	5
10	29	11	16	28	1	19	14	4	20	18	13	21	27	26	6	19	26	15	11
6	15	13	24	23	24	25	27	6	9	25	29	14	11	4	14	27	16	18	22
30	14	9	2	8	30	15	13	18	12	19	6	3	28	24	29	1	21	13	28
1	20	22	21	17	28	22	7	8	17	9	16	5	30	2	10	30	12	7	4
12	5	27	25	26	2	21	16	10	23	8	15	7	12	22	9	2	8	20	23

22	19	20	27	7	21	12	13	22	29	11	26	10	15	8	16	2	30	20	21
28	18	16	29	30	4	23	1	14	24	1	20	30	18	12	19	25	15	7	27
14	11	10	15	26	10	8	9	26	20	19	28	25	6	21	14	11	10	9	13
21	8	6	9	2	6	25	28	7	3	29	2	16	5	3	8	5	28	22	23
12	4	1	24	23	15	11	17	30	5	23	24	4	13	14	3	6	18	24	26
25	17	5	13	3	19	27	2	18	16	9	27	7	17	22	1	17	29	4	12

1	19	16	18	3	21	18	15	11	8	10	27	25	16	2	30	26	17	29	14
6	23	5	21	26	30	26	23	14	20	20	22	11	8	7	12	3	11	22	4
29	11	7	27	22	3	28	22	10	27	26	1	6	12	9	1	16	2	23	19
10	30	13	4	28	29	12	1	5	13	24	17	30	4	18	5	20	8	21	25
20	25	15	24	9	24	19	25	4	17	3	29	5	28	21	27	13	9	18	10
8	12	17	14	2	16	7	9	2	6	19	15	14	23	13	7	24	6	15	28

8	11	6	29	12	28	11	14	18	23	3	9	11	30	29	16	5	28	27	26
24	5	20	14	22	10	9	22	2	29	20	5	4	19	10	4	23	3	15	14
13	21	18	7	19	30	17	4	24	5	24	8	7	15	6	22	6	21	9	20
23	1	28	27	16	16	1	25	13	15	2	1	16	25	13	13	1	8	19	29
10	30	26	3	25	26	19	6	8	27	17	12	23	14	28	30	17	2	12	10
4	9	2	15	17	21	12	3	20	7	27	21	26	18	22	7	24	25	11	18

15	28	21	7	13	24	14	6	9	11	24	13	1	30	28	24	12	18	7	22
5	9	1	20	25	21	16	13	10	12	9	11	8	7	29	10	2	26	27	19
14	3	30	23	2	5	7	25	22	2	12	27	3	10	16	21	5	15	13	11
22	16	17	4	29	20	27	29	3	23	2	18	15	19	22	29	17	4	23	30
27	26	24	8	12	19	30	15	17	1	4	14	25	6	5	16	9	20	14	6
11	10	6	18	19	4	8	28	26	18	21	17	23	26	20	25	1	28	3	8

12	5	15	6	14	19	28	8	10	3	17	10	30	15	18	1	8	17	12	23
24	25	29	23	13	16	18	2	15	11	9	4	28	5	23	16	21	15	3	26
2	10	9	7	18	25	22	4	27	17	3	13	21	6	29	30	5	11	20	6
22	19	16	21	3	12	30	7	29	14	22	14	26	12	2	18	10	13	24	4
28	8	30	20	11	26	6	20	1	5	24	19	16	11	1	22	29	19	27	7
17	4	26	27	1	24	21	13	9	23	25	7	20	8	27	25	9	14	2	28

17	13	24	1	2	20	5	3	9	14	30	2	3	16	6	27	29	13	5	11
30	20	12	10	16	13	30	27	11	4	25	19	5	10	24	9	12	21	6	28
21	28	19	8	11	15	6	8	19	26	27	21	28	13	8	2	18	30	24	3
29	9	4	27	22	29	1	25	7	12	9	17	18	29	4	14	4	22	20	23
6	14	18	5	15	28	24	18	17	16	14	15	1	20	23	15	7	25	17	8
3	26	23	25	7	10	22	2	21	23	22	7	12	11	26	1	19	26	16	10

TABLE 4—INTEGERS 1–30
Each block is a permutation

23	24	21	25	7	10	22	9	28	16	4	28	20	13	23	16	29	28	14	2
18	11	27	2	20	23	4	8	18	15	16	10	22	3	17	4	1	11	13	30
15	9	28	6	30	11	30	27	12	19	24	18	29	25	1	24	23	22	3	10
16	5	13	14	8	20	3	6	1	26	11	5	21	14	6	21	5	18	7	15
12	3	26	19	1	14	7	17	24	2	15	19	8	26	2	19	9	6	20	8
29	17	22	4	10	25	13	21	29	5	7	9	12	30	27	26	17	25	27	12

5	26	7	14	23	13	29	14	10	24	23	16	8	18	26	7	1	22	15	5
17	29	16	19	6	7	6	16	18	26	10	27	21	1	3	3	13	30	8	27
25	21	11	2	28	30	25	28	17	12	14	25	29	2	6	23	28	4	10	29
8	15	9	3	13	1	2	4	15	27	15	12	4	7	22	9	20	16	19	11
27	12	20	30	4	20	23	21	3	5	11	20	9	24	19	6	12	17	25	18
24	1	18	10	22	11	8	9	22	19	30	17	5	13	28	26	14	24	21	2

6	27	22	2	16	6	1	23	13	26	30	9	23	15	13	9	26	16	1	17
20	4	23	26	1	19	16	7	9	2	16	26	29	11	12	6	24	30	5	28
10	29	3	28	12	10	29	3	17	4	7	18	28	25	10	11	22	20	27	3
8	15	21	30	17	25	27	11	14	30	1	20	19	27	24	18	10	21	14	29
7	9	19	13	25	12	8	5	15	18	8	3	21	14	22	23	2	7	4	13
11	14	5	18	24	28	20	21	24	22	2	17	6	5	4	12	8	19	25	15

14	18	27	12	17	29	24	13	26	16	18	3	6	2	22	16	19	17	30	23
23	24	16	13	30	22	30	20	5	14	9	23	29	21	15	27	26	18	9	2
3	2	26	21	11	28	27	7	9	25	27	25	20	30	19	15	22	6	4	1
9	25	22	15	20	11	23	15	21	18	11	7	10	13	14	10	14	3	25	24
19	10	1	28	7	17	6	3	12	2	17	4	26	8	5	28	20	21	29	13
29	6	4	5	8	10	4	1	8	19	1	16	28	24	12	12	5	8	7	11

6	27	20	16	13	13	1	16	7	8	7	28	8	2	11	14	5	4	21	28
10	23	8	30	4	28	14	4	26	23	12	15	26	14	27	25	7	3	22	10
9	1	5	2	22	30	25	2	27	12	6	5	23	13	25	29	9	17	1	18
3	15	19	7	24	5	20	29	11	18	19	17	29	20	3	26	2	27	13	19
28	25	21	18	17	24	9	6	17	21	18	30	24	9	1	20	16	15	23	11
29	26	11	12	14	3	22	10	15	19	10	4	16	22	21	30	6	8	24	12

18	5	26	12	3	2	22	12	8	3	18	16	20	17	8	21	27	1	18	6
1	27	16	9	29	19	9	5	4	13	28	12	22	5	15	15	11	2	16	9
14	19	23	24	7	23	30	14	20	18	19	14	29	27	26	17	24	19	20	3
11	28	22	8	20	10	6	17	16	21	25	13	9	7	23	12	7	29	23	5
6	17	2	4	15	25	24	27	11	29	10	1	2	6	11	10	13	28	25	14
13	21	25	30	10	28	26	1	7	15	24	3	21	4	30	8	26	4	22	30

12	17	14	16	6	15	16	25	26	24	2	12	17	28	14	19	24	28	26	20
22	19	8	27	24	5	29	27	12	8	10	22	15	16	20	14	25	1	10	27
23	25	13	15	10	6	18	10	11	1	1	24	23	4	21	18	22	15	29	30
2	9	18	3	7	28	22	19	2	30	5	19	26	30	9	12	21	2	5	23
4	30	20	11	5	21	17	3	13	4	25	13	8	7	3	4	16	13	6	9
21	26	28	29	1	20	14	23	7	9	18	6	27	29	11	17	7	3	8	11

TABLE 4—Integers 1–30
Each block is a permutation

27	6	10	26	20		1	16	12	10	9		14	25	16	11	5		9	23	22	24	15
22	16	24	15	3		19	4	2	11	5		15	1	10	4	18		21	7	10	19	6
18	11	28	14	9		22	14	23	21	29		7	9	8	20	28		26	5	11	14	3
13	21	17	4	12		30	20	15	18	7		30	21	23	22	6		27	8	30	17	1
8	23	19	7	1		17	28	6	8	3		2	3	26	19	27		25	16	13	18	2
25	2	30	29	5		25	13	26	27	24		12	29	13	17	24		4	29	28	20	12

15	17	10	19	2		8	24	21	30	3		9	13	17	5	15		2	11	14	19	20
12	25	27	4	16		15	20	27	10	23		25	18	19	8	24		28	8	17	27	23
18	24	7	22	5		28	11	5	16	7		16	12	14	27	3		21	6	24	16	25
30	9	1	3	29		14	18	12	6	19		11	1	22	28	2		13	4	22	18	9
6	20	11	13	8		29	4	9	26	1		6	21	29	10	30		3	7	10	26	29
23	26	28	14	21		25	17	13	22	2		7	26	4	20	23		5	30	12	1	15

6	12	11	8	17		2	30	19	8	3		18	20	19	2	4		4	8	29	3	24
29	2	15	28	14		6	9	14	17	12		3	1	9	17	29		22	5	14	15	28
18	3	26	21	23		15	13	21	29	26		28	8	5	21	30		16	9	12	27	21
1	25	30	22	27		24	11	28	4	25		6	22	7	23	10		13	6	23	1	20
19	10	13	7	5		23	5	16	22	1		13	12	25	15	16		10	26	11	25	2
16	20	9	4	24		27	18	20	10	7		26	24	27	11	14		17	7	18	30	19

28	2	25	6	11		29	4	9	10	13		15	20	16	26	13		27	14	15	11	7
26	5	17	14	19		26	2	23	3	24		23	5	24	18	14		20	16	12	24	3
21	18	15	16	1		28	17	5	11	18		1	6	28	3	17		23	4	5	28	29
4	10	22	13	24		21	25	7	22	16		29	30	22	2	11		19	6	13	17	18
9	27	29	12	30		8	30	6	1	20		9	12	27	10	4		22	25	2	1	21
3	8	20	7	23		15	27	12	14	19		21	19	7	8	25		26	9	30	8	10

28	20	25	7	19		5	6	2	13	8		18	22	9	6	12		30	9	19	7	21
5	3	29	22	14		27	26	14	16	25		30	27	28	24	29		3	20	29	16	14
24	1	4	10	6		30	4	29	22	12		15	4	7	5	3		10	25	4	13	12
17	2	21	11	12		21	23	15	10	3		20	8	21	23	19		15	1	26	23	24
27	23	16	26	30		17	24	28	19	18		17	2	14	25	16		6	11	28	18	27
18	13	15	8	9		11	7	20	1	9		1	26	11	13	10		5	22	17	2	8

20	25	23	17	4		8	16	30	28	6		12	3	22	18	7		19	18	29	15	17
26	7	28	10	6		4	14	26	9	10		11	16	29	2	8		11	12	14	6	3
15	9	11	8	24		1	21	12	5	2		13	17	10	15	14		23	1	24	28	16
29	21	16	19	22		25	17	11	19	24		20	24	9	28	5		7	30	21	10	8
18	14	27	3	1		27	3	7	22	29		26	6	21	23	30		2	20	5	25	27
2	13	12	5	30		20	23	15	13	18		27	25	4	19	1		9	4	26	13	22

24	20	26	3	12		27	20	11	10	24		9	6	5	8	17		25	23	1	22	29
28	16	13	18	6		28	4	8	19	13		22	15	4	29	30		8	12	6	3	2
15	2	21	1	19		26	17	6	21	3		12	11	10	13	24		17	27	16	19	24
23	7	10	14	4		16	7	9	2	12		2	25	16	28	14		26	13	4	28	30
17	29	5	22	27		5	23	18	15	25		27	23	26	3	19		9	5	15	10	11
8	30	11	9	25		29	1	30	22	14		18	21	1	7	20		14	21	20	18	7

TABLE 4—INTEGERS 1–30
Each block is a permutation

5	18	22	13	6		21	16	3	23	9		2	30	26	9	25		12	24	1	26	8
26	24	17	8	2		4	17	8	14	26		8	20	27	22	28		9	20	3	27	29
21	25	14	16	20		1	2	10	20	12		13	23	12	18	4		15	16	22	30	18
11	27	19	30	10		22	30	15	5	11		15	5	3	17	10		28	19	11	5	25
23	4	29	9	15		13	28	6	24	25		16	21	7	14	1		21	17	10	13	2
1	12	3	7	28		7	27	29	19	18		11	24	19	29	6		14	6	4	23	7

25	11	3	10	26		14	9	3	18	7		23	24	26	5	27		27	15	11	2	1
12	13	27	9	7		11	29	4	8	17		17	18	10	9	21		26	29	14	18	22
6	5	28	14	29		26	30	22	19	13		8	2	30	1	12		12	7	5	8	25
21	8	15	22	1		16	28	1	25	21		4	22	29	15	11		16	23	24	3	30
17	20	16	30	24		15	20	2	24	6		16	19	28	3	7		20	9	13	6	10
4	19	2	23	18		23	27	12	5	10		6	20	25	13	14		19	21	4	28	17

15	16	2	17	24		19	6	26	28	25		3	26	7	21	12		19	22	6	24	13
8	25	1	27	29		18	2	30	22	3		5	1	14	2	20		11	18	8	7	14
26	7	11	19	10		13	10	27	29	5		15	8	28	16	29		20	25	28	15	5
4	21	3	14	22		17	9	20	8	11		27	19	4	24	22		2	9	10	21	17
12	13	9	5	28		23	14	24	15	12		9	11	25	30	23		3	1	27	26	12
6	23	20	30	18		4	7	16	1	21		10	18	17	6	13		30	29	4	23	16

19	1	10	5	29		6	2	20	28	30		3	1	28	10	13		20	14	28	27	3
27	21	20	28	18		17	10	26	15	7		2	26	15	8	19		10	11	13	29	16
23	25	22	8	6		4	19	25	23	9		14	6	29	22	5		25	1	12	21	23
3	15	9	2	4		27	3	24	11	14		30	24	20	16	17		5	18	4	15	30
17	11	12	7	26		18	5	21	1	12		21	25	18	4	7		8	26	22	17	6
16	13	24	30	14		22	13	8	16	29		27	23	12	9	11		19	24	9	2	7

17	2	5	1	13		16	17	30	20	10		19	10	28	15	29		21	4	12	25	7
3	25	9	27	16		23	18	5	4	2		4	23	7	14	11		13	3	6	20	14
14	7	6	22	30		8	7	28	11	3		5	8	12	24	2		30	8	24	18	11
26	11	18	19	24		29	1	15	24	26		22	16	20	1	17		23	19	5	16	28
15	10	23	21	4		21	19	6	22	9		25	3	26	9	6		29	22	15	1	17
20	28	8	29	12		27	25	13	14	12		13	18	30	21	27		9	27	10	2	26

3	26	28	22	29		16	19	28	20	26		26	10	19	17	12		19	27	3	14	2
6	8	5	16	9		2	17	7	12	27		7	16	15	18	11		29	26	1	12	10
25	13	17	27	10		21	10	14	8	24		9	25	20	6	21		30	4	21	24	7
19	21	18	12	15		9	11	18	6	5		14	1	2	24	8		11	6	5	18	28
30	7	1	14	4		25	15	3	22	23		3	23	4	13	28		8	22	25	20	15
23	24	11	20	2		1	30	29	4	13		30	27	5	29	22		23	13	17	9	16

26	29	8	28	12		20	17	1	13	18		11	13	15	3	27		11	23	2	7	16
11	20	25	30	23		25	26	11	19	2		8	5	9	20	24		26	19	20	18	12
9	6	3	10	2		7	24	14	23	21		25	6	12	23	4		29	25	4	10	30
14	21	4	22	24		30	16	28	29	12		19	29	21	1	2		22	14	8	5	28
1	5	15	13	16		3	15	10	8	27		28	7	17	16	14		9	24	17	21	13
27	19	17	7	18		9	5	22	4	6		22	26	30	18	10		1	3	27	15	6

TABLE 4—INTEGERS 1–30
Each block is a permutation

10	9	6	1	7	2	15	6	23	1	22	28	4	9	25	21	28	22	2	5
16	18	4	21	2	7	26	30	3	12	18	23	30	8	16	16	23	1	17	11
5	13	25	20	26	27	21	10	22	28	10	21	12	13	20	8	18	19	26	13
28	27	19	17	3	24	13	20	25	18	29	2	6	3	27	9	20	27	6	29
24	8	11	12	23	19	4	11	14	29	11	5	1	24	15	25	30	15	4	7
22	29	14	15	30	16	17	5	9	8	7	19	17	26	14	14	12	3	24	10

7	1	6	3	9	20	16	14	17	27	10	17	1	28	3	20	3	22	17	6
16	21	24	20	22	4	5	15	29	30	23	12	9	8	29	25	13	11	19	4
15	2	19	18	11	22	8	12	10	21	7	20	13	16	25	9	8	18	12	29
13	10	26	12	28	6	28	2	9	26	30	21	11	14	27	28	16	7	10	23
4	8	30	14	25	25	18	13	23	24	4	24	2	15	26	2	21	14	26	15
5	23	17	29	27	19	11	7	3	1	5	19	18	22	6	1	5	27	24	30

23	12	7	5	20	27	2	28	17	26	30	21	2	27	1	6	27	22	14	2
24	16	13	3	22	18	30	24	1	3	7	8	19	20	13	19	25	24	10	1
18	8	25	10	27	20	29	4	9	21	26	28	22	25	14	18	12	8	15	9
17	19	21	6	15	13	12	15	11	10	6	29	9	3	11	7	11	13	26	29
1	4	30	9	11	16	22	8	6	14	15	10	12	17	18	3	16	21	30	20
2	14	26	28	29	23	7	19	5	25	5	16	24	4	23	17	4	28	23	5

5	14	25	24	7	27	18	7	28	16	4	16	26	29	18	1	7	27	22	19
13	27	20	28	16	1	12	17	11	30	3	9	7	10	2	15	26	28	29	18
21	26	10	9	8	19	6	4	22	3	5	8	23	12	11	30	3	17	9	5
23	11	17	19	1	9	24	14	8	15	28	17	15	22	6	13	2	23	8	24
22	15	3	30	2	5	23	13	26	20	19	24	21	27	25	25	16	20	21	4
6	18	12	4	29	2	21	29	10	25	20	13	30	14	1	12	11	10	6	14

3	9	22	18	5	15	27	6	11	1	4	2	13	28	12	24	18	6	28	14
17	1	30	8	21	8	14	17	18	4	27	14	18	22	10	15	16	12	23	27
29	2	25	14	27	24	16	21	29	28	5	21	11	30	1	1	11	4	9	17
12	20	16	10	7	12	7	30	9	23	7	25	3	15	24	20	30	3	13	25
13	24	4	19	23	2	10	13	3	22	9	26	8	6	17	7	19	5	26	2
11	6	15	28	26	20	25	5	26	19	20	29	16	19	23	21	10	22	29	8

20	14	9	11	19	6	16	15	28	19	6	30	1	2	20	2	8	15	13	24
26	30	3	6	17	9	14	23	18	13	11	14	5	26	21	6	29	21	11	27
23	2	8	29	10	24	4	12	27	20	9	24	16	22	7	12	14	18	5	10
12	7	1	24	27	11	3	22	25	17	3	27	10	8	18	20	1	26	7	30
18	28	16	4	15	30	29	2	7	8	15	28	23	25	13	4	19	3	9	25
21	13	5	25	22	10	21	1	5	26	4	19	17	29	12	22	17	16	23	28

26	21	24	15	20	12	11	17	4	30	15	12	8	29	22	2	10	7	22	1
11	13	14	16	22	28	18	25	13	27	21	3	30	14	2	12	28	27	24	11
17	19	10	27	3	26	10	23	6	1	27	24	1	28	9	21	18	23	9	14
4	7	1	30	6	7	29	24	20	5	16	25	7	17	4	25	17	26	8	6
9	28	12	8	5	16	3	2	21	19	19	23	10	5	6	13	30	5	29	19
25	18	29	23	2	9	8	22	14	15	18	26	11	13	20	15	20	4	16	3

TABLE 4—Integers 1-30

Each block is a permutation

15	10	27	25	22	25	23	5	29	27	8	10	19	28	25	7	19	11	17	20
19	13	21	17	26	20	6	18	24	14	20	22	16	24	11	14	1	27	21	24
24	30	18	29	8	13	2	1	16	21	26	7	15	9	18	18	22	28	4	12
1	3	7	11	6	7	9	11	19	28	13	4	6	2	12	6	5	30	25	3
12	28	23	4	14	22	3	30	10	4	21	27	1	14	29	15	8	2	9	16
16	2	9	20	5	8	12	26	17	15	5	23	3	30	17	23	29	10	13	26

18	26	12	7	15	14	3	30	28	13	11	1	7	10	6	5	4	23	7	21
11	30	4	3	28	5	1	17	11	10	13	8	26	2	23	16	6	26	13	28
13	16	8	2	25	27	9	19	25	22	22	24	19	15	12	8	14	2	10	19
20	24	14	27	6	8	26	23	12	7	21	17	27	16	20	3	9	15	30	12
23	10	5	22	29	4	15	20	6	29	25	30	5	29	9	22	24	17	25	1
17	1	19	9	21	24	18	2	16	21	4	14	28	3	18	11	29	20	18	27

24	29	10	3	20	9	12	13	6	23	28	15	10	21	18	30	1	14	5	25
13	2	23	19	26	2	16	18	4	14	29	23	13	26	8	16	29	12	26	6
17	8	6	7	15	7	25	24	19	3	19	27	9	7	16	24	17	13	20	18
1	12	4	21	5	21	22	27	29	5	20	17	6	12	11	22	11	4	19	28
30	14	27	9	18	30	15	17	28	11	4	3	14	2	24	21	7	3	10	8
11	16	28	22	25	20	10	8	26	1	25	5	22	30	1	23	2	15	27	9

6	27	5	13	28	5	2	26	21	17	28	16	30	14	6	10	7	6	9	16
26	3	22	14	7	3	24	25	30	15	19	18	13	22	11	24	14	27	17	28
15	23	20	11	1	7	13	6	22	16	21	7	2	1	27	20	3	13	8	12
8	16	30	29	19	10	8	9	29	18	25	9	12	15	23	22	11	18	21	5
17	2	10	21	18	4	11	1	23	20	3	5	17	20	10	4	2	29	25	26
25	9	24	4	12	19	12	14	28	27	24	8	26	4	29	15	30	23	1	19

8	2	4	19	11	28	23	7	1	12	10	27	12	8	26	15	20	19	4	17
3	13	15	22	7	19	18	16	2	8	3	15	2	7	28	9	3	28	8	30
17	12	30	10	18	24	3	15	27	14	11	16	21	17	9	21	24	6	22	27
23	14	25	20	26	10	4	21	29	9	24	13	20	19	18	23	29	18	10	25
9	6	24	28	5	22	17	11	6	25	30	23	5	22	1	5	7	12	2	11
27	21	29	1	16	5	13	20	26	30	25	4	29	6	14	13	16	14	1	26

28	7	1	23	12	25	22	21	10	23	10	16	4	2	15	22	29	27	2	15
15	13	9	10	6	4	8	9	7	3	18	30	7	21	14	20	9	5	16	1
25	29	22	11	4	16	6	24	11	26	28	27	23	20	22	13	25	7	11	4
2	30	18	16	27	17	28	2	12	1	8	19	1	5	13	3	8	26	17	18
3	19	24	17	14	29	14	18	5	20	25	11	12	6	9	30	10	28	23	24
26	8	20	21	5	30	13	15	27	19	29	24	3	17	26	19	21	12	6	14

4	14	1	2	18	5	19	15	26	11	21	7	11	12	16	6	21	26	19	28
20	6	7	3	26	21	12	24	4	17	28	8	4	30	19	25	22	9	27	30
15	9	24	13	5	27	18	7	13	14	22	10	29	13	25	4	16	7	13	15
27	30	21	23	17	2	28	23	1	3	3	9	2	26	23	24	5	11	10	12
28	19	29	16	11	8	6	9	16	25	17	20	24	27	6	14	29	17	18	8
12	8	22	10	25	29	20	10	22	30	18	14	1	5	15	2	3	23	1	20

TABLE 4—Integers 1–30

Each block is a permutation

4	1	26	28	25	4	5	23	9	30	11	30	14	21	23	7	9	13	28	3
9	16	3	24	15	17	25	20	22	14	19	17	1	15	6	23	19	2	6	14
22	11	23	14	19	16	1	10	26	24	16	3	12	9	8	25	24	12	5	15
27	6	5	2	7	7	11	2	15	3	20	29	27	26	13	18	29	17	11	4
18	12	8	21	13	27	12	21	29	18	28	2	18	5	7	22	16	8	20	21
20	17	29	30	10	19	13	6	8	28	25	4	24	10	22	26	27	30	10	1

26	2	17	9	29	28	12	13	5	20	25	29	19	20	7	23	17	30	7	3
28	20	12	22	4	3	1	25	10	30	26	16	2	11	17	6	13	15	10	21
14	8	24	7	23	7	18	8	16	23	27	23	22	12	24	19	25	1	12	27
6	13	10	11	21	11	15	4	29	21	4	18	9	14	5	8	18	5	20	26
18	19	27	5	1	22	27	9	6	17	10	15	13	6	30	24	9	2	4	14
25	30	15	3	16	14	2	19	26	24	3	21	8	1	28	11	28	29	22	16

23	18	20	19	9	7	21	28	22	18	16	6	25	15	26	8	25	20	13	30
2	28	24	25	4	3	16	14	24	9	4	29	18	30	12	29	18	28	5	3
22	7	1	5	21	27	8	10	12	26	28	13	3	20	21	1	19	16	17	15
12	8	30	10	14	23	15	5	4	29	22	17	23	7	1	6	11	21	27	14
3	26	17	11	29	1	20	6	25	30	11	2	14	27	10	12	10	9	23	4
6	16	13	27	15	19	11	17	13	2	8	24	5	19	9	2	26	24	7	22

19	11	9	5	18	12	29	28	11	24	1	9	21	11	30	26	3	21	19	12
1	16	15	25	3	26	25	22	9	2	19	24	13	8	4	2	6	8	15	9
28	13	26	21	24	27	16	1	10	13	14	15	22	20	28	25	20	23	4	11
10	6	23	2	4	8	7	19	3	30	2	27	16	23	18	27	28	7	1	17
20	22	30	12	29	23	6	20	14	5	10	5	6	3	7	14	29	30	5	24
14	7	27	17	8	17	21	4	15	18	17	29	12	26	25	16	13	22	10	18

18	10	24	17	13	25	8	9	2	7	18	10	9	8	16	6	16	30	7	13
7	22	21	16	3	23	28	11	12	4	30	11	28	19	27	10	8	17	27	26
1	8	20	27	4	18	3	19	22	30	5	7	6	24	26	15	11	24	22	18
29	9	28	19	5	29	5	1	14	17	22	20	29	17	14	12	23	20	29	3
12	30	25	26	15	27	20	24	26	15	23	4	21	25	12	5	28	21	2	1
6	23	11	2	14	21	6	10	13	16	1	3	13	2	15	14	9	19	4	25

18	24	5	26	8	7	10	23	8	9	20	15	29	16	13	9	14	3	20	17
4	23	10	20	11	17	25	20	24	11	6	18	26	17	3	8	27	5	28	15
19	6	9	13	22	27	22	1	19	3	5	23	30	19	7	25	4	19	30	1
25	30	28	2	16	29	15	13	14	28	21	24	28	25	10	6	7	10	16	22
1	14	12	17	15	18	4	21	26	2	27	4	12	11	22	29	13	11	18	23
3	29	21	27	7	16	6	12	30	5	2	1	14	8	9	24	2	26	12	21

30	3	9	26	24	16	12	22	25	18	14	10	13	24	15	25	16	2	26	24
20	4	5	1	21	1	19	17	4	15	6	23	7	17	5	11	27	23	9	28
7	27	16	11	23	23	6	11	28	2	2	19	18	8	1	15	4	8	5	18
19	14	29	2	22	13	26	30	8	5	20	27	11	3	26	1	29	10	12	22
17	18	13	6	12	20	14	10	24	27	28	16	4	12	21	7	30	3	6	17
10	28	15	25	8	3	21	9	29	7	29	25	9	30	22	20	21	19	14	13

TABLE 4—INTEGERS 1-30

Each block is a permutation

```
28 20  2  1  7    17 19 20  7  2     6 13 16  4 29    28 25 22 27  6
27  5 15 26 19    25  8 11  1 28     2 14 10 11 19     9  3 29  7 14
 3 18 17 11 24    15 10 30 26 22    23 20 30 26 15    24  8 12 30 26
 4  6  9 29 16    16  6 12 18 24     7 27 24 25 21    20 21 13  1 10
21 25  8 12 10    21  9 27 29 13     1  9  8 12 28     2  5  4 18 19
22 23 13 30 14     4  3 23 14  5    17  5  3 18 22    15 23 17 16 11


20  9 14 26 17    12 13 19  9  2     7  8 16 28  6     2 20 17 22 12
 8 11 25 22 16    25 22 10 15 28    26 18 24 20 17     7 18 28 11 16
30  7 29  4 12    24 23 14 21  6    29  5  2  9 25    29 23 24 27  4
28  6  5  1 27     4 18  5 26  3    21 12 19 27  3     8  9 13  5 10
10  3 13 15 23     7 11 16 29 30    10 22  4  1 11    15  1 25 19 14
18  2 21 19 24     8 27 20 17  1    14 13 23 15 30     6 21 26 30  3


30 28 23 10  8    16 27 15 26 19     2 12 16  6  8    29 30 10 11 22
27 21 24 13  1     2 10 23 30  8    22 11 29 15 28    26 13 28  6 27
 9 15 14 19 16     9  7 25 22 13    19 25  9 30 20    14  2 24 12 23
 4 29 11 18 20     4 11  1 28 18    24  4 14 13 21     7 15 21 25  5
 7  2 25  6 17    21 24  6  5 17    18 17  7  5 23     1 17  3  9 16
 3 22 26  5 12     3 20 14 12 29    27 10  1 26  3     8  4 19 20 18


 8  3 22  2 23    14  7  2 17  6    28 18 29  7 21    18  8 30 22 26
11 14 25 15 30     5 21  9 23  3     9 27  3 10 26     9 21  1  3 14
20  7 29 26 16    22 24 15  4 30    12 25 19 22 24    19 15 25 17 10
18  4 19  5 17     8 16 19  1 26    30  2 14  6  1    13  7 29 11 16
 6 21 10 24 13    13 20 11 18 28    16 15 20 11  5    28  2  4 27  6
28  9  1 12 27    29 25 12 10 27     4 13 17  8 23    24  5 23 20 12


27 25  3 11  9    29  8 18 11  2    28 13 10 22 12    14 20 23 11 29
22  8  7 29 16     6  7 12 22  1    19 11  3 23 30     9 13  7 21  8
21  2 13 18 19     3 10 28 25 20    17  5 15  4 14     5 10  3 25  2
10  4 12 17 26    21 16 23 24 19     2 29 26  1  8    18 15 19  6 26
 5  6 24 28 15    30 27 15 17 26    25 24 21  6  9    17 30 28 16 27
14  1 20 30 23    14  5  9 13  4    18 20  7 16 27     1 22  4 24 12


16 27  7 19 18     7 18 28 14 12     2  7  8 12 29    18  5 12 10 15
 9  4  8 23 10    13 23 21  6 30    27 11 20  6 13     1 17  7 16  2
14  2  5 25 11    20 15 22  5 26    10 30 15 26  5     3 20 19 14  8
17 28  1 12 13    25  4 10 16 24     9 17 22 23 21    26 25 27 21 11
22 21 30 20  3    17 27  3 29  8    18  3 25 14  1    13  4 29  9 24
26 29 24 15  6    19  2 11  1  9     4 16 28 19 24     6 30 23 28 22


29  9 22  7  4    18 20  4 21 13    26  2 27  9 18     3 12  8 30 27
21 10  8 18 11     5 23 27 26  9    29 20 13  5 19    21 10 18 20 19
19 13  1 16 30    25 29 17  8 22    30  4 25 12  3     6 24  1 23 15
 5 14 27 24 26    28 15  6 30  1     7  1 16  6 14    28 22 16  5  4
23 17  3 12  6    11 12 19 14 24    23 28 22  8 21    29  2 11  9 13
15 20 25  2 28     7 16  2  3 10    15 11 17 24 10    14 26 25  7 17
```

64

TABLE 4—Integers 1-30

Each block is a permutation

9	6	2	1	30		22	29	11	16	18		9	14	30	1	5		28	20	22	21	11
10	22	27	21	4		25	19	17	1	20		10	12	13	3	20		18	7	8	26	25
26	29	25	19	13		6	10	27	15	7		4	6	29	2	23		23	15	10	16	4
8	20	7	15	12		28	23	2	14	8		21	8	26	19	24		30	5	14	6	27
14	17	3	16	11		30	5	3	24	12		16	17	11	15	27		12	3	17	2	9
24	23	5	18	28		9	21	4	26	13		28	18	7	25	22		1	24	19	13	29

14	25	7	19	29		27	25	8	5	29		2	29	9	16	22		28	26	9	19	29
4	12	16	2	21		1	22	3	10	2		27	8	20	7	12		5	17	20	3	8
18	3	20	27	8		4	15	18	24	14		13	4	14	17	10		30	18	27	12	11
17	23	28	1	5		6	7	11	17	19		11	30	6	18	24		15	21	6	16	10
10	26	9	6	11		12	21	9	20	13		25	15	3	19	5		25	23	4	2	1
30	22	13	24	15		30	16	26	23	28		1	21	26	28	23		13	14	24	7	22

20	10	5	11	6		20	25	2	15	14		24	26	11	18	29		10	6	18	9	30
26	8	4	1	22		1	30	19	11	29		23	21	4	5	2		21	22	3	26	14
15	12	30	28	7		22	26	27	6	3		15	16	14	25	3		24	1	28	29	13
27	19	13	18	29		18	12	8	9	5		20	13	6	10	8		8	27	16	23	17
25	21	24	2	17		21	28	23	16	17		9	28	19	30	7		7	20	11	19	5
23	16	14	3	9		4	24	10	13	7		27	17	12	22	1		25	15	4	2	12

16	23	18	3	7		14	21	20	10	3		2	27	3	23	16		14	8	4	26	17
11	12	29	10	22		22	24	11	27	19		20	12	4	13	5		30	3	25	11	15
20	2	27	1	6		18	5	17	16	1		29	17	21	25	15		28	24	6	16	29
14	21	13	15	26		2	26	25	9	29		7	6	26	8	22		1	22	18	5	13
28	17	9	8	19		8	28	4	15	30		19	30	18	9	1		23	9	7	2	19
30	4	5	25	24		6	7	13	23	12		28	10	11	24	14		27	20	12	10	21

30	8	22	23	2		5	26	29	13	6		7	25	1	10	18		24	11	19	15	8
15	4	26	25	29		20	1	3	9	4		27	28	8	16	15		17	16	22	21	23
20	16	1	14	27		21	14	15	8	22		24	4	2	5	30		7	10	1	27	14
21	24	12	10	9		27	2	16	10	17		20	29	17	23	14		25	13	2	3	5
17	3	5	28	7		24	19	23	7	11		26	21	13	19	12		18	29	28	4	20
18	19	11	6	13		12	25	28	18	30		22	3	6	11	9		6	12	26	30	9

7	2	10	4	16		29	19	22	4	28		8	28	23	17	3		23	18	21	6	20
27	28	15	26	29		8	26	9	21	18		13	7	19	2	5		8	30	14	16	29
5	1	25	12	18		30	17	11	23	6		30	25	10	14	20		9	27	13	5	11
6	24	13	21	9		16	3	15	5	13		27	18	6	16	24		4	24	22	17	12
11	19	20	22	8		27	1	12	14	24		15	29	26	9	4		1	2	19	10	3
17	30	23	14	3		7	2	25	10	20		22	21	12	1	11		7	28	26	25	15

4	26	30	25	22		10	9	5	3	24		9	10	23	7	4		11	6	27	23	3
29	9	23	14	2		11	13	12	22	7		21	18	22	6	24		7	20	2	18	22
20	12	15	21	5		1	4	27	26	6		8	11	29	12	15		21	1	19	15	24
1	28	18	10	6		17	30	14	28	19		3	5	26	16	28		8	12	4	13	14
16	8	27	13	7		29	15	18	8	20		19	27	1	20	30		25	5	29	28	17
3	17	24	19	11		21	25	16	23	2		2	25	17	13	14		16	9	10	30	26

TABLE 4—INTEGERS 1–30

Each block is a permutation

15	10	25	14	24	30	10	8	27	19	7	29	8	26	19	14	25	19	9	17
11	2	23	8	5	23	15	3	13	26	24	16	23	12	11	3	16	13	23	11
18	3	1	4	16	7	6	18	4	2	6	1	9	14	5	18	1	27	30	10
22	7	26	29	12	12	16	22	24	5	30	13	28	10	20	12	26	24	20	8
20	21	6	13	30	20	11	9	21	28	21	15	2	25	27	6	21	5	22	2
17	27	28	9	19	1	29	14	17	25	3	22	17	4	18	15	28	7	29	4

17	13	3	14	8	4	27	7	24	3	16	9	13	30	3	4	12	29	3	25
9	23	15	12	21	13	22	19	12	16	20	11	29	6	22	15	16	28	7	13
2	26	1	10	20	15	9	14	8	23	18	19	15	17	2	9	24	30	17	26
4	30	19	28	27	11	28	21	25	20	5	25	12	21	8	5	22	10	23	18
11	16	25	5	6	29	26	6	1	30	27	7	28	23	1	14	8	11	2	27
7	18	29	22	24	2	5	18	17	10	24	10	26	14	4	21	1	20	19	6

30	7	26	2	20	6	24	8	9	22	8	3	10	25	20	20	2	8	23	28
4	3	14	12	18	1	11	13	19	16	17	13	21	30	12	7	30	18	17	22
25	11	15	19	16	7	17	27	3	30	7	9	28	26	24	5	14	19	6	9
22	1	10	23	5	21	4	15	25	23	11	15	16	6	27	15	26	24	3	1
24	9	29	8	27	12	26	29	14	10	4	19	2	5	22	16	21	4	13	29
17	21	13	6	28	5	2	20	28	18	23	18	29	1	14	27	25	12	11	10

15	28	7	22	6	22	5	7	26	27	20	1	14	23	5	15	7	3	22	23
20	4	19	3	30	6	12	9	8	18	8	30	2	7	18	26	25	11	27	19
29	2	11	26	13	10	30	1	29	25	21	29	16	28	6	4	2	8	14	20
1	17	18	24	9	24	2	23	13	4	9	13	10	17	26	18	12	16	28	30
8	21	12	25	27	14	17	19	15	21	25	3	15	11	27	9	13	21	17	1
14	10	23	5	16	11	28	3	16	20	24	4	19	12	22	29	10	5	6	24

2	15	20	4	25	19	29	16	12	20	5	12	9	28	13	6	26	22	19	1
22	5	23	11	8	18	7	24	13	26	21	17	3	29	20	24	30	23	2	11
21	28	9	26	1	9	22	17	15	8	4	23	6	25	30	9	21	4	16	25
30	13	14	19	10	6	5	30	4	10	14	24	11	7	26	3	29	14	18	17
24	17	7	27	16	11	27	3	23	25	19	16	10	2	22	12	13	5	15	27
18	12	6	29	3	2	14	1	21	28	8	1	15	18	27	7	10	8	28	20

15	9	3	24	20	22	13	26	28	30	6	11	26	8	2	30	16	20	1	25
26	17	29	16	21	15	19	9	10	23	4	28	1	19	23	10	24	2	9	29
12	5	4	13	30	2	6	29	5	11	16	24	27	25	5	4	22	18	11	3
6	23	18	11	28	4	25	14	12	24	20	18	17	21	13	26	27	7	5	19
10	1	25	22	7	27	21	3	1	18	9	29	3	15	12	15	12	21	8	14
2	8	27	19	14	20	16	8	17	7	7	14	10	30	22	23	17	6	13	28

15	24	3	16	7	10	17	25	7	26	7	16	6	17	4	14	17	29	19	5
20	1	21	11	12	27	2	18	20	15	10	3	1	23	12	3	2	11	27	16
13	29	14	17	22	5	6	28	22	23	24	20	19	13	2	25	10	9	28	4
18	28	26	5	27	16	11	14	8	30	22	25	11	27	29	15	7	21	30	24
25	8	2	9	30	9	12	19	29	13	15	8	21	28	9	23	8	26	22	18
19	6	23	4	10	24	4	21	1	3	18	14	5	30	26	6	12	1	13	20

TABLE 4—INTEGERS 1-30

Each block is a permutation

1	22	23	9	7	19	28	7	27	10	25	5	14	27	10	3	29	23	12	26
2	27	30	14	10	13	21	16	22	5	15	2	28	4	1	1	10	2	9	19
16	13	5	11	17	15	4	26	2	14	3	18	6	29	16	18	4	15	6	8
24	25	4	15	29	24	3	20	17	12	9	13	12	24	11	14	13	22	21	5
6	28	20	8	19	8	11	1	18	9	22	26	23	20	8	24	30	17	16	28
18	21	3	26	12	25	30	23	6	29	7	21	17	19	30	7	11	25	20	27
30	5	10	1	28	18	27	24	1	20	20	15	13	26	27	23	6	30	25	18
16	21	14	7	18	4	13	3	29	17	25	6	16	4	2	8	21	22	15	11
2	17	19	25	15	28	21	2	23	19	21	5	29	23	7	5	4	16	29	27
4	9	13	11	12	25	30	15	6	14	14	30	12	11	1	7	13	20	9	24
27	24	22	23	3	26	12	10	8	9	22	24	10	18	8	3	10	1	2	19
26	29	8	6	20	16	22	11	7	5	9	17	28	19	3	17	26	14	12	28
19	13	20	2	26	5	30	17	6	15	24	7	14	6	15	22	1	30	27	25
25	14	16	29	1	28	9	25	18	8	2	20	22	11	8	24	28	10	15	7
24	7	3	8	17	14	13	21	20	22	17	25	9	3	1	5	11	20	3	14
30	27	12	23	6	19	29	3	4	26	12	18	27	21	10	26	12	29	17	16
18	21	11	9	10	27	2	1	12	10	5	28	16	19	23	19	8	4	23	2
5	15	22	28	4	7	11	16	24	23	26	4	29	13	30	6	13	18	21	9
26	30	24	6	7	22	14	21	13	11	22	6	11	23	5	30	25	2	28	8
17	27	5	16	20	29	5	26	27	2	9	20	16	8	1	24	16	23	27	10
2	9	22	15	18	20	30	23	9	7	10	19	2	28	26	4	5	15	18	14
10	28	23	11	1	19	17	15	10	25	29	21	12	3	17	11	20	7	12	29
14	29	19	12	8	8	3	4	24	28	13	7	18	25	14	19	6	3	21	9
25	4	21	3	13	18	12	16	6	1	15	30	4	27	24	13	1	22	26	17
15	1	12	13	6	9	27	7	17	29	28	12	9	5	17	3	29	28	25	27
7	30	24	19	18	25	11	5	22	4	25	24	26	29	13	9	11	21	5	24
3	2	9	14	25	28	20	15	24	6	7	10	15	27	20	13	19	20	17	18
10	29	26	4	5	10	1	18	19	13	1	8	2	14	19	30	8	6	14	16
21	22	8	23	17	2	14	12	3	26	3	21	11	18	16	7	4	23	10	2
11	20	27	28	16	30	8	21	23	16	23	22	4	6	30	15	22	12	1	26
16	18	3	20	25	22	8	21	15	6	4	3	27	26	25	3	11	30	6	25
22	8	23	13	30	26	2	13	9	16	16	20	1	7	10	5	14	1	24	17
1	26	7	6	2	7	28	30	4	3	13	15	11	8	23	29	20	18	23	28
24	11	19	28	21	24	23	17	14	25	17	6	14	30	29	2	4	7	15	13
12	5	17	29	15	19	20	10	27	1	22	2	18	12	19	9	27	21	22	8
10	4	9	27	14	12	29	11	18	5	24	5	9	21	28	10	12	16	26	19
10	21	1	11	29	1	22	3	20	30	27	17	9	16	4	18	1	17	10	7
3	6	2	17	24	24	19	15	7	10	21	24	26	25	23	23	4	12	27	2
4	9	26	16	14	12	18	25	21	14	15	3	7	18	28	26	14	28	24	30
28	12	8	13	5	11	16	13	8	2	13	14	12	6	5	15	8	11	3	22
30	19	20	15	7	17	28	4	5	9	30	2	11	22	20	6	16	25	19	5
22	23	18	27	25	29	23	6	27	26	10	29	8	1	19	9	29	20	21	13

TABLE 5—INTEGERS 1–50
Each block is a permutation

```
 8 27  4  2 26 48 38 46  9 39      40 41 11 16 17 23 22 24 35 15
 3 34 23 21  6 50 37 40 16 19      21 49 38 31  8 43 33  6 10 34
 5 12 15  7 32 49 30 42 11 31      47 44  9  2 29 12  3 37 25 42
13 25 18 43 28 22 29 41  1 35      39 36 45 48 27  4 30 20  7 13
10 14 44 20 36 47 17 45 33 24      19 46  1 14 32 50  5 26 18 28


24  2 31 19 46 17 37 13 28 33      24 22 10  7 44 14 46 35 17 37
16 41  3 43  1  7 18 30 39 27      15 19 20 16 23 29 13 31 36 42
36 11 10  8 44 26 12 23 47 34      39 18  3 50  1 30 48 45  2 11
21 49 50 38 25  4  5 32  9 40       4  8 49 26 41 28 40 47  5 32
15 20  6 45 22 29 14 42 35 48      27 12 43 25  9 33  6 38 21 34


22 15 31 12  5 24 14 29 45 30       4  3 24 37  1 12 26 49 17 45
39 44 43 41 16  8 21 35 49 37      20 42  9 48 18 27 39 44 32 11
40 18 28 47 11 33 36 20 42 26      25 13 30 46  6 50 22 36 28 21
 9 38  7 17 46 25 23  2  4 19      29 23 41  8  2 35  7 19 33 15
48 13 50 34  6 10 32 27  3  1       5 47 31 16 43 34 40 14 38 10


 7 30 42 35 13 12 27 24 39 45      44 49 36 10  7 15 14 24 22 13
18 31 10 38 16 49 44  4 43 41      39 29 17 12 46 40 45  9 32 47
36 14  5 19  1 50 40  9 23 33      20 35 11 23 41 31 18 33  5 34
 8  2 11 17  3 21 25 48 46 37       6  3  4 27 28 16  1 38 19 43
15 28 22 32 20 34  6 29 26 47      21 30 26 42 50 48  2  8 25 37


13 27 14 38 40  3 37  5 49 42      48 46 16 24 19  1 10  3 13 35
18 41 30 34 25 44 26 43 16 17       7 22  5 11 30 17 23 42  8 18
39 11 10  6  1  9 29 32 31 45      21 33 45  2 29 27 12 28 15  6
24 36 20 22 48 21 35 15 12 33      20 44 31 43 50 36  9 49 40 37
 7 23 47  2 19  8 46  4 28 50       4 32 38 34 39 25 47 26 41 14


45 44 49 12 24 19  2 13 37 16      47 16 23  6 46 20 26 37  1 33
18 31 35 22 23 41  9 34  6 11      28  5 21 15 48 27 49 32 17 45
48 47 25  7 42 20 10 14 29 33      40 34 29  7 39  3 36 19 41  8
21 26 46  8 39 43  5 15 17  1      10 50 31 25 44 12 22 14 35 30
30 27 40 36 32  3  4 38 28 50      24  9 13  4 42 43  2 11 18 38


29 31 47 19 41  3 11 38 13 46      27 20 33 12 21 16 42 34 10 46
17  2 21 37 26 33 50  9 20 15      24 44 49 15 43 17 26 41 13 14
22 30 23 28 49 14 10 16 48 12      36 18 22 19 32 28 31 11  2 40
34  5 45  6  8 43  7 40 18 39       9 38 23  1 45 35 50 30  8 29
25 27 24 35 42 32 44  1  4 36      37  7  3  4 48 39  5 47 25  6


37 38 21 30 17 26  2 11  6 22      47 36 41 13  1  7 39 14 43 16
 3 19 47 44 18 35  5 40 23 49      49 26  3 19 29 11 22 37 38  4
31 29 32 41 33 45 43 34 39 10      20 10 48 50  8 28 35 21 31 27
42 28 36 25 24  1 12  7  9 13       9 46 33  5 15 18 32 30  6 17
15 27 48 20  4 50 46 14 16  8      34 24 42 44 23 45 25 12  2 40
```

TABLE 5—INTEGERS 1–50

Each block is a permutation

```
 5 47 45 48 11 42  3 43 40 39     2  3 42 36 37 24 48 16 38 15
 9 41 32 50 20 36 31 23 44 13     4  6 50  5  9 29 27 12  8 20
 6 29 46 49  8  2 37 12  7 24     1 13 34 39 49 43 40 31 28 33
25 33 16 18 38 15 35 26  1 22    17 46 19 26 44 10 14 25 22 18
19 34  4 30 28 14 10 21 27 17    23 35 41 32 45 30 11 47  7 21

39 26 47 29 37 43 46  2 18 23    10  9 42 23 17 11 35 33 30 38
45  3 42 22 25 34 12 19 11 41    14 13  3 37 40 50 31  8  4 36
27  4  7 49 17 13 30 10  9 44    16 39 34 24  6 21 12 41 20 19
33  6 24 14 35  1 32 48  8 16    15 27 28 22  1  5  7 45 48 25
28 15 36 21 20 50 38 31 40  5    47 29 18 26 32 43  2 49 46 44

50  8 35  2  7  9 13 22 46 44    28 48 46  5  6 45 41 18 33 31
49 32 24 16 43 48 20  3 10 33    44 20 47 50 36 32 34 15 10 38
36 30 31 42 12 27  5 29 37 17    21 14 23 26  9 43  8 42 12 22
11  6 47 26 39 19 25 14 34 18    24 37  7 11  4 27 16 30  1  2
28 41 15 23 38 45  1  4 21 40    17 13 40  3 25 35 19 29 49 39

 5 14 13 22 44 11 39 15 25 36    30 15 48 34 14 23 33 13 27 39
45 30 28 35  7 20  4 41  6 50     7  9  1 43 28 16 38 31  8 41
 2 33 42 43 26  3 29 40 19 46    35 50 44 21 40 19 47  3 32 10
12 38 47 16 18 27 31 24 32 17    49 42 25 37 22 17 11  2  5 20
10 23  1 21  9 48 37 49 34  8    46 24 26 45 36  6 29 12  4 18

15 36 26 23  8 38 46 27  7 44    24 14 39  1 41 32 26 48 44 35
13 17 31 20 12  9 18 32 49 47    16 28 43 12 21  9  3  5 38  8
24 22 25  1 40 30 41 48 34 42    11 34 50 25 23 19 15 42 40 37
19 35  3 29  2  4 45 28 16 14    45 46 49  7  2 47  4 10 30 29
10 33 43 50  5 37 39 11  6 21    33  6 20 36 31 17 13 27 18 22

32 26  2  3  5  9 27 39 25 35    47 13 46  6  8 18 44 20 39 23
29  1 17 41 42 22 21 30 31  4    29 32 36 41 30 19 43 17  1 35
40  7 28 37 34 19 12 48 43 33    37 27  5 22 38 24  7 49 40 11
47 15 46 23 13 44 38 10 36 20    31  2 26  3 12 33 45 28 14 21
50 16 14 24 49 45 18  8 11  6    50 25  4 15 42  9 34 48 10 16

28 19 36 43  4 29 22  8 17  6    34 50 20 10 32  5 17  1  8 18
40 31 26 42 46  3 23  7 33 37     6 35 24 41 37 28 25 12 16 11
34 45 39 47 38 32 20 16  5 12    40 49 23 38 39 22 26 15  3 46
25 24 14 50 35 13 30 18 49 44    19 44 33 21 43 13  4 36 47 14
 9 21 15 11 27 10 41 48  1  2    48 42 31 30  2  9  7 27 29 45

22 18 30 10 33 37 11 34 29  2     1 39  6 46  4  9 49 40 36 21
43  5 47 36 41 42 14 44  7 32    28  3 27 29  5 20  7 31  8 13
48 31 35 26 38  1 15 17  3  4    48 30 33 44 24 32 12 14  2 25
21 24  8 19 16 49 50 45 40 13    50 47 43 38 11 19 34 37 18 23
28  6 27 23 20 12 46  9 39 25    16 41 42 22 10 26 45 15 35 17
```

69

TABLE 5—INTEGERS 1–50
Each block is a permutation

```
50 26  1 11 34  6 37 13 21 30    42 10  9 50  5 49 25 41 18 28
 9  5  4 28  8 16 18 43 49 20     2 32 30 37 45 27 40 35  4 12
39 47 44 15 17 33 36 32 27  2    22 29 47 48 21 14 33 43 17 39
48  7 40 12 25 19 22  3 35 41    34 44 23 31 46 36 26  3 19  1
14 29 31 23 10 42 46 38 24 45    16 20 24 38  6 11  8 13  7 15

11 22 44 26  8 30 40 50 19 38    34  4 17 38 42  1  7 50 39 13
29 16 21 31 23  3  2 18 17 45    33  3 23 19 11  9 47  2 15 25
24 34 13 33 36 37  9 39 14 12    43 35 12 24 31 27 22 41 16 40
35 28 47  6  7  4 43 10 25 42    49 44 21  8 28 48 37 14 30 29
20 46 32  5 49 27 41 15 48  1     5 10 36  6 45 26 32 18 20 46

35 17 30 31 22  8  9 46 49 27    41  1 31 22  2 23 27 17 40 30
38  5 15 32 42 40 36 26  4 16     4  8 26 32 20 45 35 49 25 37
43 28 21  2 25 50 33 14 12 48    43 15 48 39 13  7  6  5 24 42
23  6 41  3 34 20 10  7 44 24    34 14  3 46 28 44 50 11 38 12
11 29 45 18 47 19  1 13 39 37    21 29 47 19  9 36 10 33 18 16

15 41 48 43 14 46 22 13 31 39    33 14 28 48 25 43 34 40  8 35
44  2 23 11 45 42 20 25 36  9     4 24 19  5 13 38  2 39  3 50
32 40  3 16  4 38 30 28  1 29    49 15 11 12 21  7 44 31 18 36
12 17 35 18 26 33 21  7 50 10    41 45 46 47 16  9  6 10 32 22
47 49 37  8 27 24 34  5  6 19    37 29 30 26 20 23 42 17 27  1

37 48 43 12 17 23 25  7 42 46    24 47 25 17  1  2 50 26 10 49
 5 33 11 39 19 32 47 18 21 10    29 36 33 20 39 23 42 31 43 18
14 36 34 49 20  3  9 24  1 26    15 28 12 35  9 40 14  4 13 48
50 15  2  4 16  8 29 40 13 30     6 32 37 44  3 41 22 19 34 11
22 38 31 41 45 44 35  6 28 27     5 30 38 16 46 21 27 45  7  8

 2  8 33 21  4  6 43 46 12 29    44 27 42 21 29 41  8 14 11 33
14  5 24 42  9 32 16 39 17 20    20  3 18 13  4 39  7 37 28 22
47 27 37 22 44 28 34 30 11 40    31 25 10 12 46 19 45  6 16 32
13 18 41 19 38 50  7 45 36 35    50 15 23  9 24 17 47 36 26 43
48 25  3 31 49 26 15 10 23  1     5 34  2 38 48 30 35  1 49 40

 1 10 35 24 26 13 49  6 36 18    39  3 43 48 25 11 14 30  1 20
 8 12 40  4 50 42 28 14 27 33    32  6 41 19 22 16 37 36  4 18
47 34 22 38  5 16 17 39 19  7    44 21 50 23 46 49  9 26 38 35
25 11 48 32 30  2 21 23  9  3    15 27  7 34 24 17 42  2 29 45
44 31 46 37 41 45 43 29 20 15    10 31 47  8 28 40 13  5 12 33

 5 47 18 17 33 20 25 38 36 30    33 14 49 21 36  6  1 15 42  8
 1  2  3 27 37 48 28 16  9 31    34 28 31 46 19 10 12  2 43 50
10 29 34 21  8  4  6 35 46 12    39 40 32 16 17 38 20  9 11  5
15 45 23 39 40 49 43 26 14 13    27 18 41 24 26 30  4 47 45 37
22 41  7 11 44 24 50 32 19 42    35  3  7 22 44 25 13 29 48 23
```

TABLE 5—INTEGERS 1–50
Each block is a permutation

```
 9 24  1 15 16  2 20 49 13 26     18 22 42  4 37  3 38 45 13 33
38 18 45 31 39 14  4 44 41 23     40 32 35 44 24 10  5 49 43  6
 8 34 43 29 12  3 40 46  6 19     30 12 28 47 21  7 29 50 48 34
47 11 48  7 21 22 10 30 27 28     23  8 41 15  9 27  1 31 46  2
17 33 42 25 35 32 37  5 50 36     39 14 36 19 16 26 20 17 11 25


 1 21 43 41 24 27 42 46 33 13     50 40 36 48  5 30 38 44 31 10
45 23 47  3 11  8 50 28 40 16     26 12 17 16 13 35 34  7 14 28
34 22 38 15  9 36 29 25 39 35     21 25 33 45 27  6  8 46 22  4
18  5 48 44 10 17 19 20 14 37     37 32 15 49 19 43  9 41 47 23
26 31 49 32  2 12  4  7  6 30      3 11 42  2 39 20 29 24  1 18


 9 25 10 48  3 21 29 30 27 17     36 24 29 16  3  5 26 48 18 12
 2 16 50  5 39  1 37 40 22 47     19 10 22  4 34 35 30 23 39 32
49 26  7 31 35 13 44 15  6  8     38  2 41 50 20 21 42 43 44 45
45 32  4 46 24 18 41 28 11 42     17 15 49 27  1 40 25 31 28 33
36 20 19 23 43 38 12 34 33 14      7 37 14 46  6 11  9 47  8 13


12 43 35  9 47 16 50 14 49 10     10  4 25  1 16 34 27 40 29 46
 2  1 13 11 41 40 25 30 45 42     38  7 11  3  5 31 13  2 24 37
31 17 48 34 27 44 36 46 32 39     18 41  8 19 36 21 14  9 50 42
29  7 15  8 18 21  5 33  6 24      6 23 49 20 44 32 33 12 39 48
20 38 26  4 19 22 28 23  3 37     22 15 30 26 43 45 47 28 35 17


33 11 39 15 17 38 36  3 45 43     28 24 31 25 34 21 17 46 41 44
 4 10 47 34  5 26 42  1 27  8     23 16 13 20 47 37 42 26  8 11
19 23 31 50 25  9  7 30 28 32     30 38 32  3 12  9 35  4 19 10
22 14 35  2 49 20 18 24 16 41      7 36 43  5 29  2 45 18 39  1
12 13 46 29 37 40 44  6 21 48     33 49 15 48 50 27  6 14 40 22


28 46 31 38 48  1 21  5 25 44      3 27 37 19 31  5  4 44 40 14
 8 11 23 13  2 15 47 40 37 16     45 34 42 41 20 39 18 30 25 48
50 17  3 45 19  4  6 10 39  9     11 22  9 38 43 35 10 26 15  8
49 12 43 42 30 24 22 35 36 34     16  7 49 36 28 12 29  6  2 17
18  7 41 20 27 33 29 32 14 26     23 24 21 50  1 13 33 46 32 47


 9 46 11 45 35 44 19 34 38 42     10  7 15  1 13 23 31 32  8  2
48 49 33  5 17 10 37 16 24 30      6 46  5 28  9 27 16 26 19 12
15 13 41 14 20 25  2 23  7 27     11 49 14 36 47 41 42 38 20 43
18  4 36 22 26 47  1 12 43 29     34 30 44 37 29 25 35 40 24 33
50 31 39  3  8  6 21 32 28 40      3 45 22 48 18 39 17 50  4 21


28 12 24  3 47 21 14 41  9  4      2 16 26 43 13 18 41 39 44 12
25 15 26 40  5 45 17  2 38 43     47 30 36  6 49 15 46 37 11  5
11 35 49 42 39  1 29 32 30 48     21 34  1  7 14 40 32 24 48 38
 7 46 20 13 10 34 44 27 23  8     23  3 20 19 42 50 10  9 31 28
33  6 37 50 19 18 31 36 16 22     45 22 17  4 29 35 33 27  8 25
```

71

TABLE 5—Integers 1-50
Each block is a permutation

```
20  2 38 48 28 17 24 44 29  6    31 30 22 32 18 14 11 35  1 47
26 37 14 32 31 22 21 15 41 36    43 27 33  5 19 17 49 38 48 34
19  9  7 49 27 16  5  1  4 42    36  9 13 39 45 20  6 12  4 41
45 35 23 47 30 40 33 46 10 18    23 28 26 15 40  2  7 16 42 24
 3 43  8 13 25 39 50 12 11 34    50 21 46 37 10 44  8  3 25 29

35 11 46 20 13  6 29 12  7  9    46 36 34 17 29 41 28 27 24 45
 1 15 44 47 42 40 31 49 14 43    40  9 23  4 13 18 30 42 49 48
21 18 17 48 39 26 50 16  4 27     7  2  6 14 19 12 11 50 31 33
19 28 24  3 25  2 22 23 33 10    10 16 15  1 25  3 38 37 43 22
30 34 32  8 41  5 36 38 37 45    44 20 26 39  5  8 35 21 47 32

27 13  8 47 30 32 28 48 38  4    13 40 43 31 42 12 39 24 46  1
21 12 34 23  2 25 22 26 24 17    14 49 36 23 15 10  8 22 35  4
20 31 42  9 11 14 35 49 10  5    11 28 32  5 29 25  7 33  2 20
37 33 40 15 16 19  3 46 29 39    44 48 47  3 16 45 17  9 18 21
45  6 44 36 41  7  1 18 43 50    37 27 50 30 26 34 19 41  6 38

 3 40 39 14 32 28 24 50 10 12     8 14 40 28 30 10 35 27 45 42
41 20 16 26 17 38 48 25 22 37    19  3 50 32  7 44 26 37  6 24
43 47 27 13 34 19  9  2  1 29    16 23 38  4 13 18  2 29 22 48
45 35 11  4 30 36 49 15 46 23    49 17  1  5 41 39 15 34 21 20
 7 44  6 33  5 31 18 21  8 42    31 33 47 11  9 25 12 43 46 36

12 50 40  3  9 17 30 27 31 32     3  8 11 48 45 21 17 49 18 24
13 33 24 41 18 42  7 37 45 21    35 20 22  4 39 19 15 41 36 47
22 29 15 34  8 49 35  5  6 14     1 42 33 38 10 50 30  9 12 37
16  1 46 20 44 47 48 23 36  2    26  5 34 16 25 31 40 29 13 27
10 43 39 25 19 38  4 28 11 26     6 44 32  2 46 14 28 23  7 43

43 13 32 17 28 27 21 35 47 33    21  1 24 48 15 43 40 10 28 47
 8 45  3 10 11 50 42 14 38 41    19 16 32 31 29  5 34 49 23 14
19 39 25 46 29 44 48 31 22 24     9 11 22 37  6 46 36  2  4 26
 1 26 23 40  7 49  5 37  6  4    39  8 50 12 41 45 38 33 25 42
12 30 34 16 15 36 20 18  9  2    18 13 20  7 44 30 35 17  3 27

18 43 11  5 33 34 39 27  9 42    38 48 47 22 35 28 44 20 24 40
41 12  3  7 44 13  8 36 19  4    32 31 30 37 16 19 25 46 17 41
40 30 26 48 31 15 38 21 46 35     5  3 50  4 43 10  7  6 39 26
29 50 32 14  2 49 10 37 28 47    42 36 34 29 49 27 33  1 13 21
45  6 16 22 24 20 23 17  1 25    11 23  2 14  9 45  8 15 18 12

41 29 12 26 50  9 28 44  1 17    39 38 36 47 15 29 49 28 45  2
19 40 36 22 25  3  2 11 35 33     7 26  9  3 24 48 17 10 32 37
 8 45 46 21 27 23 13 31 48 39    20 11 34 46 31 21  5  6 16 50
 5 14 15 16  7 10 38 34  6 20    19 14 43 40 30 25  4 13 42 12
43 32 30 18  4 42 24 37 47 49    23 22 41 35  8 27 33 18 44  1
```

TABLE 5—Integers 1-50
Each block is a permutation

```
 8 41 39 18 11 31 24 37 50 23    26  2  5 35 41  8 32 11 20  9
43 36 33 21 34 46  5  1 25 45    15 19  3 40 38 48  4 10 45 47
44  2 17 27 10 47  9 12 28  6    36 24 18 43 46 12  7 22 33 28
42  7 49  3 35 15  4 38 19 13    13 37 39  1 50 49 16 17 14 30
40 20 26 22 14 29 32 48 16 30    23 29 31 27 42 25  6 34 21 44


44 19 15 18  5 36 47 13  4  8    28 31 21 20 34  2 47 13 44 49
 3 22 32 14  6 20 24 12  1 31     3 24 10 45 36 12 27 25 29 42
35 33 26 16 39 28 48 29 25 38    48 22 14 15 33  8 35 39 23  9
 7 42 30 43 34 40 45  9 27 17    40  6 43 11 37 18  7 46 16 17
10 41  2 50 37 11 46 49 23 21     5 38  1 19 30  4 32 41 26 50


 1  9 26 17 15 45 41 25 21 19    16  7 19  8 40  9 20 32 13 50
44 35 12 18 50 22 37 23 20 11    41 46 18 34 38 47 35 42  5 44
34 16 36 43  2  6 40 31 10 38    27 23  4 17  3 22 14 26 24 28
13  4 14 28 47  7 49 48 29 32    36 37 25 12 29 49 48 15  2 10
33 27 24  8 39 30  5 42  3 46     1 43 11 33 30 31 21  6 39 45


15 10 16  9 24 44 25 18  5 13     5 20 19 32  1 30 37 36 40 15
36 43 49 17 42 26 12 28 31 23     6 45 39 10 28 33 49  7 31 38
30 39  3  6 32 40  7  4 22 20    17 27 16 18 26 21 34 25 41 47
 8 50  2 35 14 47 48 21 38 34    35  2 22  3 48 46 29 42 12  4
27 37 11 41 45 33  1 19 46 29    23 44  9 13  8 14 43 50 11 24


48 37 39 45 14 40 24 13 34  7    37 20  1 36 29 43 48 45 38 41
 8 43 22 29 10 33  2  6 12 49    34  4 11  8 39  3 40 14 23 28
 4  3  5 38 11 25 50 15 42 36    35  7 33 17 31 44 10  2 30 26
23 41 21  1 19 44 31 27  9 35     6 42 19 18 46 50 21 27 32 12
26 16 30 17 47 20 46 28 32 18    49  9 25 13 16 24  5 15 22 47


28 18 34 15  5  6 46 24  8 26    16 48 24 21  3 25 36 30 23  8
32 19 22 45 17  1 31 38 30 44    28 17 22 18 20 26  4 12 11 29
 7 43  3 37 48 33 21 14 36 40    14  6  5 44 45 27 31 15 41 33
42  2 23 41 13 49  9  4 29 50    34  9  7 38 19  1 32 10 43 39
39 25 10 35 16 12 27 20 47 11    40 35 47 50 37 42 13 49  2 46


40 13 21 16  3 19 47 26 48 42    32 33 28 27  7 39 38  3 16 23
20  2 44 32 18 22 27 11 35 31    11  1 42 46 45 18 19  2 37 43
17 37 24 10 41 36 23 33 49 50    41 31 12 15 13 29 34 17 21 49
14 43  7  5 38 45  4  1 25 34    26 50 35 25 40 47  5 20  9 44
28  6  9 30 12 39 29 46  8 15     8  6 14 10 36 22 48 30 24  4


47 12 19 36 18 38 30 22 43 35    38 24 25 17 20 40 36 18 10 45
26  8 23 21 28  5 34 41 48 32     2 12 32 27 28  1 30 46  9 23
40 11 42  3 44  9 15 50 10 31    35 16 39 33 49 43  8  4 21 14
 4  6  7 17 45 33 25  1 37 39    37 44 19  3 48 15 22 34  6  5
14 29 16 13 49 27 24  2 46 20    13 31 11 42 26 41  7 29 47 50
```

TABLE 5—Integers 1–50

Each block is a permutation

```
20 24  7 45  5 30 40 41  2 33      41 19 37 49 22 30 25  7 32 48
28 18 15  1  4 19 34 42 44 46      40 45 16  1 28 12  3 10 18 43
 9  6 21 10 31 16 13 22  8 43      50 39 11 36 34 15 20 27  9 47
49 36 38 27 17 37 39 50 32 25      13 21 26  2  4 33 42  8 44 35
11 35 14 48 12 47  3 29 26 23       6  5 38 14 29 31 46 23 24 17

41  1 34 46 11 36 31 50  3 20      46 32 33 24 22 37 11 28 30  3
27  7 49 30 21 33 22 13 12 18      21 36 14 39 44  2 31 12 34 42
10  8 35 29 40  5 32 15 45  2      38 25 18 23 43 29 10 27 19 49
14 24  9 17  4 44 19 25 37 28      16  1 15  4 47 35  5 20 41  9
47  6 43 39 16 26 42 38 23 48      50 40  7 48 26 13  6  8 45 17

29 20 35 33 42 38 21 46  6  8      26 46 42  5  7 12 45 27 10 30
17 40  9 22 14 50  3 10 25 37      23 24 18 36  6  3 34 15 37 16
 5 43 15 36 18 34 44 24 31  4      35 13 22 32 49 44 31 20  1 50
27 47 32 19 45 39 13 11  1 48      33 41 14 17 48  2 40 39 19 29
49 12 41  7 28 30 26 16  2 23      43 11  4  8 21 28 25 38 47  9

36 24 10 20 30 33 12 26 18 29      27 48 15 19 22 36  1  4 43 38
 6 46 17  1 43 19 23 44 34  9      29 10  9 18 16 25 17 41 21 32
16 32  5 40 39 11 38 50 42 27      45 23 40 31 12  5 35 50  3  7
37 47 15 35 13 25 48  4 41 45       6 14 30 20 49 24  2 13 26  8
 7 22 21  8 49 28 31  3 14  2      11 33 37 39 28 34 46 42 47 44

22  2 42 50 12 26 49 36 32 19      26 46 17 30 15  3 29 18  4 39
38 33 48 23 13 37 24 39  1  4       6 14 40 24 38 42 43 32  2 44
28 15 46 18 45 16 30 34 17 31       9 49 33  5 16 22 25 50 12 23
 5  9  8 47 11 29 10  3  7 25      37 19 10 45  8  1 41 28 11 35
27 14  6 44 35 40 41 43 20 21      36 34 31 47 21 27 20 13  7 48

17 44  4 19 32 50  3 40 15 45      38 28 36 12 18 39 34 27 17  6
16 20 18 35 37 43 49 21 42 46      14 31  9 47 30 33 45 22  8 42
 2 34  5 22  6 14 33 12 30 36      24 43 23 26 32 46  3  1 50 40
38 25 27 31 10 41 29  1 13 26      41 19  5 48 44 25 29 37 11  7
39 48  8  7 11 24  9 47 23 28      49  2 15 20  4 35 16 13 21 10

21 27 35 31 42 48 43 33 14 19      40 30 21 24  3  5 36 35 18 33
41  9 46 26 24  2 16 37 18 50      41  8 15 22 11 44 47 28  9 27
 3  1 13 15  4 23  8 30 28  7      31 43 13 42  6 39 46 16 23 32
47  6 34 17 22 32 25 29 38 10      29 10 26 12  2 17 49 14 19 50
12 39 40  5 20 11 49 36 45 44      37  4 20 45 25 38 34  1  7 48

21 47 48 26 28  3 32 44  4 45      40 13  3 35 26 15 42 21 44 23
46 29 41 16 50 20 24 27  7  8      37 30  8 12 38 27 36  7 31 22
42 30  6 14 15 13 19 31 49  2      45 24 34  5 49  6 17 46  9  2
34 22 40 38 33 11 18 35 43 17       1 19 14 32 10 11 50 43 48 25
10 39 25  1  9 23 12  5 36 37      28 29 47  4 41 39 18 16 20 33
```

TABLE 5—INTEGERS 1-50

Each block is a permutation

10	48	47	1	18	31	2	8	36	24		15	18	9	40	16	32	3	39	28	25
41	46	35	40	25	3	33	50	12	5		21	23	22	13	20	35	8	19	45	50
15	17	20	45	28	32	16	13	29	30		27	37	36	11	10	42	33	2	41	47
42	49	39	44	7	21	4	19	14	6		24	26	12	7	29	34	17	48	14	44
26	27	34	38	9	23	22	11	37	43		1	5	4	38	46	49	43	30	6	31

25	49	11	10	44	22	21	34	31	28		36	4	14	29	49	42	15	19	22	24
48	14	1	7	15	4	9	37	23	20		48	47	3	38	17	23	16	18	8	13
40	24	38	27	33	32	46	45	43	50		28	11	43	2	26	25	10	35	33	45
30	29	3	42	18	36	8	41	47	39		1	9	6	44	7	34	50	12	40	37
12	17	13	16	5	35	19	2	6	26		39	41	21	31	27	32	46	5	30	20

14	38	33	22	18	24	19	16	2	32		4	38	3	8	20	7	44	46	41	24
37	10	3	28	34	7	31	4	49	12		9	32	31	19	37	27	10	16	23	22
26	5	44	40	23	50	36	29	45	21		43	30	33	26	1	42	35	12	14	48
43	6	8	39	46	9	42	13	35	27		13	40	21	29	39	47	28	2	6	34
47	25	17	11	41	30	48	1	15	20		50	15	25	5	17	18	49	45	36	11

15	45	20	11	6	48	17	42	24	16		50	25	41	14	35	12	49	5	26	23
32	30	19	14	18	21	35	34	10	2		22	42	31	9	47	32	3	48	39	6
27	4	50	47	5	37	33	8	23	12		16	29	46	21	43	4	8	30	36	24
7	9	40	13	46	39	44	26	3	49		15	45	19	7	40	28	33	10	1	37
38	41	22	29	28	25	1	31	43	36		20	34	38	27	17	11	18	44	2	13

14	43	6	46	5	10	23	15	47	20		36	8	12	9	45	27	16	14	18	28
42	17	18	48	1	40	24	50	34	32		32	2	5	10	20	42	29	7	26	43
45	37	36	49	35	28	31	13	21	7		50	1	47	25	30	19	34	3	46	37
26	9	39	38	12	22	16	11	19	30		24	23	33	41	48	13	6	4	40	39
41	29	33	44	27	25	2	8	3	4		21	38	22	44	17	15	31	35	49	11

38	26	21	44	7	31	37	28	6	5		50	32	47	26	3	19	29	22	46	31
19	48	30	34	29	13	45	11	46	3		40	21	5	18	34	12	17	9	41	4
25	20	12	16	22	14	24	40	23	42		13	30	7	16	35	25	14	20	48	8
50	9	41	39	27	18	1	47	32	36		10	45	27	28	33	11	1	15	43	2
15	43	49	10	8	17	35	4	33	2		6	42	39	49	23	37	44	36	38	24

20	15	48	29	24	33	23	12	6	3		18	30	25	3	2	49	48	10	32	35
8	18	40	44	46	2	30	39	4	36		8	42	37	26	29	6	34	43	46	15
37	17	21	34	50	41	22	35	5	32		47	50	5	31	24	16	17	20	9	4
43	38	16	14	42	45	13	47	26	25		13	27	38	45	41	33	11	12	39	36
11	28	49	1	27	7	19	9	10	31		28	7	22	23	14	40	19	1	21	44

39	8	9	33	41	46	47	10	24	18		49	29	19	7	46	28	11	45	9	44
23	44	1	36	15	31	49	26	45	27		50	20	24	41	10	38	42	15	21	13
48	7	29	13	22	37	28	40	17	32		27	25	33	35	12	34	39	17	3	40
11	30	34	6	43	25	50	12	14	3		4	23	18	5	22	2	32	30	37	16
5	4	2	21	42	20	19	16	38	35		1	43	6	26	47	14	36	31	8	48

TABLE 5—Integers 1-50

Each block is a permutation

```
22 49 42 31 33 18 29 15 25  7     15 22 18 40 12  4 17 36 10 23
24 19  3 41  8  2 46 26 43 34     34  1 38 13 41 16 33 49  7 45
14 27 10 36 23 12 16 37 13 44      6  2  5  9 28 44 11 19 35 48
21 48  6  9 35 40 45 11 20  5      3 46 20 27 24 30  8 21 29 43
39  1 50 30 32 38  4 47 17 28     26 32 50 25 37 47 14 31 39 42


45 49 19 16 35 17 46 41 44 50     43 26 30 39 22  7  5 31 34 35
 6  4 10  9 48 21 37 26 23 27     38 18 20 33 49 47 11 27 41 29
22  5 30 43  1 29 24 47 20 11      9  2 21 25 15 48 37 45 19 36
28  2 15 38 34 42 18 14  8 40     46 16 14  4 24 44  3 17 50 13
39 32 25  7 12  3 36 31 13 33     40 12  6  1 28 23 32 10  8 42


38  3 30 34 22 47 42 23 40 25     22 29 10  5 46 31 15 32 27  6
39 18  7 27 46 37 31 11  8 50     47  9  4 26  2 20 42  3 37 45
 6 44  9 17 33 12 10 45 49 15     36 11  7 34 49 39 18 19 28  1
 2  1 24 29  5 32 43 16 28 36     33 35 50 38 14 48 13 40 12 25
21 19 13 14 20 41 48 26 35  4      8 30 41 43 23 44 21 16 24 17


36  4 35 43 14  2 21 15 31 47     48 23 49 36 27 44 25 22  4 19
32 45 29 33 12 39  6  8 37 41     21  6 45  3 24  2 10 38 17 34
42 34  5 50  1 44 28 49 11 40     35  1  7 28 29 20 50 46 15 41
26 20 17 27 48 13 25  9 38 46      9 47  8 32 33 11 12 42 18 43
23 24 10 18 19 30 16  7  3 22     37 13 40 14 16 31 30 26 39  5


13 26 11 42 44  2 17 33 23 35      7 16 10 23  5 27 35  4 21 29
 1  3 43 20 28  9 45 37 46 22      6 15 33 37 30 50 26 34 13 49
47 36 21 41 50 49 19 24 14 30     44 31 19 43 20 48  8 22  9 24
38 48 31 18 16 29 15 32  4  7     47 32 45 28 42 36 11  3 12 18
12  5 27  8 40 25 39 10  6 34     38 17 25 39  2 14 46 41 40  1


33 35 12  6 19  1 15 14 17 44     22  3  1 14 45 26 36 34 18 32
49 28  4 26 31 30 46 34 36 40     15 23 42 50 46 39 37 35 24 20
 3 13  5 22 21 27  2 48 10 16     17 43  5 19  9 16 28 47  6 12
29 32 39 45 37 47 11  8 50  7     48 38 25 30 31 49  7 10 11  2
25 42 43 20  9 41 24 18 38 23     40 13 29 27 21  8 33 44  4 41


39 26 19 37 27 21 23 32 13 11      1 50 28 29 45 12 43 35 13 22
14 18 50 49 45 40 34 16 10 22     24 41  5 32 42  2 14 19 17 30
46 43 17  5 48  4 42 36  9  7     11 31 37 10 21 39 40 26 20 36
24 41 15 28 44 29  8 30 38 47     47 44 38 48 46 23 15  3  8  7
33 25  6 31  3 35  1 12 20  2      6  4 49 25  9 34 33 18 16 27


12 40  3 16 48 20 15 27 31 14      8 45 34 29 15 12 20 39 32 16
35 21 47 39  1 30 13 38 22 50     50 14 13 17 26  3 49 24  7 44
43 26 44  9 29 49 41 23 46  6     31 30 40 22 35  9 48  5  6 19
18 28  8 36 25 32 10 33 19 17     18 28  4 11 21 43 46 25 47 41
 2  5 45 37  7 34 42  4 24 11     37  1 27 33 38 23  2 42 36 10
```

TABLE 5—Integers 1–50
Each block is a permutation

14	2	13	42	28	4	48	32	30	27	29	40	31	15	35	17	22	14	39	34
22	26	46	18	37	7	12	5	8	19	33	21	26	45	36	46	27	50	10	16
10	47	21	29	34	36	33	3	17	1	20	44	23	37	6	9	7	12	11	24
38	50	49	16	23	15	20	39	43	24	8	32	13	41	48	42	38	47	5	3
35	44	6	11	25	31	41	45	40	9	18	2	25	28	49	4	19	43	30	1

22	34	11	47	2	41	40	36	9	37	34	47	2	33	22	26	6	27	45	31
23	30	5	43	26	28	48	18	10	13	46	29	23	9	7	28	20	50	8	17
19	3	20	32	39	6	24	27	42	50	41	48	18	5	14	19	12	40	16	35
33	35	1	44	17	8	38	12	49	25	3	10	1	49	37	4	43	24	21	15
31	7	21	14	15	16	46	4	29	45	11	32	25	39	42	38	30	13	36	44

17	45	43	48	22	42	21	33	50	29	48	29	41	36	9	25	2	23	49	12
8	16	14	18	4	7	34	13	15	39	30	7	31	11	6	34	43	39	22	42
46	24	20	44	37	11	6	5	19	25	37	27	16	8	1	21	35	20	32	28
31	47	35	49	41	2	23	27	3	12	19	46	15	33	3	18	13	10	44	4
32	28	10	26	36	38	30	40	1	9	40	17	24	50	38	5	26	14	45	47

34	50	37	5	18	20	24	15	14	7	1	37	47	3	39	43	19	29	9	15
2	12	31	27	36	40	45	9	49	6	41	40	11	23	17	32	26	14	50	10
44	42	17	30	28	33	3	35	1	32	21	25	30	27	44	6	16	42	33	38
46	39	10	11	8	4	38	41	26	47	20	12	48	45	28	36	31	7	13	2
25	21	48	13	43	29	22	16	19	23	34	49	4	8	5	24	35	18	46	22

22	8	14	5	30	6	48	32	28	44	11	16	38	5	39	26	21	46	42	40
50	11	1	3	49	16	25	45	37	20	1	33	43	50	28	17	13	15	19	24
36	27	4	15	2	43	7	24	41	18	7	30	25	27	35	34	12	48	23	29
35	9	13	21	10	19	34	47	23	33	8	44	20	45	41	36	49	37	31	2
17	46	29	39	31	12	38	26	40	42	32	3	47	9	6	4	18	22	14	10

10	30	34	47	41	18	14	20	50	1	32	12	44	20	48	33	4	47	8	21
38	13	35	5	40	49	31	11	17	45	11	49	29	14	18	50	28	31	46	42
9	6	23	24	28	22	33	4	37	3	2	15	6	16	37	25	3	7	24	35
27	32	19	46	12	44	2	43	39	7	36	38	10	1	17	41	9	43	22	5
25	8	48	29	42	15	36	16	21	26	39	19	45	40	34	30	26	23	13	27

40	8	30	26	43	44	35	46	9	41	5	49	8	37	38	21	26	4	30	28
34	12	31	28	1	5	23	7	24	20	3	22	13	14	50	11	36	40	19	23
19	10	32	6	17	18	22	49	11	39	45	43	31	44	2	7	6	16	9	27
13	25	48	42	15	4	47	21	45	27	15	39	33	10	12	25	24	18	47	29
2	3	37	29	38	33	50	36	14	16	42	17	1	46	41	34	35	48	20	32

4	27	30	3	14	40	5	39	47	18	31	50	47	29	37	48	44	32	18	1
34	43	13	9	37	42	15	32	6	29	4	39	34	3	49	45	22	24	14	26
26	50	2	8	7	1	19	38	25	16	9	35	5	16	20	19	38	36	13	42
20	11	31	33	49	22	45	44	36	10	10	17	43	15	21	27	25	40	6	30
28	46	12	21	48	41	24	35	23	17	8	28	12	33	7	2	11	23	41	46

TABLE 5—INTEGERS 1–50
Each block is a permutation

```
38 28 27  7 42 40 25 39 43 37     35 42 13  8 40 33 27 44 22  3
35  9 11  5 36 23 49 46 32 48      6 17 26  1 41 39 34 14 16 29
 2 19 20 33 15 21  3 50  6  4     45 36 18 28 24  2 30 49 23 11
18 44 13 26 10  8 22 17 24 14     20 38  5  7 31 25  4  9 12 50
31 12 41 47 29  1 16 45 34 30     47 32 43 48 15 10 21 37 19 46


20 40  7 43 32  5 29 19 27 42     18  2  1 43 44 21 26 25  9 37
33 37 21 35 30 31 23  9 28  3     40 47 10 35 29 34 50 33 39  4
49 39 14 46 47 17 16 48  6 15     42  8 49 12 46 20 41 22 13 23
 4 41 36 25 26  8 45 38 11 34      7 15  3 38 32  5 27  6 30 24
10 12  2 24 44 50 22  1 18 13     48 36 45 31 19 11 28 17 14 16


35 17 45 50 36  9 28 24 33  7     28 36 30 25 22 20 19 18 16 33
49 20 25 34 32 27 18 21 43 23     48 44 35 39  5  1 49 14 21 24
39 48 37  3 12  1 31  8 13  5      4 43  2  9 17 29  8 42 45 46
44 47 10  4 42 38 11 15 26 14      3  7 37 50 12 34 23  6 10 31
 6 46 29 22 16  2 41 30 19 40     41 15 40 27 32 11 26 38 13 47


23 38 33 32 18 16  3 49 36 45     25 17 18 45  4 44 12 38  9 22
10 47 27 37 24  5 22  7 11 35     16 34 33 49  2 26 48  5 46 43
20 28 25 15  9  8 12 41 43 48     29  8 28 14 37 23 21 11 24 27
30 19 44 39 29 34 17 14 26 46     31 10 13 41 19 32 20 30  3 39
 4  6 40 21 13 42 31  2 50  1     35 15 42  1 36 47 40  6 50  7


44 22 37 38 15  6 35 11  9 28      5 13  6 11 49 27  7 10 25  8
21 39 20  1 27 18 17 43 34  4     45  3 42  2 41 17 31 34 22  4
26 23 32  2 30 19 29 10 49 24     32 12 26 18 43 30 16 36 14 19
 5 33 40 31 25 42 41 47 12 45      9 44 48 15 50 21 29 39 23 40
50 36  7  8 48 13 16 14  3 46     38 47 28  1 35 46 33 24 37 20


36  5  7 45  2 15 44 50 23 29     21  3 33  9 50  2 18 19 40 14
28  3 34  4 25 49 27 39 30 26     39 16 46 35 32  4 49 31 43 42
 1 41  8  9 19 12 47 48 46 33     24 17 23 11 22 34 38  1 28 15
22 31 32 14 16 11 21 18  6 38     30  7 27 25 36 26 41 29 10  5
43 17 20 13 10 35 40 24 42 37     13 20 12 47  8 37 48  6 45 44


27 34  5  7 43 50 42 25 26 11     19 38  7 37 15 47 13 45 27 44
49 10 47 31 12 33 13 37 14 24     41  6  2 35 36 2=  4 21 25 48
38 23  2 39 46 21 30 44  9  8     34 28 23 24 33  3 12 16 10  5
45 15 17  3 40 28 35 32  4 22     49 32 17  1 22  9 50 18 39 26
 6 20 18  1 36 48 29 16 19 41     14 30 46 11 42 43 31 20  8 40


15 28 39 34 35 30 45 38  7 32     34 20 22 23 28  2 19 37 24  8
44 21 42  6 23 24  1 20 22 37     50 40 26  9 31 32 36 38 29 10
40  9  2 18 16 25 49 29 48 19      5  6 13 15 16  3 45 44 35 33
 8 33  5 41 12 27 14 36 17 43     48 41 30 14 12 49 21 18 43 25
10  3 47 13 31 11 46  4 26 50      4 11 46 17 27  7 39 42 47  1
```

TABLE 5—Integers 1-50

Each block is a permutation

40	26	7	46	42	32	25	49	44	4		40	13	17	43	35	22	25	38	8	1
24	48	18	50	39	14	16	10	22	5		6	28	15	33	19	27	42	37	11	49
9	43	8	45	41	23	30	1	6	2		41	18	29	9	2	10	23	39	5	26
3	37	38	29	47	12	35	33	19	21		32	34	47	21	7	24	30	4	36	45
13	27	11	17	31	15	28	20	34	36		3	46	14	20	44	12	50	48	31	16

23	29	14	28	35	48	3	41	20	12		14	1	26	18	36	20	10	23	35	43
13	10	42	4	40	16	1	22	6	9		3	11	29	24	12	37	22	9	41	49
26	24	49	18	43	45	7	32	2	37		13	30	50	19	27	48	31	33	45	17
15	39	21	17	50	47	36	34	38	25		39	5	7	16	42	8	28	2	15	4
5	30	8	27	33	44	46	31	19	11		21	44	40	46	25	38	47	34	6	32

18	15	35	29	50	49	2	34	33	37		32	49	6	39	23	9	48	18	50	35
46	9	47	1	3	42	11	45	44	27		36	22	19	3	28	40	27	20	12	21
41	43	22	36	12	4	26	28	23	30		1	25	43	16	46	10	14	5	29	15
48	7	25	14	31	32	17	21	5	39		24	30	31	11	2	7	33	17	37	38
13	19	24	10	20	40	8	16	38	6		47	26	13	42	34	4	45	41	44	8

25	10	6	33	8	47	3	38	35	19		38	21	16	4	34	42	43	35	40	5
50	36	9	14	27	22	39	28	29	17		3	9	7	25	27	50	48	46	14	22
7	15	32	11	31	26	12	41	34	40		31	37	1	49	2	13	19	6	11	18
16	13	46	37	45	20	4	44	42	24		45	17	24	10	12	30	23	15	47	41
49	23	5	30	2	18	1	48	43	21		32	36	8	28	33	44	26	39	20	29

38	32	35	33	31	37	36	19	24	3		18	22	50	38	7	27	33	10	44	12
17	13	14	12	8	7	29	45	11	27		49	42	23	19	24	40	5	26	41	1
48	49	40	44	1	34	42	21	10	2		3	6	21	15	45	35	30	47	28	2
16	26	25	43	50	15	6	30	41	18		46	14	36	4	32	48	34	9	39	8
9	28	47	4	22	39	46	23	5	20		20	16	37	13	17	25	31	43	11	29

44	1	43	5	15	28	8	18	12	6		23	3	49	14	18	24	48	47	10	43
19	39	32	10	36	35	27	17	30	14		41	42	20	40	39	45	38	8	50	35
45	49	16	25	22	21	48	33	9	34		26	2	22	15	25	44	28	12	21	29
24	11	26	38	13	4	42	2	29	41		11	1	27	31	13	46	9	36	6	19
46	23	37	3	7	47	31	40	20	50		32	33	34	4	16	37	30	7	5	17

26	4	29	39	2	8	16	46	21	35		9	22	24	46	40	41	1	28	30	42
9	36	40	24	22	38	30	45	37	17		4	13	10	8	39	3	49	12	26	33
13	43	28	20	25	34	5	48	27	41		27	11	17	35	36	31	29	16	7	21
32	18	12	6	1	47	19	50	15	42		43	14	47	19	20	48	50	18	15	38
3	7	31	11	14	23	44	33	49	10		44	45	23	6	2	34	32	25	37	5

39	43	25	26	27	31	45	16	9	50		30	32	31	27	46	3	24	14	8	42
29	1	24	37	21	48	22	40	12	18		37	9	40	13	20	16	26	45	2	49
3	6	2	33	41	32	7	30	46	10		35	28	25	1	7	5	22	50	33	23
23	19	49	17	44	4	14	42	11	35		36	17	12	6	4	43	19	39	21	34
28	36	13	38	15	5	8	34	20	47		29	11	18	48	15	47	41	44	38	10

TABLE 5—INTEGERS 1–50
Each block is a permutation

27	12	28	50	1	47	38	30	37	22		36	33	48	18	20	11	17	7	12	8
21	7	8	5	18	34	48	9	41	36		6	19	28	5	10	27	4	3	23	32
29	33	14	19	25	31	17	43	32	45		47	16	49	15	40	24	34	26	21	30
26	46	42	40	24	10	11	20	23	6		37	50	35	9	1	22	25	42	2	43
49	13	35	39	16	2	44	15	3	4		31	45	29	38	41	39	44	46	14	13

47	49	30	42	44	48	50	6	13	12		40	29	34	10	37	30	26	31	42	12
16	10	9	11	25	39	3	14	23	45		11	20	47	8	27	7	28	46	23	48
46	37	2	27	40	4	34	20	36	18		49	43	25	19	3	2	36	16	33	1
38	35	19	1	8	41	28	26	5	17		14	32	50	6	35	38	9	39	41	4
32	21	7	29	43	24	31	22	33	15		44	24	45	21	15	17	13	5	22	18

15	19	16	33	43	50	40	37	35	18		41	15	18	28	30	3	17	40	27	23
10	4	5	3	49	34	47	14	25	28		50	33	12	37	19	11	25	10	13	6
9	44	46	7	20	12	29	30	21	32		48	9	39	1	26	16	38	21	7	14
8	39	38	42	6	27	41	13	26	31		31	4	24	42	34	45	29	8	36	44
22	24	2	36	45	23	11	17	1	48		20	22	32	43	46	2	5	49	35	47

7	6	29	30	39	27	49	40	1	44		7	37	22	27	31	49	5	44	18	17
24	23	45	9	50	33	8	34	15	35		8	38	33	36	23	50	14	35	26	6
12	41	21	19	18	5	3	32	14	25		45	28	46	25	47	24	20	12	9	4
38	4	46	13	28	17	48	26	31	42		42	43	32	10	13	16	48	30	1	11
16	11	47	2	10	43	20	22	37	36		40	21	2	19	34	29	41	15	39	3

28	25	42	35	47	24	18	13	12	1		31	9	21	39	3	2	26	13	50	33
14	20	7	29	15	21	38	46	10	43		29	17	35	11	28	4	42	14	30	5
45	31	4	16	37	26	11	50	39	3		43	34	15	12	37	22	38	40	45	41
44	6	33	23	36	27	19	5	30	41		27	25	10	48	46	6	47	19	20	1
40	32	2	9	49	34	17	48	22	8		44	49	7	32	23	18	16	36	8	24

4	2	25	1	37	38	40	39	3	9		45	5	23	32	9	28	33	8	49	22
31	32	44	8	15	6	19	34	5	17		39	36	27	15	34	31	47	3	10	48
46	24	28	26	11	20	35	18	7	45		18	43	17	30	21	1	40	29	44	7
47	13	49	48	36	33	14	23	29	30		42	11	26	4	12	13	41	35	6	19
42	43	16	22	10	50	12	41	21	27		37	24	50	14	20	46	38	2	25	16

41	45	26	8	12	35	47	39	42	20		34	17	44	2	15	14	39	28	13	50
46	50	10	36	17	37	11	23	29	28		27	49	6	26	41	32	23	1	4	24
27	19	30	33	18	3	43	13	21	2		29	8	46	11	5	45	30	43	21	40
38	7	44	25	32	22	4	48	16	49		33	48	10	19	25	37	16	47	35	22
14	24	34	15	9	5	6	40	1	31		12	38	7	9	18	42	20	36	31	3

5	2	45	38	19	8	49	50	21	17		19	35	34	32	37	33	23	9	2	3
11	34	18	14	25	16	31	1	20	46		41	24	25	6	49	7	20	18	42	1
29	15	41	13	32	36	24	27	39	4		38	30	13	44	17	43	29	31	40	45
35	33	48	7	30	12	44	22	26	42		26	39	46	50	27	47	15	14	21	36
40	23	47	37	43	28	10	9	3	6		12	4	48	28	11	8	16	10	22	5

TABLE 5—INTEGERS 1–50

Each block is a permutation

```
42 32 46 12 18 40  6 26 28 38     27 45  3 28  7 15 46 39 37 25
21  2 20  4 15 11 17  9 50 27      1 32 14 43  6 26  5 21 35 34
10 23 13 31  5 37 22 16 30 29     16  4 29  2 23 41 50 11 12 44
 3 35 41 14 34 25 39  7 45 19     48  9 31 36 33 49 10 17 42 30
 1 44 43  8 48 47 36 33 24 49     20 38  8 13 22 24 18 47 40 19


 4 11 29 19 28 39 50  3  5 21     41 17  1 21 48 40 12 10 33  5
27 15 46  1 40 17  8 12 10 14      2 19 20 50 47 46 16 34 39 31
 9 26  7 38 43 24  2 31 42 47     43  4 22 37 36 45 38 23  9 27
36 30  6 34 33 49 45 41 25 20     26 15 25 32 18  7 13 14 28 24
35 37 16 44 18 23 48 13 32 22     49 35  6 44 29 42 11  8 30  3


32 50 10 15 46 21  4 22 41 39     12 11 50 25  9  1 30 41 32 43
34  6  3 14 26 43 49 27  5 35      3 48 22 13 47 24  5 44 16  6
31 30 37 12 13  9 48 42 40 24     49 23  7 20 45 31 34 21 15 27
45 29 17 11 33  7 38  2 20 23     14 46 28 18 10  8 40  2 36 29
 8 28 36 18 25 16 44 19 47  1     33 38 42  4 17 37 26 39 35 19


17  1 36 30  8  9 27 12 32 40     28 18  8 31 46 45 25 47 37  5
13 19 35  7 48 28 26 49 44 14     14 17 24 23  7 30 40 29 12 36
15 25 31 45 46 18 50 38 23  2     41 50 13  2  6  3  9 26 11 34
33  6 22  5 41 34 21 47 10 29     42 16 44 27 38 10 32 43 35 48
39 24 37  3  4 11 20 43 16 42     39 20 33 15 19  1 49 21 22  4


31 27 29 15 32 40 49 33 18 10     35 48 23 14 17  5 13  9 19 42
 6 26 48 37 44 45 23  8 14 25     20 16  2 18 36 45 24 37 26 31
35 41 19 34 16 46 24 17 47  2     40 43 10  4 33 49 38 11 28  8
36  7  5 28 30 38  3 43 22 20      3 15 44 50 47  7 22 30 34  6
12 21 13  1 42 11 39 50  9  4     41 25 21 32 12 27 39 46  1 29


47 37  7 29 48 18 50 35 17 33     16  8 33  7 38 21 26 47 11 36
10 41 39 40  4 36 21 19 45 30     18 22 28 31 44 40 45 10  2 46
32 34 22 20 26 25 46 31 23 15     41 12 37 13 34 29  9  3 20 27
 1 11  6 14 24  2 12  3 42  5     23 42 15 48 50 25  6  1 24 17
44 27 49 28 16 43 38  9 13  8      4 30 49  5 32 14 35 43 39 19


15 31 19 46  8 14 20 23  9 38      2 50  1 22 29 44 24  4 30 32
41 44 26 28  3 48 21 34  7 13     13 12 49 48 33 46  7 37 42 20
39 37 27 47 24 33  2  5 36 30     11 10 14  6 16 18  3 31  8 47
40  6 25 18 16 22 17 45 42 12     28 41  5 39 40 25 45 17 23 19
35 49  1  4 50 43 29 11 10 32     21 34 26 35 43  9 15 27 38 36


15 28 48 18 22 30 11  9 37 13     47 50  1  3 18 24 14  7 13 34
46 34 25 20 36  6 10 27 24 38     28  2 33 39 42 38 23  9 48 37
45 44 49 16  5 32 35 23  2 47     49 20 31 46 30 36 40 16 12 17
40 43 19 31  4  8 33 14 21 41     15 27 44  6 22  4 25 21 29 43
26 29  1 42  3 17 50 39 12  7     41 10 26 11 32 19 45  5  8 35
```

TABLE 5—INTEGERS 1–50
Each block is a permutation

```
38 43 41 33  1 21 29 40 48 12      38 42 10 43 44 11 29 25 23  3
 4 20 49 14  7 36 42 18 16 10      41 32  7 39 27 24 14 18 36 50
19 22 24  8 26 27 15 47 34  9      12 13 40  9 28  8 48 21 22 20
45 23 39 17 35 32 44 25 11  2      37 33 15 17 19 34 16  5 26  1
13  3  5  6 50 31 37 30 28 46      31 49 46  4  6 35 30 47  2 45


 1 47 36 16 48 44 39 28  2 18      43 33 29  2 42 32 12  9  3 16
 3 34 21 37 24  9  7  4 20  6      25  7 15 19 21 35 36 14 37 44
19 11 45 25 43 42 41 10 23 38      30 22  6 23  4  1 18 46 11 39
12 17 22 46  5 15 31  8 35 32       5 45 28 10 20  8 40 17 38 41
50 29 14 30 27 49 33 26 40 13      24 34 50 48 49 47 26 13 31 27


 5 50 18 36 45 10  1 14 35  7      49 17 39 25 26 21 15 22 37  6
31 32 43 30 16 27 38 26 28 15      38  9 42 48  7  2  4 16 27 14
39  6 48 37 42 11 22 24 34  3      34 41 12 47 23  1 44 28 33 43
19 13 21 29 49  2 33 46 23 41      24 18 30 35 11 13 50  3 46 32
40 17  4 25 44 12  8  9 47 20      40 36 20  5 19 31 10 45  8 29


39 24 11 32 44 36 34 22 37 49       2 36 20  1 31 46 26 24 42 25
 4 18 43 38 13 28 23  7 12 17      49 45 35 14 16 39 47  6 40 11
21 40 15 27 33  3 29 31 14 42      30 44 28 23 19 32 48 43 17 21
20 48  1  5 16 10 50  6 47 30       3  8 41 27 29  4  5 38 13 50
41 35 25  8 45  2 46  9 19 26      18  7 22 37 33 15 34 10  9 12


22 29 19  9  7 49 13 38 15 41      43  8 22 17 30 10 29  1 26 46
 3 47 48 42 24 23  8 26 36 28      37  4 38  5 45 11 19 18 48 36
32 12 16 10 39 45 14  6 44  4      23 15 50 41 27 44 20 47  2 40
31 35 34  5 40  2 43 50 46  1      33  3  7 42 14  6 16 12 13 34
17 11 18 27 20 25 30 21 37 33      49 31 32 21 25 39 24 35 28  9


47 19 33 48 17 43  1 29 30 50      45  8 48 19 31 10 23 22 20 34
36 11 38 22 41 24  9 14 42 26      27 28 12  4 14 36  6 40 38 37
 2 40 31  8 12 46 27  5 16  3      41 21 44 16 49 50 13  5 25 39
 7 49 18 13 20 25 21 34 44 32       9 26 47  2 33 43 15  3 17 24
 4 10  6 28 23 35 45 15 39 37      32  1 46 30 35  7 29 11 42 18


35 30 18  2  3 40 28 22 13 49      23 24  4 38 20 47 44 42 33 22
16 38 32  9 17  6 41 39 45 12      14  7 39 27 32 45 21 48 25 35
47 23 24 37 15 26 43 42 50  8      12 30 17 19 41 18 29  8 26  6
33 14  7 29 34  1 21 44 25 31      15 37 43 16  9 49  1 31  3 46
36  4 10 11 27 48 19 46 20  5       5  2 10 28 36 11 34 40 13 50


28 38 14 27 36 40 41  2 35 32      33 31 21  8 32 41 36 18  2  4
24  7 23 48  3  4 13 11 30 44      38  5 12 50 22  6 39 42 25 45
20 37  6 42 16 43 18 29 10 39      15 10 20 13 37 30  3 44 34 49
45 46 21 25  9  8 15 47  5 22      28 35 17 29 47 40 19 43  1 48
26 49 19 50 12 33  1 34 31 17      16 26 14  7  9 11 23 27 46 24
```

82

TABLE 5—INTEGERS 1–50

Each block is a permutation

```
39 49 44 11  2 12 24 18 22 13      39 32 34 41 29 24 15  3  6  5
 1 38 35 21 33 10  5 28 17  4      49  2 16 21 47 50 12 40 14 11
14 25 29 27 15  8 26 50 42  3      27 26 18 25 46  8 30 31 20 28
 9 36  7 41 19 45 47 23  6 40       1 33 38 35 13 43 17 22 44  7
46 32 30 16 37 48 43 34 20 31      48 36 23 19 10  9 42 37  4 45


43 24 48 19 26 35 30 33  3  5      41  1 36 48 23 39 31 20 29 18
47 12 41 46 37  2 29  8  6  1      38 28 46 49 11 10 33 34 16 27
10 22 42 14 16 23  9  4 39 28      15 12  3 25 43  6 37  7 24  8
11 18 21 40 49 15 32 45 17 13       5  9 22 32 21 45 17 14 35 47
36 34 38 27 25  7 31 50 44 20      30 42 50 40 19 13 44  4  2 26


 5 38  4 46 30 48  6  1 43 23      36 14 50 28  3  2 46 11 48 27
22 11 36 26 45 16 25 47 41 13      17  4 35 12 22 38 44 33 32 40
19 15 34 27 40 44 32 10 24 33      21 45 47 31 34 39 16 10  8 30
39 35  7 29 12  2 37 14 17 21      15 24 18 49 19 23 43 42 13  9
31 20 50  8 18  3 49 42 28  9       7  1 26 20 37 41 25 29  6  5


44 32 30  9 14 10 22 36 27 47      15 10 32  5 39  3 20 24 27  1
 4 34  5 49  6 33 46 40 50 11      18 42 26 38 22  8 33  9 37 11
21 18  2 41 20 17 26 24 12 43      43  4 44 48 35 21 16 13  6  2
38 35 19 37 48 13  8  3 23 16      31 28 23 12 14 36 45 17  7 47
28 29 15 42 31  1 25  7 39 45      50 40 25 19 34 46 41 49 30 29


41 30 36 40 27  8 15 12 11 39      15 27 20 24 46 36 14 32 42 39
46  1  3 48 47 21 31 29 33 45      10  2 35 34 12 43 38 37  5 17
14 34 32 20 26 50 22 17 49 18      50 44  4 16 41 48 47 23 22 26
35  2 10 23 28 25  9 19 37  6      28 19 25 30  9  8 31 29  7 33
13  4 42 24  5 43 44 16 38  7      18 11 45 40  6 21  3 49  1 13


22 30 19 36  2 20  3 37 46 11      47 29 14  8 13 40  6 41 15 25
 7 29 38  1  8 41 26 49 39 14      30 16 28 24 42 37 45 32 48 26
50 15 16 32 27 45 35  5 28 34      38 39 33 34  9 49 35 43  3 21
40 47 13 10  9 23 31 48 17 33       4 36 44 11 46  1 20 10 23 50
18 42  6 21 43 24 44  4 12 25      22 12  7 19 27  5 31 18 17  2


42 15 31 37 50  2 40 41 45 29      48 27 41 14  5 18  7 43 40 22
33 39 16 48 28 10  3  9 36  5      12  8 33 45 37 25 44 38 20 30
 6 22 13 43 26 30 23 14 12 18      46 39  4 29 11 28 19 23  2 47
35 38 34 47 20 21  7 24  1 49      49 24 21 34 15 13 50 31 42  1
 8 25 27 11 32 44  4 19 46 17      17 16 32  3 35 10 36  6 26  9


37 10 48  7 14 17 21 46 45 11       3 28 23  5  6 24 46 37 36 11
29 19 22 16 33 35 43 40 47 27      32  4 27 40 12  8 29  9 15 39
32  8 36 31  5 39 34  2  3 49      25 10 48 34 31 14 41  7 20 18
38 30 28 24  1 18 25  9 20 50      43  1 19 50 44 13 16 30 35 17
 6 15 26 12 44  4 13 23 41 42      33 49 42 21 38 45 47  2 22 26
```

TABLE 5—Integers 1-50

Each block is a permutation

```
48  5 49 46 21 19 50 24 38 26     31 40 18 29  2 49 14 44 26 17
 2 28 30 25 17 15  1 40 29  4     37 42 13 32 21 43  3 48  6  7
36 35  7  6 31 10 43 22 16 23      4 20 36 47 33 38 10 23  8 12
47 41  8 45 32 14 18 37 39  3     45 34 27 19 11 35 39 22  5 16
12 34  9 44 33 13 42 27 20 11     24 46  1 50 30 28 15 25  9 41


29 25 31 34 24  3 43 26  9 12     38 16 14 12 41 25 18 37  2 43
10  1  4 20 40 42  8  2 14 50     40  5 19 48 46 15 22 50 10 30
47 35  7  5 32 46 44 33 49 45     39 31 20 45  6 35 17 47 21 33
38 21 48 36 39 30 17 11  6 41     49  8 29 42 23  1 34  7 27  9
13 28 19 16 27 22 37 23 18 15      4 36 11  3 44 13 24 32 26 28


 9  5 15 38 12 24 28 35 23  2     28 21 43 48 30 16  2 31  1  3
29 31  6 22 14 26 18 30 11 42      9 42 18 40 19 20 50 46 45 12
46 19 33 50 32 40 47 43 16 25      8 25 22 36 47 35 17  6 37 15
17  4 44 49  1  8 36 13 48  3      5  4 32 26 27 11 14 49 34 33
45 37 20  7 21 39 34 10 27 41     24 29 44 39 38 23 10 13  7 41


10 18 35 11 32 41  3  8 36  1     34 21 11 47 48 43  7 30 14 45
25 29 43 30 19 49 26  6 22 44     29  2 40 27 17 39 24 12 44 33
 2  5 34 16 40 24 42 47 33 48     26 49 23 15 20 19 10 28 35 38
13  9 21 17 14  7 39 37 12 28     42 22 37  1 46 18 16 41  4  9
50 38 46 45 15  4 31 23 27 20     50 13  3  5 31 36  8 25 32  6


12  2 43 17 19 41 44 14 35 13     25 48  6  1 27 19 17 15 36 26
20 48 11  5 27 45 40 49 15 28     40  9  3 37 32 44 12 35  2 28
 3 46 10 42 38  9 37 24  7 22     42 16  4 49 14 39 21 46 31 20
29 23 30 32  8 18  4 26 31  6      7 29 50 43 24 47 33 11 38 45
39 21 34 47 16  1 50 25 36 33     13 22 30 34 23  5 10 18  8 41


22 30  6 16 18 49 48 24  9 13      7 48 45 12 37 20 24  4 23  9
39 11 29 15 36  5  4 25 33 40     26 44 41 42 16 33  1  3 35 34
38 32 41  7  8 12  3 19 44  1     21 22  5 31 49  8 28 36 10 29
46 10 26  2 34 27 50 14 21 28     14 32 27  6 11 46  2 15 19 43
42 43 20 35 17 45 47 23 31 37     38 47 18 39 25 30 17 40 50 13


 7 19 46 12 47 45 43 49 36 35     49 35 33  5 27  9 20 46 10  4
30 14 40 26 31 23 15 11  8  1     23  6 21 38 24 25 42  8 26 11
13 16 22 20 28 24 18 41  9  6     16 31 37 50 43 22 34 44 15 18
50  5 32 17 33 48 37 38 34 44      1  7 39  2 47 14 48 29 30 12
42 10  2 25  3 27  4 39 29 21     36 32 28 45  3 40 17 41 13 19


26 35 33 28 17 20 30 21  3  6     11 35 50 32 30 22 24 33  9 39
48 37 27 42 45  4 11 36 47 32      3  4  8 31 15 29 14 36 28 10
14 19 49 22 44  9 10  5 12 23     46 34 48 47 40 16 20 18 25  5
16 46 24 15 39 43 50  2 31 41     42 43 19 13 44 17 49 12  7 26
 7 25 29 40 34 18 38  8  1 13      1 38 27 45  2  6 37 41 23 21
```

84

TABLE 5—INTEGERS 1–50
Each block is a permutation

```
18 50 48 23 17 46 30 35 37 20     8 26 14  2 35 47 44 13 38  4
 4  9 38  2  6 16 41 21 39 47     9 33 10 30 34 41  5 49 50 17
11 27 36 34 43 25 33 40 31 49     7 24  1 29 40 31 46 45 23 16
 1  8  5 10 24 13 26 14 19  7    21 12 43 32 36 11 27 20 25 22
42 28 32 22 15 12 44  3 45 29    42 18 37 28  3 15 39  6 48 19


32  2  3  7 42 17 47 21 22 12    24  1 36  8 41 25 35 49 29 10
16 29 48 38 23 43 25  8 41 28    43 17 39  6 16  2 37 11 38 48
20 39 13 30  6  5  9 33  1 31    34 42  4 20 19 15 30 21 45 44
15 26 35 37 40 14 19 50 11 10    28 32 40 47  9 50  5 27  3 26
46 44 34 24 36 45 18 49  4 27    31 46 14  7 22 18 13 33 23 12


 5  2 48 26 33 27 40  8 17 45    22 16 36 28  1 24 39 35 38 23
43 29 15 36 11 46 14 24  9  3     6 19 29 30 42 41 33  2 32 26
35 21 41 12 44 10 30 25 32 38    46 12 21 48 50 11  9  7 10 18
 6 47 16  4 37 31 49 28 18 42    45  8 13 25 40 31  3 34 43 27
39 13 34  7 20 50 22 23 19  1    49 37 20 14  4 17 44 15  5 47


16 24 25 39 40 28 11 30 10 49    45 16 39 28 34 43 47 19 17 12
32 42 21 12 38 47 15 27 33 35     5 23 35 24 26 41 33  2 48 18
19  9  6  4 18 36  8 48 34  5    11  1 42 25 40 21 31  4 36  9
45 26 23 14 44  3  1 22 43 37    22  3 37 20 32  6 27 29  7 30
17 46 20  2 29  7 31 41 50 13    50 13 46  8 10 15 49 38 14 44


29 23 44  3 25 22 47  5 14 13    26 17  3 40 12 32 33  6 43 30
41 19 27 49 36  4 26 21 38 32    37 21 24 29 23 39  4 31 13 15
43 28 10 48 45  1 33 50 16 18    20 42 19 35  1 34  9 45 16 25
15 12 30 35 34 39 24 46 40 37     8 44 18 36  7 49 47 46 38 22
 7  9 31 17 11 20  2  8  6 42    10 48  5 28 41 14  2 50 27 11


12 10 41  5 17  7 36 48  1  2    17 12 20 21 38 43 49  2 26 19
 9  8 44 33 24 20 27 30 15 37    33 25 31 23 28 39  9 15 18 45
21 16 23 38 40 35 42 46 26 14    29 48  4 40 35 10 30 16 46 32
45 11  3 18 34 32 28  6 31 19     5 13  6 37  8 50 42  7 47 24
25 47 43 22  4 39 29 49 50 13    11 36 14 22  1 44  3 27 34 41


36 39 14 41 11 27 46 12 38 23    37 45 13 18  9 36  8  7 35 25
32 37 15 25 48  6 16  1 13 42    41 15 47 27 50 10 26 28 48 46
49 28  9 18 47 33 20 50 45  8    21 29 39 11 20 30 22  3 19 43
21  5 17  4 30 26 34 10  2 19    12 31 44 14 33 32  5 42 16  6
 3 44 35 43 24 40 22 31 29  7    34 24 17  2 40  4 23  1 49 38


13 34  4 12 31  6 20 25  9 30    37 46 49 40  4 41 38 15 23 32
37  8 15 33 46 39  7 45 19 36    17 21 39 35  9 11  1 29 19  5
14 44 29 21 38 50 43 11 35 17    30  6 47 20 28 44 22 18 33 36
22 42  5 24 16 49 23 48  3 28    16 12 50 31 45 24 13  8  3 14
26 41 10 47 27  2 18 40 32  1    34 48 27  7  2 43 10 26 42 25
```

85

TABLE 5—Integers 1–50
Each block is a permutation

```
 9  3 16 32 39 31 28 23  7 48      46 22 47  6 29 25 15 12 28 16
10 30 40 49 44 35 21 27  1 42      36 32 44 26 21  4  2  3 27 41
36 37  5 29 15 17 22 19 14  6      10 49 18 39 45  5 11 38 35  8
 2 38 41 50 24  4 43 18 45 46      17 14 23 19 31 30 24 37 40 34
11 34 47 13  8 20 12 33 25 26       7 13 43 33  1  9 48 42 50 20


32 44  4 40 47 42  2 12 38 30      21 14 42 29 38 30 37 39 45  9
 1 17 25 31 18 48  5 41 29 34      34 43 36  8 49 35 40  6 12 20
33 26 39  9 11 37 15 24 35  7      48  3 19 44 33 17 41 16 15 11
16 49 13  6 10 22 50 45 19 28       5 50  1 13 47  2 18 25  4  7
 8 46 23 14 36  3 43 27 20 21      46 22 26 28 23 27 10 31 24 32


17 20 37  7 40 44 12  2 11 15      35 22 18 12 23  6 17 27  9 26
21 29 23 16 32 24 33  4 28 34      14 31 15 13 24  2  3 11 38 40
49 25 27 35 43 13 22 46 14  9      16 21 30 36 49 32 42 34 50 19
45  3 50 19 48 18 10 30  1  6      44 47 20  1 10  5 41 39 48  4
 5 31 42 47 41 39  8 36 38 26      43 46  7 45 33 28  8 25 29 37


47  3 15 18  4 44 32 35 30 17      17 33 27  7 32 35 34 12  1 30
34 23  5 43 24 26 12 36 19 45      13 45 15 10 23 24 50  4 25 28
49 48 42  7 27 25 22 10 39  1      29  3 38 49 26 43  8 19  5 39
 6  8 11 13 14 21 41 16  9 33       9  2 11 42 18 37 44 16 46  6
31 20 28 40 38 50  2 29 46 37      31 20 36 21 14 47 48 41 40 22


 5 31  1 44 38 36 50 10 22 40      12  7 10 41 16  4 42 37 50 33
23 48 14 42 11 25 47 29 17 37      44 18  9 34  8 11 49 48 13 25
18 26  9 28 30 32 24 19 13 45      46 35 43 21 19 45 29  3 27 23
43  6  7 27 16 20 12 39  3 15       5 47 22 15 31 26 17 40 32  2
49 46  4 35 33 41  8 34  2 21      28 38  1  6 20 39 14 36 24 30


50 27 49 21 14 42 38 35  2  6      25 18 20 44 27 22 39 16 32  2
26 15 33 46 13 19 25 44 31 32      15 11  8  5 45  1  3 49 42 19
23  9 17 34 39  1 28  4  8  7      34 23 33 10 13 48 28 38 43 37
40  3 16 10 43 36 18 20 24 12       9 21 26 41 31 50 36 30 47 17
 5 22 11 29 45 48 41 37 30 47      14 12 40  4  6 35 46 24 29  7


22 36 12 21 25 49 43  2 35 27      44 43  3 37  6 33  9 23 22 30
 9 46  6 26 32 29 30 50  8 10      46 36 16 24 13 25 48 32 14 12
 7 48 13 47 17 37 24  4  1 38      41 47 17  7 40 35  2 45 34 49
16 40 31 44  5 19 14 20 23 39      29 10 38 50  8 11 42 31 19 21
11 33 41 45 28 15  3 34 18 42      20  4 27 15 28 18 39  5  1 26


31 46 43  9 25 37 13 18  6 27      31 19 40 32 38 35 16 49 12 18
42 39  1 28  8 45 17 12 40 15      27  2  3  7 39 41  9 30 34 46
35 44 34 23 38 41  4  7 29 30      25 33  1 11  4 24 20 23  6 17
36 20 11 14 21 33  3 26 32  5      10  8 15 43 45 14 29 28 21 13
10 50 22 19  2 48 47 24 49 16       5 26 42 44 47 22 48 37 50 36
```

TABLE 5—INTEGERS 1–50

Each block is a permutation

```
 2 48 26 39 29 21 13  6 14  8         6 27 49 32 17 15 31  9 44 13
32  7 18  4 28 33 12 22 10 19        14  4 46 39 34 47 30 40 48 12
34 23 35 27 16 50  3 42 38  5         1 41 24 21 11 25 10 22  7 23
17 25 46 47 11 41 20 30 15 40        26 28 42 33 38  2 20 29  8 16
45 36 37  1 24 49 44 43  9 31        43 37 50 36 35  5 18  3 19 45


40 23 41 44  7  2 14 16 37 11        42  1 36  6 44  7 32 34 18 35
39  3 30 47 36 34 24 17 49 38        14  2 38 31 30  5 41  9 17 15
31 35  1 29 25 46 15  9 27 28        12 11 24  4 39 16 10  3 22 23
32  6 48 21 42 20  5 33 26 13         8 21 33 27 25 40 43 48 29 47
43  8  4 45 10 50 18 19 22 12        28 49 45 19 46 20 13 26 50 37


 3 50 48 49 38 36 33 43 39 10        26 40 24 33 12 38 44 39  7  5
22 26 31  2 37 23 19 46 35 20         8 23 11 16 47 45  9 34 15 48
25 40 18 13 24 29  8 30 11 42        43 37 18 41  6 21  3 20 32 42
41 17 16 44  6 34 32  7 14  4        22 27  4 49  1 10 19 31 30 13
21 12 27 28 15  9 47 45  5  1        36  2 17 46 14 28 50 25 29 35


40 36 44 38 19 17 28 35 37 14        49 14 48 24  4 16 20  5 15 50
27  8 13 49 46 12 21 25 11 50         2 34 35 19 37 33 46 45 18 28
 7  4 23 42 18 24  3  6 22 10        31 25 17 10  8 29  3 36  1 47
48  5 47 45  2 33  1 20 26 32        11 43 22 38 41 39 32  7 26 12
15 16 30 29 31 39 41 34  9 43        40 23 42 13 30 21  9 44  6 27


20 44 28 40 31 14 24  3 13 49        30 45 16 38  8 31 43  2 24 14
29 23 15 47 21 45  7  6  9 26        44 32 29  9 12 26 49  7  1 15
27 10 12 36 41 34 38 11  1  5        13 34 47 11 48 25  5 10 40 19
35 33 50 42 37 46 39 30  8  4        28 33 37 18 17 50 20 39 22 27
22 25 32  2 48 18 17 19 43 16         6 46 23 41 35 21 42  3 36  4


25 24 12  1 36 28 11 20 31 47        21 50 24 35 30  7 28 14 29  9
27 38  9  5 45 22 50 33 14 48        46 40  6 11 32 47 25  1 20 41
 6 30 17  3 35 23 32 21 18 10        31 49  8 23 33 42 26  2 48 18
41 44 15 34 43 37 19 16 46 26        45 43 19 37 44 12 17  5 15 16
 4 49  8 42 13 29 39  7  2 40        10 34 39  4 27  3 38 13 22 36


41 17 50 35 32 20  3 21 25 10        12 23  1 18 21 35 17  3 32  6
22 46 12 39 33 49 48  9 11 36         4 15 24 44  2 14 48 19 13 30
44  4 18 43  5 24 27  6  7 14        45 16 28  5 26 31 43 50 33 42
16 13 34 23 31  2 19 37 42 15        20 49 41 46 25 29 34  7 36 11
45 38 28 29 47  1 40 26  8 30        39 37 27 10  9  8 22 38 47 40


24 17 26 36  9 13 22 46 29  6        25 15 14  7  6 39 42 33 31 27
34  3 47 25 49 27 23  2 20 40         4  8 11 34 49 50 41 35  3 18
39 44 14 37 15 45 41  1 28 30        36 10 13 26  5 21 32 20 44 30
42 48 12 35 31 10 43 38 11 18        47 28 43 19 48 16  1 29 45 46
16 32 21 50  7 19 33  8  4  5        38  2 17 24 40 37 12 22 23  9
```

TABLE 5—Integers 1-50
Each block is a permutation

```
 2  9  3 20 36  4  6 34 46 23      41 35 48 16 30 29 31 39 40 10
10 27 40 30 35 50  1 42 28 26       5 13 33 37  3 14  2 47 24  4
37 14 48 44 21 15 29 24 45 43      21 43 22 26 34  9 19 15 49 38
38 11  8 47 39  5 25 19 49 16      23 27 11  7 25  1 44  8 32 17
 7 18 12 13 32 22 17 31 33 41      18 46 20  6 45 28 36 42 12 50


30 18  1 45  2 43 23 25 14 38      24  1 40 21  4 15 13  7  3 46
21 15 47 28  4 33 48  3 50 44      11 19 26 39 30 38  5  8 27 16
36 26 46 41 42  8 13 49 11  7       2 28 18 20 37 29 35 12 31 36
39 16  6 40 22  5  9 10 35 12      25 42 50 47 17 34 32  6 41 48
19 24 31 17 29 20 27 32 34 37       9 45 43 10 49 44 22 23 33 14


38  1 49 13 44 35  8  6 45 17      33 49 41  2 28  1  8 35 29 13
37 33 36  4 18 24 43 40 48 22      21 14  7 16 46 30 12 47 11 42
41 26  5 16  9 11  2 27 29 34      15  9 34 22 43 17 48 44 25 23
31 28 47 21 46  7 39 42 30  3      18 26 38  3 32 10  5 45 36 24
12 23 10 50 19 32 25 15 14 20      31 19 20 27 40  6  4 39 50 37


22 34 44 32 21 42 11 31 24 43       2 42 38 49 14 48 18 10 23 11
45 15 35 28 47  4 40 19 10 12       7 41 39  6 20 33 37 44 29 31
33  2 17 23 38 49 46 27  3  5      45 43 36 22 13 47 35  5 28 40
 7 36 26  9 37  8 14  1 39 30       1 26  8 19 21 24 16 25 12 30
13 50 48 25 41 16 20  6 29 18      27 32  4 34 50 15  9  3 46 17


20 11 30 31 34 43 28 22 24 10       7 39 43 18 35 20 11 13 44 50
44 35 32 48 46 19 26  8 45 39      36 22 25  5 15 27  1  2 48 12
37 15 14 50 18 27 47 29 16  9      23 41 29 33 17 37 26 24 16 21
 3  6  1 21  4 36 17 33 12  5      46  3 42 38 45  8  4 14 40  9
25 49 13 38 42  2 40  7 23 41      31 34 19  6 32 28 30 47 10 49


14  2 28 44 29 49  8 15 47  9      28 37 17 21 31 44 41 38 25  3
35 48 45 25 37 11 18 46 41 50      34 47 19 15 27 42 24 16  1 45
22  7 19 26 39 43 13 23 21  4      39 30 46 35 11 50 49  2 36 48
 1  6 20 38 33 24 16 42 17 34      13 22  8  5 14  7 32 18 29 12
 5 10 12 31 30 32 40  3 27 36       6 26 20 43 33 10  4  9 23 40


18  9 45 13 35 47 31 24 44  3       2 17 20 29 42 25 39 19 12  6
 8 12 22 25  2 23 50 26 37 39       3  1 49 48  9  5 31 10  8 41
32 40 10 17 15 11 28 16 20 14      22 24 11 27 40 23  4 45 38 36
38  7  4  6 19 41 29 46 49 21      21 26 37 16 34 33 46  7 30 35
33 34  5 48 27 36 42 43 30  1      18 14 44 15 50 43 28 47 32 13


11  2 21 13 31  6 29 30 10 20      31 14 46 19 16 23 37 17 49  2
12 41 42 37  4  1 48 35 45  3      15 28 18 38 39  4  6 30 12 24
49 15 46 26 18 39 25 36 32 14      40 42 48 36  1 50 34 20  8 21
50 38 24 28 16 43 17 22 27 34      29 22 32  5 26 45 43 13 44  3
 9  5 19 44 40  8 47 23  7 33      35 47 11 25 33 27  7  9 10 41
```

TABLE 5—INTEGERS 1–50

Each block is a permutation

4	11	3	24	21	38	46	29	31	36	32	29	21	8	33	38	7	39	41	19
41	15	18	9	27	10	42	48	12	32	10	26	37	12	4	49	15	14	22	44
43	44	22	20	50	8	35	23	2	7	2	20	46	16	43	5	6	45	47	13
40	26	13	19	25	47	37	33	34	5	36	1	40	35	48	11	27	50	42	28
6	28	14	16	1	49	39	17	30	45	17	3	23	18	30	34	9	31	24	25

40	2	49	28	3	35	33	22	50	20	45	12	48	15	36	16	22	21	32	24
16	36	38	24	44	6	43	41	31	4	2	42	3	39	47	29	4	37	11	50
48	26	29	34	25	9	23	5	42	18	1	20	33	49	9	46	8	13	30	23
14	12	11	37	30	13	7	27	8	32	5	7	38	25	35	14	28	27	34	44
46	47	15	21	45	1	10	39	17	19	10	18	19	41	17	43	31	40	6	26

16	20	4	31	41	14	25	33	2	27	41	26	16	35	37	43	2	48	50	27
30	10	38	17	3	6	21	28	11	13	8	3	23	18	5	28	1	49	17	29
29	39	46	1	42	15	35	12	26	47	46	13	22	47	9	11	6	25	21	45
7	43	9	50	36	19	32	24	18	8	40	39	34	42	10	24	44	12	30	4
48	37	5	44	22	40	49	34	45	23	38	14	20	7	19	33	36	32	15	31

46	48	42	19	43	5	37	7	1	13	31	5	14	4	12	45	21	44	18	13
44	38	39	15	4	25	26	29	23	14	20	9	26	6	50	2	22	23	10	28
17	9	30	32	31	10	21	45	33	18	48	43	40	35	8	30	11	32	36	27
22	3	50	2	49	16	27	24	41	47	1	47	34	3	37	39	19	49	46	38
35	28	34	20	6	8	12	11	36	40	42	17	29	16	15	24	25	41	33	7

46	21	40	47	32	35	49	42	8	45	20	25	33	40	46	1	16	23	8	22
6	24	38	31	36	43	41	10	17	12	13	9	18	47	50	29	12	45	49	3
44	39	18	4	13	34	30	16	11	20	10	21	14	15	44	38	6	28	35	48
25	26	22	28	3	27	23	33	50	19	43	2	30	41	37	11	32	34	31	36
1	29	5	9	7	48	2	37	14	15	4	39	17	19	7	5	26	27	24	42

34	47	44	46	20	15	17	45	36	49	49	33	36	31	30	23	39	45	7	47
2	37	30	14	43	19	31	7	22	38	10	22	26	37	40	29	27	12	2	24
3	11	26	50	1	5	25	29	13	18	28	42	32	14	15	18	21	6	44	41
9	39	32	23	48	42	24	16	33	12	9	34	20	25	8	16	50	48	38	11
6	40	41	27	8	35	10	4	28	21	1	35	3	13	5	4	17	46	43	19

41	26	38	48	21	34	18	33	36	31	31	14	38	25	2	41	39	36	11	42
37	40	8	3	17	9	15	2	28	43	6	30	45	12	26	4	9	18	7	16
50	13	45	10	42	11	6	29	16	46	47	23	15	17	3	46	19	28	10	20
44	12	5	35	4	7	32	25	14	24	8	34	33	48	49	35	40	29	43	27
22	39	49	1	27	23	30	20	47	19	5	22	24	32	44	50	21	13	37	1

29	31	26	3	17	27	25	19	43	47	14	45	8	46	43	10	21	20	9	26
36	35	28	22	2	11	14	21	10	50	13	42	37	11	25	7	23	18	16	3
49	7	15	30	16	46	48	4	33	38	24	41	17	15	33	50	5	22	19	27
9	45	37	8	5	23	32	24	42	20	44	2	34	49	40	4	35	12	39	30
12	18	41	40	39	44	13	6	1	34	28	31	48	6	32	1	36	47	38	29

TABLE 5—INTEGERS 1-50
Each block is a permutation

14	32	9	3	44	10	16	37	38	2	5	30	23	48	21	42	44	25	10	7
30	17	24	45	22	48	27	23	50	28	35	22	37	2	8	27	14	29	33	17
8	39	43	11	21	40	34	31	41	25	20	12	16	40	13	45	36	1	32	18
42	35	26	33	7	13	5	20	4	29	41	3	38	47	19	39	9	6	34	28
6	36	19	1	47	15	12	18	49	46	24	43	4	11	46	49	31	15	50	26

9	11	25	17	40	15	21	50	3	10	42	47	41	15	2	50	24	11	39	18
35	32	13	20	29	6	41	5	7	1	30	19	33	6	34	16	4	5	32	21
46	47	23	49	37	8	33	39	22	4	10	17	44	48	38	37	27	25	46	14
34	36	18	12	27	45	14	31	24	44	28	22	43	26	9	3	7	49	45	36
26	30	28	43	38	42	48	19	2	16	8	31	23	35	20	12	29	1	13	40

7	49	31	27	23	45	28	10	8	16	23	38	25	47	26	19	28	22	29	40
29	11	15	12	4	32	1	22	25	21	48	34	35	41	33	16	10	1	5	21
34	44	33	14	50	5	24	35	26	48	6	14	18	50	43	15	27	31	11	17
9	46	18	19	6	37	47	3	38	17	2	44	30	32	7	36	12	46	13	4
40	30	2	39	42	20	43	36	13	41	24	3	42	8	49	39	45	37	20	9

34	36	10	7	41	1	44	13	22	2	18	32	34	33	31	5	13	50	42	21
23	40	12	24	30	25	3	45	32	20	49	28	2	25	35	24	8	29	43	15
33	27	43	37	50	5	15	39	9	11	44	45	37	9	48	11	6	17	20	30
35	16	46	4	17	38	47	8	49	18	26	47	41	1	4	39	19	3	23	27
19	28	26	48	31	29	42	6	14	21	12	14	36	10	16	46	40	22	38	7

41	12	7	16	24	20	3	19	23	26	34	21	20	26	4	36	32	41	39	50
22	48	31	35	15	14	17	9	50	27	49	14	16	25	44	5	11	13	18	33
49	1	10	30	36	34	29	42	28	25	45	37	10	40	12	42	17	6	1	7
13	11	33	18	39	32	21	5	8	47	28	2	9	23	35	47	48	31	38	22
6	46	4	45	37	44	38	2	43	40	27	24	19	8	29	30	15	46	43	3

18	2	13	35	22	6	8	1	11	37	31	10	19	34	20	4	43	21	27	48
4	32	44	36	27	33	19	7	24	10	3	18	23	25	12	6	28	15	40	2
5	21	50	23	25	3	12	9	20	47	33	46	30	38	39	37	22	35	49	8
42	26	17	16	48	34	40	30	15	43	13	50	42	45	5	26	32	1	29	17
14	28	31	49	29	46	39	38	45	41	44	7	9	36	11	47	41	16	14	24

24	30	14	32	19	48	8	2	39	18	39	5	40	23	3	9	22	36	43	16
21	41	15	40	35	36	23	22	26	11	27	50	2	1	31	7	33	4	19	44
27	49	3	20	33	13	42	10	47	9	11	24	47	25	34	42	17	41	6	28
31	25	29	12	43	4	37	16	44	6	45	32	49	30	29	35	12	46	20	8
34	5	45	7	50	46	28	38	17	1	10	38	21	37	14	48	18	13	15	26

47	21	37	3	25	33	24	35	5	12	2	27	44	19	34	20	50	47	35	26
15	8	32	34	42	18	29	49	9	1	3	38	6	48	17	49	4	37	33	46
50	40	26	31	39	7	13	22	36	44	13	14	43	25	15	29	18	10	7	31
27	11	17	48	14	46	23	2	38	30	8	40	21	5	23	30	36	39	1	22
16	45	6	4	41	20	10	19	28	43	16	41	11	28	24	32	45	42	12	9

TABLE 5—INTEGERS 1–50

Each block is a permutation

25	17	28	38	10	40	26	19	13	12	17	11	7	30	32	20	8	29	44	42
30	49	15	47	46	14	44	1	9	21	27	23	6	4	1	48	47	25	22	21
3	39	16	18	50	35	6	31	33	34	9	5	49	16	26	36	40	3	34	2
42	36	2	22	27	4	48	24	11	43	35	13	43	19	33	39	15	31	18	10
7	23	8	5	20	37	45	29	41	32	12	28	38	14	37	41	50	46	45	24

8	31	16	33	47	18	17	24	19	48	41	17	24	37	29	4	35	12	27	14
39	6	13	42	22	5	28	9	30	27	43	46	45	28	33	10	20	21	11	7
23	3	21	12	4	45	25	26	46	34	44	48	19	15	6	2	49	3	32	36
50	14	40	38	1	36	29	2	20	44	1	26	42	25	9	13	39	38	30	47
49	32	37	11	15	41	10	43	35	7	23	40	5	31	8	16	18	34	22	50

7	5	34	37	1	2	8	27	43	32	5	34	46	25	27	16	20	49	22	11
21	29	46	33	20	13	26	10	44	12	8	48	31	43	50	29	13	7	42	2
39	17	25	50	6	16	48	31	42	3	23	3	24	32	21	38	37	6	36	15
38	4	23	30	14	35	19	45	24	36	1	44	45	4	47	12	17	10	33	35
41	47	15	18	28	22	11	40	9	49	18	28	41	30	40	39	26	19	14	9

48	18	31	23	19	3	7	44	40	6	46	9	26	1	16	10	22	2	47	31
22	10	33	38	30	25	32	9	49	39	11	19	35	39	5	17	41	13	27	43
2	42	11	24	29	13	45	50	17	47	3	8	4	21	18	50	45	37	12	38
27	37	46	15	41	4	14	8	20	34	30	42	14	23	32	29	20	36	7	25
1	16	28	5	35	12	43	36	21	26	15	48	44	49	6	24	34	40	33	28

37	4	23	44	1	35	39	17	30	2	10	43	19	7	49	2	41	28	47	35
47	9	19	3	32	22	15	16	38	7	16	11	30	17	50	15	38	34	26	45
13	10	11	31	18	40	14	36	45	46	5	25	14	24	44	40	8	13	33	32
25	21	29	12	50	28	34	8	49	27	48	18	21	29	20	1	22	39	37	36
5	41	48	43	42	26	20	33	6	24	46	42	6	23	4	31	12	9	27	3

26	49	11	45	22	33	3	34	14	30	21	14	5	48	18	35	23	7	32	3
28	16	10	44	46	37	21	32	25	42	45	1	39	12	31	29	46	40	50	36
24	35	1	40	23	18	41	36	15	48	34	13	33	11	4	43	30	24	9	6
38	43	19	27	13	6	9	20	31	8	49	41	22	26	37	20	42	2	27	47
50	2	5	4	12	17	47	29	7	39	15	38	8	28	44	25	10	17	16	19

14	30	29	10	27	42	15	44	32	24	1	24	25	28	39	3	20	19	14	38
37	23	31	33	21	46	38	43	39	6	12	40	10	45	9	26	27	43	18	17
8	16	22	17	36	5	40	35	1	7	16	31	42	34	35	8	5	49	33	6
13	18	12	19	4	9	20	41	45	34	13	44	41	50	36	46	47	22	11	2
49	11	2	50	25	28	48	3	47	26	29	23	7	48	4	15	21	30	37	32

5	35	16	38	47	11	42	48	49	12	25	31	46	14	18	3	44	20	49	27
40	45	1	23	36	50	29	34	46	25	9	41	5	30	33	10	13	6	40	42
33	39	27	32	37	28	10	7	14	17	21	24	35	36	47	43	22	45	1	17
8	4	24	13	15	18	31	2	22	6	32	16	38	8	19	11	23	4	39	28
30	19	21	9	3	20	41	44	43	26	7	37	12	2	29	48	26	34	15	50

91

TABLE 5—INTEGERS 1–50
Each block is a permutation

```
14 40 23 20  8 35 46 49 38 41      2 32  8 30  9 11 46 19 33 44
47 11 17 43 31 37  2 28 48 36     17 47 49 23 38 41 37  6 34 28
16 22 32 33 24 39  9  4  7 10     16 31 24 12  3 13  7 39  4 15
30 15 50  5 45 34 12 27 25 42     40 18 10 35 27 48 20 42  1 21
13 44 19 21  1 18 26 29  3  6     50 22 26 36 43 45  5 25 14 29


23 11  1  9 18  2 42 44  4 40     25 11 38  6 37 22 18 41  4 20
 6 29 20 21 28 37 39 13 17 43     15 16 48  7 13 23 17 40 27 46
50 46 32 45 36 26  7 34 48 22     14 36 24  8 12  3 49 29  5 19
14 31  3 19 27 47 16  8 38 10     43 45 30 42 31 10 39 32 28 21
12 41 25 35 33  5 30 49 15 24      1 47 44 26 50 34 33  2  9 35


38 29  6 42  9 30 10 37 21 28      4 37 32 39 22 31 10 27 15  1
11 26 17 15 22  1 34 39 18 19     46 36 41 44  9 12 20 50 17 18
 7 14  5 44 48 35 12 23 33 43     25 38 30 13 14 16 28 35 24 11
45 32 27 13 40 49 16 50 24  2     42 21 43 49  2  7  8  6  3 34
 8 47 31 46 36  4 41 20 25  3     33 29  5 47 19 48 40 26 45 23


11 46 21 15 41  8  9 30 49 33     24 28 32 14 47 15  8 11 30  3
38 45 36 44 27 22 12 16 28 31     40 21  1 42 23 19 50 12 20 46
19  4 35 42 29 10 37  1 39 20     33 31 10 25 34 39  7  2  9 37
48  6  7 34 13 43 47 40 26  3     29 45 41 35  6 38  4 16 36  5
 5 32 17 14 23  2 18 25 50 24     17 18 44 27 48 49 13 22 26 43


 5 23 50 45 35  2 38 16 36  4      1 13  4 31 19 20 23 28 43 38
14 12 18 44 20 22 24 10 26  9      7 39 40 17 44 37 21 11 50 32
30 28  7 15 42  3 41 46 21  6     15 29 14 16  2 22 30 24 12 34
40 13 48 29  1 32 47 37 34 19     33 26  3 48 25 49 47  8 27 45
25 31 39 49  8 43 33 27 17 11     36  5 41  9 46  6 10 35 42 18


37 24 20 48  1 50 33 22 46 42     30 20 35  5 21 16 44 29 43 47
 9 38 45 13 21 19 12 17  6 14      4 10 27 12 14 49 26 36 15 11
27 43 36 16 28 11 44  4 49 39     25 22 39 19 50 48 42 17 34 41
15 47 18 40  5 10  2 25 26 30      9 37  8 31 18  6 13 24 23 46
 7 41 23  3 31  8 34 32 35 29      1  2 40 32 45 33 28  3 38  7


30 25 40 18 46  7 16  9 23 12     41 50 12 35 10  2 33 17  1 15
39 38 17  1 44 24 33  8 37  4      9  5 37 28  7 30 49 46 43  8
27 26 14 15 32 28 22 43 20  2     45  6 34 13  4 26 47 27 21 48
47 31 21 35  3 19 48 10 45  6     23 36 19 16 20 24 38 25  3 42
42 34 13 41 36 29 11 50 49  5     32 31 14 11 29 40 44 39 18 22


49 31 11  7 18  6 20 38 24 35     11 30 28 32 15 50 10 29 35 12
29 48 28  5 34 37 40 26 44 14     43  1 24 33 18 36 17 39 13 48
10  8 46  2 15 23  4 50 47 17      2  6  7 45 21 16  9 42 37  4
 1 16 36  3 41  9 27 39 42 33     19 26  3 40 41 31  8 49 23 47
25 45 22 12 32 30 21 13 19 43     20 44 34 25 46 22 14 38 27  5
```

TABLE 6—Integers 1–100

Each 5-line block is a permutation

```
 3 92 64 82 40    95 20 28 62 43    25  8 23 41 85     7 81 54  6 39
59 79 70 18 71    55 66 15 72 75    96 34 24 93 51    63 77 94 45 98
27 31 32 91 21    73 68 50 26 90    42 61 60 14 17    12 99 69 11 97
19 84 44 56 49    80 58 83 88 76    53 52  5 47 16    29 57  2 10 67
78 33 48 86 37    35 89 38 87 65    13 46 36  1  *    74 30  4 22  9


96 95 70 74 84    81 75 64 89 50    86  1 10 34 47    91 53 36  8 32
93 63  5 78 56     2 48 22 68 21    31 59 88 25 90    26 80 39 71 69
24 16 41 28 17    19 99 61 94 38    79 20  7 83 40    14 42 30 23 52
 4  3 46 45 98    44 27 97 35 62    54 18  * 51  6    29 55 37 33  9
85 12 58 49 11    82 92 57 76 60    72 87 67 13 65    66 43 73 15 77


88  6 13 94 89    11 91 65 26 64    73 24 27 67 46     * 17 71 39 70
41 78 35 38  3    95  4 63 10 43    59 50 97  8 93     9 82 75 57 52
51 96 77 98 30    40 32 60 20 66    62 12 37 33  1    55 90  2 25 23
84 45 34 86 28    19 72 31 61 22    69 74 99 29 21    16 76 49 85  7
68 18 81 47 87    15 42 79 83 92    53 80 44 54 56    48 14 36  5 58


 * 82 66 90 41    68 86 79 48 46    18 61 94 73 12    70  1 34 97 30
17 92 13 32 49    76 25 38 43 96    91  7 40 54 20    60 51  5 88 37
42 53 77 59 15    85 52 24  3  9    28 57 80  2 55    67 64 89 95 69
35 78 10 23 83    99  8 75 26 11    84 36 16 31 62    63 74 45 19  6
98 14 21 93 39    29 33 71 47 27    56 50 87 72 81    44 58 22 65  4


54 38 88 61 69    25 34  7 26 22    90  2 96 35 41    83 72 50 31 98
42 21 77 92 46    17 68 19 14 65     8 85 45 74 60     9 81  1 51 30
64  4 49 71 78    86 28 94 47 16    89 10 52 82 37    24  6 32 91 99
36 87  * 76 93     5 75 84 79 13    63 70 11 57 80    97 95 15 18 23
39 29 58 12 59    67 27 66 20 62    43 73 44 33 40    48  3 53 56 55


 2 37 85 27 68    99 17 50 30 44    23 64 46 69 22    26 49  4 29 62
 1 66 21 71 86    10 51 89 95 43    60 24 42 88 84    36 25 19 72 20
14 15 94 92 93    52  8 97  5 54    48 81 12 79 56    73  6 80 98 40
33 11 39  3 35    82 53 65 63  9    45 18 78 16 34    41  7 32 28 47
96 75 91 76 87    58 61 90 57 55    59 38 67 31 70    77  * 74 83 13


42 30 28 59  4    76 44 87 58 13    97 27 23 47 98    72 33 94 21  1
45 55  3 35 39    38 66 84 70 69    81 24 34 46 77    99 86 96  7 91
 2 50  5 17 10    92 57 95 52 32    49 85 40 14 79    29 19 65 60 83
89 88 37 48 90    12  8  6 62 20    75 25 11 22 56    80  9 26 93 36
78 51 82 15 61    63 54  * 68 31    64 53 67 41 74    16 18 73 43 71


16 88 90 83 96    18 58 89 35 78    15 47 13 80 36    93 39 54 40 95
49 75  8 25 74    11 23 42 37  6     9 27 79 57 87    97 73 46 68 43
48 34 63  * 26    21 82 29 76 85     1 72 14 86 41    53 33 56 70 84
28  2 31 20 98    22 69 52  7  5    61 59  4 44 51    10 24 55 99 19
62 81 32 64 12    65 91 66 94 77    30 38  3 67 71    17 60 45 92 50
```

* Represents 100

TABLE 6—Integers 1–100

Each 5-line block is a permutation

```
80 74 69 10  8    51 17 91 59 41    82 65 19 81  7    30 55 13 63 89
71 38 76 48  6     4 60 64  * 45    99 85 78 12 49    46 66 40 88 35
15 73 37 96 54    34 52 56 84 25    27 36 18 97 28     9 29 86  3 14
39 50 43 57 93    47 94 32 79 92    90 53 23 33 75    26 24 61 21 77
 5 83 22 16 31    95 70 42 98 44    68  1 11 58 87    67  2 62 20 72


95 10 76 45 31    21 40 86 48 71    53 49 50 69 13    16  8 96 74  *
36 80 33 24 30    37 73 20 22 89    57 99 75 79 85    55 42 59  6 35
29 91 38 98 41    81 93 72 44 47     9 34 14 32 77    97 23 67 54 94
64 26 51  7 70    25 66 68 43 58    61 88 84  3 27     2 17 19 11 82
78  4 15 83 46    90 92 56 60 52    65 12 18 39  1    62 63  5 28 87


52 85 30 99 75    37 54 10 25 84    79 14  8 87  9    38 21 49 61 64
20 71 92 36 80     * 28 15 83 77    76 55 66 19 74    81 58 51  7 27
67 65 41 23  1    11 73 40 53  2    70 39 43 56 50    62 45 22 42 47
17 35 60 63 94    68 69 90 97 12    16 33  5 59  3    78 44 29  4 82
 6 86 91 95 18    31 93 32 89 96    98 34 26 24 13    57 88 48 72 46


32 65 53 44 38    64 87 17 63 90     3 91 27 23 74    24 94 37 16 28
89 93  2  9 52     1 54  8 66 85    10 76 40 34 11    98 62 47 30 31
 * 69 39 86 73    41 50 14 48  6    83 56 20 45 12    99 70 95 33 21
 4 57 75 43 97    18 84 26 82 22     5 35 29 19 79    81 78 59 71 15
55 36 61 88 80    58  7 77 96 25    67 42 49 13 92    60 51 68 72 46


 2 11 12 44 62    54 88 25 60 16    24 51 97 69 77    14 48 99 89 90
 7  4  1 53 80     * 21 78 96 86    55 93  8 91 26    22 94 79 63 85
45 35 73 71 18    83 33 61 95 50    41 36 13 37 27    17 74 23 28 39
64 92 59 31 68    56 58  3  5 40    76 70 46 32 65    47 57 42 30 66
15 72 34 75  6    10 19 81 52 20    49 43 87 82  9    38 84 29 98 67


61 27 28  5 78    56 38 30 11  4    76 63 75 36 42    51  1 92 25 26
12 64 53 45 14    67 72 22 74 46    62 85 77 34 13    23 35 48 98 58
19 55 16 80 20    71 43  7 41 97    21 57 96 65 91    86  8 44 40 29
59 60 94 88 83    93  3  * 49 99    73 18 37 17 32    81 50 95 82 54
 2 33 89  9 52    79  6 47 10 39    70 66 24 69 31    15 87 90 84 68


29 63 18 57  1    21 54 76  2 86    98 89 35 70  *    23 71 58 82 65
96 48 30 22  6    39 66 42 90 61    83 24 69 43 16    80 59 75 34 64
62 25 19  7 85     5 33 37 74 92    20 51  8 60 12     3 81 26 87 56
72 50 97 95 14    52 10 49 79 28    40 46 73 45 31    13 36 53 77 41
94 78 93  9 17    67 47 27 99 88    32 91 68 44 38    11 15  4 84 55


18 71 78 10 48     * 28 73 22 68    80 35 17 34 61    86 15 33 97 60
 7 66 95 92 77    65 91 40 84  3    75 98  1  4 74    19  6 11 52 94
14 64 93 56 49    99 25 13 36 23    85 37 44 96 20    30 41 88 87 89
55 83 63 24 43    26 76 90 81 82    21 29 70 62 32    67 72 45  5  8
57 12 53 50 27    51 58 38 16 47     9 31 46 42 79    39 59  2 54 69
```

* Represents 1000

TABLE 6—INTEGERS 1-100

Each 5-line block is a permutation

```
39 10 34 46 84    5 47 85 70  4   76 11 74 66 19    * 13 48 62 72
57 44 94 90 77   38 80 60 36 54   31  2 21 53 92   17 15 67 25 83
71 41 56 42 26   37 27 86 18 14   65 75 28 61 59    8 43 89 73 55
96 68 82 79 50   51 87 29 64 95   58 69 91 35  7   45  9 22 20 30
32 81 33 52 99   88 24 63 40  6    1 23 98 97  3   93 78 12 49 16


60 12  7 62 97   98 85 69 80 91    9 95 42 21 93   88  5 51 57 20
25 29 68  4 16   22 53 99 89 50   59 72 43 26 49   24 18 55 44  *
41 67 23 84 77   90  2 33  1 34   75 83 10 96 40   82 76 71  3 74
19  8 65 32 66   47 81 94 54  6   17 28 56 37 92   78 58 70 14 63
52 45 38 36 86   35 15 11 30 46   64 73 27 31 13   87 39 48 79 61


70 93 11 46 27   71 28 59 29 78   12 56 67 95 80   13 87 86 16 97
50  2 75 51 88   53 47 68 85 98   58 61 72 49 96   73  8 20 65  *
32 42 18 92 52   69 76  3 41 45   48 77 33 30 14   17 23 63 21  1
81 40 66  5 39   79 57 25 74  7   35 24 94 31 89   36  9 60 22 83
54 34 19 44 91   99 84 43 15 10   38  4 64 62 26   37 55  6 82 90


15 20 66 85 28   76 45 12 51 94   96 81 63 53 58   29 95 72 17 86
75 60 35 13 26   25 56 71 73  7   39 55 68 43 41    5 27 37 33 47
67 21 18 44 24   87 32 40 80 50   14 23 61 93 90   22 64 42 10  2
46 57 79 31  6   98 89 16 99 11   49  3 19 97 84    1 65 91  8 69
48 34 30 82 62   74 92 88 83 36   70  * 78 38  4    9 52 77 59 54


 4 48 79 82 98   64 59 84 81 19   30 58 44 91 32    2 35 61 23 67
77 57 86 99 43   27 87 55 54 12   62 63 70 40 22   10 74 33 97 11
21 92  3 69 15   85 39 93 18 68   71 13 53 78 56   34 14 49 89 41
36  6 28 65 20    9 83 90 24 75   38 96 47 46 26   51 94  7 76 72
42 95  8 66 37   50 88  * 25 73   52  5 17 29 16   31  1 60 80 45


87 92 33 57 55   34 70 42 81 65   39 46 49  7 16   80 91 32 47 11
 6 12 54 98 53   14 72 75  4 73   31 85 43 18 77   13 76 56 20 74
23 97 68 25  8   10 83 38 22 51   27 89 79 93 29   36 62 52 66  2
82 71 96 41 35   63 24 60 94 95   45 86  9 44 21   58 40 28  * 67
19  3  5 26 88   15  1 99 84 90   17 59 37 78 50   61 48 64 69 30


98 29 86 16 90   33 59 54 62 93   99 76 69 56  7   22 46 11 74 72
70 83 97  * 26   55  3 57 21 95   39 67  6 81 38   14 52 10 24 13
96  2 73 61 71   37 84 35 31 12   49 44 85 88  5   48 80 30 17 50
79 40 32 68 91   94 77  4 60 18   45 36  8 34 42   78 75 47 23 15
28 19 20 53 66    9 27 25 65 89   64 51 87 43 82   92 58  1 41 63


39 91 64 86 18    6 37 93 52 28   13 29 67 60 77   94 62 33 14 41
47  5  3 34 24   38 79 58 65 68   42 15 61 36 45   95 78 20 51 84
55 46 32  2 89   63 87 98 83 57   90 80 50 96 26   35 17 43 92 69
97 25 19 12  4   21  8 44 16 81   27 70 59  9 40   23 99 48  7 73
71 53 75 88 10   22 72 54 66 82   76 85 74 49 11   30  * 31  1 56
```

* Represents 100

TABLE 6—INTEGERS 1–100
Each 5-line block is a permutation

```
90 83 63 34  2    24 52 81 89 56    35 87 47 88 71    61 96  8 67 32
21 10 31 18 42    39 78 40 16 41    25 77 22 51 37    65 70 29  * 48
13 94 46 84  5    99 38 62 82  1    15 80 53 36 57     7 11 98 74 69
33 93  4 19 12     9 28 49 26 59    55 58 73 50 79    17 95 68 72 54
 6 66 30 23 91    60 64  3 14 92    20 86 43 44 97    27 85 76 45 75


81 71 78 93 30    43 86 52 67 60    95 70 65 24 48    66 18 84 22 32
19 92 15 47 35    54 39 98 20 46    44 25 68 41 87    49 55 12 75 82
 6 69  3 90 83    58 79 99 73 56    51 28 61 85  2    72 17 45 40 50
57 63  * 91 64    36 27 38 23 76    59 11 29  5 94    31 37  7 26 33
80 53 89 16  4    10 88 62  8 97    13 34 21 74 96     1 42  9 77 14


31 52 85 26 53    57 19 70 20  4    84 45 18 11  2    28 81 82 73 12
74 59 68 89 65    66 10 38 44 58    37 62 79 87 64    91 42  6 22 69
51 41 48 16 90    96 27  1 40 43    56 78 93 80  *    60 77 15 92 36
34 47 71 61 54    21  3 17 50 67    23  8 76 95 35    72  5 30 33 83
55 98  7 32 24     9 49 14 86 63    39 25 46 13 94    97 88 75 29 99


60 86 23 92 84     7 14 56 25 88    12 45 46 20 64    81 27 66  6 79
80 26 59 34 68    62 67 53 89 98    76 30 19 73 41     * 99 51 93 24
83  4 13 36  8    49 15 77 21 75     2 91  5 57 32    55 40 50 65 52
43 29 87 38 85    90 70 96 48 10    31 37 97 18 95     1 63 35 11 44
61 72 58 54 33    94 74 22  9 42    28 69 16 82 71    47 39 17 78  3


 9 82 37 99 68    33 95 71 36 32    38 26 83  3 14    98 84 54 69  *
 8  2 93 47 58    19 97 90 35 72    79 70 74 52 56    43 75 53 44 28
91 15 34 30 87    49 80 10 78 27    48 55  4 92 62    22 20 77 21 50
16 73 64 85 88    46 42 61 67 29    51 13 89 65 94     6 39 59 63 57
17 24 40 60 11    45 25 23 12 96    18 66 41 86 31    81 76  7  5  1


39 49 82 32 54    25 96 45 12 29    35 22 50 60 84    15 78 11 53  2
56 48 52 73 99    69  4 23 65  8    20 74 42 43 13     * 28 75  1 59
68 31 10  7 55    93 90 95 79 30    94 36 87 89 71     5 77 97 37 58
67 33 26 83 38    64 17 19 14 44    91 21 57 61 46    34  9 41 16 24
70 98 88 85 92    63 72 27 76  3     6 18 66 40 51    80 81 86 47 62


67 94 11 84 81    31 62  6 18 49     9 96 54 57 35    99 46 40 41 51
42 69 85 29 50     4 34 89 14 68     7 80 32 55 83     1 60 28 19  8
93 76 59 79 66    10 70 52 56 12     5 90 92 25 33    26 73 75 53 47
87 39 38  3 48    72 22 23 98 71    95 86 65 64 30    91 24 74 27 37
 2 82 78 17 58    44 77 61 20 63     * 16 43 45 15    21 36 88 97 13


72 37 95 76 58    84 96 26 66 45    14 43 48 77 11    40 50 52 83 64
22 93  5 21 20    42 56 33  7 15    29 39 46 55 81    91 27 90 34 74
71  3 65 41 19    67 44 51  4 10    59 18 85 30 87    73 75  6 32 60
97 35 31 88 47     9 16 78 13 62    68 70 17 24 89    98 23 61 63 53
 8 69 38 94  *    54 49 28 79 36    86  1 80 92  2    57 12 25 82 99
```

* Represents 100

TABLE 6—INTEGERS 1–100
Each 5-line block is a permutation

94	12	99	73	79	30	25	4	6	55	56	64	74	78	95	13	28	62	1	24
70	57	47	7	9	26	31	82	10	45	41	15	71	27	40	39	85	34	49	61
65	87	67	72	88	29	18	54	8	63	60	48	84	58	66	96	97	22	77	52
36	2	14	23	68	91	69	32	50	33	3	92	81	86	5	83	75	93	46	90
20	21	17	11	19	80	44	51	*	89	76	59	35	42	98	37	38	53	16	43
20	53	26	63	68	45	73	36	51	95	52	28	61	50	81	65	13	90	34	69
48	35	40	33	85	6	60	3	*	67	54	27	87	84	99	17	15	42	41	57
91	11	2	5	9	75	18	23	86	49	46	21	47	66	89	92	71	43	70	79
80	32	19	76	44	82	64	8	74	94	22	72	38	97	10	55	12	1	98	58
93	30	7	4	59	62	24	14	29	83	16	31	39	25	96	37	78	88	56	77
83	37	41	76	74	61	5	68	49	96	10	75	51	81	30	46	20	60	45	39
40	12	2	13	91	92	99	47	33	*	56	50	22	64	43	93	73	18	54	94
98	6	79	84	65	55	17	85	14	72	9	77	86	31	32	15	19	27	57	44
48	87	8	66	28	1	24	78	82	90	26	21	16	80	42	36	58	4	69	25
23	11	89	62	52	63	35	29	70	95	97	88	38	71	53	59	3	7	34	67
36	89	6	11	71	19	48	91	97	58	*	37	87	32	25	66	43	85	10	31
99	13	76	44	23	20	81	52	24	1	49	9	62	68	41	45	42	30	22	74
55	21	67	47	17	61	29	53	59	94	39	54	12	8	57	40	5	51	16	15
14	75	77	34	92	27	46	35	7	70	98	93	84	64	82	83	78	3	60	73
79	4	80	18	72	95	56	86	90	33	28	2	26	96	69	88	50	63	65	38
99	19	15	74	54	40	90	51	33	87	69	56	84	39	11	9	45	78	2	95
3	96	16	89	20	98	53	72	34	64	59	75	17	80	24	97	7	65	35	4
29	44	46	38	47	*	82	23	86	91	57	1	63	10	70	12	27	36	22	28
92	88	21	32	42	60	68	50	81	71	6	58	30	61	37	94	93	73	52	25
67	55	77	49	18	48	14	76	13	66	62	8	31	5	83	43	85	79	41	26
26	62	51	59	77	45	21	20	*	53	25	7	9	48	37	46	78	35	80	81
8	55	14	4	63	85	17	10	49	67	73	96	75	47	36	69	61	99	33	32
39	38	6	22	16	94	66	19	83	27	84	95	28	82	88	64	31	34	12	70
1	56	90	13	98	97	93	92	18	30	65	76	40	3	50	2	43	72	15	58
24	52	41	71	86	23	44	74	87	54	57	68	89	11	79	60	91	42	5	29
63	78	20	16	97	7	71	46	13	57	54	5	11	85	45	33	44	37	61	10
53	42	32	*	88	69	55	25	64	93	18	52	9	95	24	90	98	68	31	8
66	60	28	15	29	75	40	38	47	79	43	14	92	81	2	41	19	89	59	83
30	12	67	51	87	27	49	48	74	91	72	56	21	6	99	62	65	77	70	58
35	76	1	50	36	34	73	17	86	22	82	94	26	80	4	84	23	96	3	39
7	34	84	21	90	80	64	61	47	41	39	82	91	57	8	52	6	18	36	11
93	17	37	12	33	75	68	40	9	83	59	94	4	2	98	92	87	69	72	89
65	86	35	71	43	88	79	73	14	23	63	46	29	76	22	51	45	60	20	19
99	*	13	26	42	77	96	81	62	56	67	58	27	1	70	10	24	54	38	66
30	25	44	5	97	16	53	3	49	28	15	95	32	85	48	31	74	50	55	78

* Represents 100

TABLE 6—INTEGERS 1–100
Each 5-line block is a permutation

```
36 63 78 18 26    68 24  1 96  4    98 25 91 82 27    43 37 42 28 19
95 55 87 66 61    65 67 88 16 47    14 41 23 89 62    97 94 21 79 44
39  3 93 72 31    56 69 76 48 90     7 13 50 60 74    12 70 35 80 49
46 54 22  5 77    32 81 73 34 33    52 51 75 57 29    99 45  * 20 71
38 10 17 58  9     8 59  6 92 53    15 40 86 85 83    30 64 11  2 84


44 70 65 89 18    52 67 54 90 64    30 15 49 31  8    41 29 83  7 12
40 86 13  4  6    37 42 68 10 21    91 45 60 35 92    17 25 76 78 85
84  5 47 98 48    93  9 33 34 88     2 55 26 79 63    62 66 82 80 38
 1 27 96 69 99    75 74 81 22 11    94 61 53 95 20    50  * 23 16 51
46 57 14 77 71    97 32 28 87 24    58  3 39 36 73    56 19 43 59 72


 1 77 70 83 18    21 34 96  5 30    12 59 62 43 65    75 19 92 80 20
 9 35 86 36 41    93  8 17 60 50    73 13 48  7 31    55 74 26 28 49
57 69 79  2 39    32 22 72 78 29    15 61 44 24 47    63 99 38 91  3
42 76 89 33 14    58 40 68 95  *    85 53 90 52 98     4 51 97 66 23
56 67 27 81 46    37 45 82  6 11    10 25 84 71 16    64 87 54 94 88


99 78 73 53  2    59 13  5 34 83    24 62 11 91  8    68 79 61 76 72
45 88 94 56 23    46 50 93 84 85    39 82 98  4 60    66 49 57 47 20
58 70 97 86 63    69 74 65 19  7    67 75 36 89 54    55 32 21 15 35
43 31 64 27 37    42 81 29 28 40    95 16 38 71 41     6 80 25 77 26
30  9  * 10 87    90 18 44  1 96    12 52 22  3 48    51 33 92 17 14


77 49 12  8 32    39 26 80 67 53    22 20 45 21 34    70 85 24 61 50
19 65 51 78 86    40 57 43 60 14    59 92 38 99 31    54  * 30 58 81
48 25  2 87 79    95 16 36 18 13    11 33  6  9 76    74 94  3 89 69
73 88 23 56 64    93 71 82 28 83    41 15 55 98  4    68 52 47 62  1
91 72 29 37 90    63 10 42 75 66    46 96 97 35 84     7 27  5 17 44


83 52 22  5 60    76 81  4 89 30    68 36 44 47 91    16 96  2 56 53
77 59 62 87 35    11 31 48  9 84    67 97 65 21 45     8 74 98 25 12
33 57 17 75 19    54 13 46 69 40     * 10 55 24 95    73 43 72 58 29
80 15 82 39 88    20  1 93  3 41    85 78 27 79 28    92 61 42 38 94
51 86 90 26 23    14 71  6 18 37    99 66 50  7 34    63 64 32 49 70


12 63 10 88 77    42 84 97 62 89    67 35 16 68  *    45 79 15 18 38
21 60 54 46  7    78 81 57 39 80    76 59 83 53 26    24 73 91 61 30
56 43 52 28 48     6 31  1 72 92    87 44 96 51 65    70 85 90 32 71
 5 49 13 20 14     2 19 94 55  4    95 74 11 41 23    47 69 98 86 34
82  8 75  9 27    66 50  3 25 29    17 93 37 58 22    40 99 64 33 36


14 95 60 73  2    22 77 45 42 21    25 87 10 68 47    40 13 56 51 36
26 18 86  3 17    65 67 20 91 44    33 50  9  1  7    57 52 96 30 35
 4 76 90 62 37    28 99 70 55 34    11 46 84 83 89     6 79  8 48 71
38 66 32 97 53    88  * 98 43 69    92 74 19 82 78    31 23 93 41 72
27 54 94  5 63    49 61 59 85 15    24 80 81 12 29    64 75 39 16 58
```

* Represents 100

TABLE 6—Integers 1-100

Each 5-line block is a permutation

```
21 41 74 99 67    89 47 62 98 52    19 55 95  2  7    29 90 17 59 56
53 24 87 12 97    68 42 94 48 28    60  3 92 66 88    23 38 78 84 35
26 81 37 82 77    25 91 54 44 61    13 27 40 49 20    36 75 80 33 58
72  5 83 73 79    50 39 30 85 65    69 14  1  8 10    15  9 76  6 57
51 45 70 93 32     * 18 63 86 31    71 64 11 96 16     4 43 34 22 46

21 27 44 23 96    10 11 83  6 26    62 49 64  2 74    59 69 31 12 57
91 95 84  3 32     * 41  7  4 29    20 78  8 90 52    77 73 86 38 35
61 42 39 56 89     5 13 70 92 28    94 75 63 45 88    85 58 36 68 51
82 25 16 37 53    33 40 24 15 67    18 76 34 50 22    79 14 97 87 99
43 98 72 71  1    65 66 93 46 47    19  9 55 17 80    30 60 54 81 48

35 42 75 58 99    66 31 76 80 44    50 98 21  7  4    55 64 56 97 73
43 36 69 17 15    49 46 71 84 63    81 77 96 14 95    90 45 92 62 26
10 47 67  3 93    78 23 70 16 28    20 12 13 91 88     8 82 89 34 27
41 51 24 74 25     1 52 57 87 11    79 40 72 54 19    83 29 53  9 60
65  6 22 38  *    86 94 85 32  2    18 68 59 37 30    48 33 61  5 39

15 49 41 19 74    23 50 47 87 40    12 27 16 48 82    97 91 53 33 20
78 95 39 93 65    28 72 98 83 35     2 86 81 99 38    52 57 14 22  6
85 63 88 26 75    60 36 45 30 37    18 34 64 13 10    11 67 43  7 90
92 66  1  * 17    21 96 61 68  9    46 79  5 69 55    29 24 94 70 58
71 80 73 62  4    56  8 76 54  3    42 44 31 51 89    77 32 59 84 25

24 62 33  8 80    55 31 77 81 71    97 99 34 12 83     3 27 44 54 73
86 90 52 14 74    18 19 29 53 37     2 56 46 28 82    10  9  7 98 51
65 69 26 94 96     4  6 66 64 75    41  * 47 43 15    50 45 89 88 48
95 60 72 42 17    59 11 16 21 67    61 76 57 92 78     1 32  5 85 22
30 35 91 63 23    36 70 39 25 49    93 87 58 40 38    68 79 13 20 84

34 37 35 24 77    57 18  7 29 15    22 93 86 89 26    92 43 25 81 69
16 75 61  * 68     1 48 53 20 56    97 80 21 59 17    46 85 96 88 11
84  5 33 50  9    51 27 83 78 23    65 74  4 32 98    45 38 79 19 28
31 10 63 54 44    67 47 40 58  2    70 91 14 55 60    41 39 82  8  6
72 12 99 90 76    94 62 66 95 52    36 13 64 87 73    71 49 42  3 30

 4 57 96 21 99    59 34 86 42 70    35 97 31 65 45    63 67 36 10 62
12 55 68 53 23    94 37 29 28  6    58 56 76 93 41    15 64 50  8 22
80 90 92 95 72    77 32 13 75  1    51 69 26 16 61    83 74 46  2 38
 3 17 81 39 18     9 49 66 91 78    82 60 20 19 98    52 87  7 85 14
44 79 40 30 48    25  5 89 11 27    88 47 71 43 73     * 54 24 84 33

 5  9 34 74 53    59 29 38 65 61    93 20 88 19 78    33 87 14 60 41
40 24 52 43 81    92 58 15 99 22    54 44 84 90 47    73 50 28 97 49
10 25 98 95 23    77 89 67 66 35    68  4 39 72 57    31 76 70 64 51
86 42 94 56 27     8 69 26 82 62    85  *  1 30  6    36 21 11  2 16
12 91 96 71 37    45 18 79  3 48     7 46 80 17 75    55 13 83 63 32
```

* Represents 100

TABLE 6—INTEGERS 1–100

Each 5-line block is a permutation

```
 7 69 71 79 73    78 51 13 54 36    65 12 47 92 64    56 33 63 41 99
 9 93  8 46  2    32 96 66 60 31     4 89 52 40 58    81 59 14 17 86
76 45 57 28 20    80 98 11  5 26    97 15 22 37 38    67 16 95 87 18
19  1 55 50 88    35 72 53 25 29    74 75 85 27 61    91 21 23 49 34
43  * 90 84 48    82  6 94 68 44    24 77 62 39 30    42  3 70 10 83


18 70 82 22 64    44  8  5  6 10    81 36 27 13 58    61 55 66  * 51
 7 98 91 40 28    69 31 97 57 26    77 88 92 74 96    94 89 32 21 47
75 25 68 12 17    99 84 62 76 93    46  9 67 15 37    59 24  1 80 49
73 20 54 83 41    48 79 39 34 52    50  4 14 85 42    43 95 86 29 35
11 60 90 33 30    63 38 16 53 72    56  3 45 65 78    87 71 23  2 19


98 26 33 88 67    90  2 81  * 14    65 20  4 79 43    16 13 19 50 80
15 64 42 61 57     5 27 49 55 91    73 11 63  3  6    48 25 51 95 85
60  9 93 21 70    32 46 69 44 84    97 86  8 23 96    29 58 54 36 77
28 82 52 94 83    47 38 45 59 41    87 53 71 37  1    35 12 10 62 72
75 40 99 30 56     7 31 74 76 68    92 18 78 89 39    22 66 17 24 34


 3  6 71 67 65    92 31 77 56 94    38  * 91 59 74    57 78 21 12  8
24 99 48 80 83     4 95 61 46 47     1 44 62 32 14    86 54 93 51 66
55 64 17 20 25    68 23 11 34 26    37 42 53 15 43    73 58 33 49 85
35 88 87 97 72    22 10 28 27 30     7 84 89 45 50     5 70 16 82 41
18 19  2 13 39    79 52 60 36 75    98 90 76 63 29    69 40  9 81 96


90 31 96 76 26    93 27 60 33 42    11 38  * 57 51    19  9  2 29 84
22 68 85 73 53    46 61 74  4 66    48 81 23 41 82    69 59 34  7 65
67 95 45 14 55    49 77 83 37 28    72 15 92 13 30    40 99 97 71 36
24 75 79 94  3    16 32 25  1 70     8 12 80 98 88    91 78 86 62 50
 5 58 43 35 56    89 47  6 39 20    54 87 17 64 10    52 63 18 44 21


30  2 48  4 82    53 81 10 15 95    29 91 97 18 62    16 13 88 78 68
67 98 59 20 85    17 58 33 21 45    56 25 47 69 51    34 36 76 80 99
75 73 54 40 27    61 64 52 37 79    84 86 57 71 11    65 72 42 26  9
43 77  5 12  8    31 63  * 46 24    60 32 90 44 83    38 92  3 28 70
23 89  7 96 94    55 66 14 22 50    49 74 39 93  1    41  6 87 35 19


79 86 43 11 34     7 15 26 84 39    63 57 96 66 71    65 98 76 68 16
 9 24 22  8 41    95 19 80 21 27    75 88 49 14 67    64 56 36 77 60
31 35 69 58 51    99 54  * 83 53    46 29 59 81 89    82 94 45  5 93
52 90 13  3  4    18 20 44  6 91    23  2 38 74 55    48 78 40 10 32
17 33 47 50 97    25 85 61 42 30    37 72 62 92 28     1 73 70 87 12


73 65 43 38 17    57 21 33 54 36    34 83 89  2 15    85 22 72 23 19
 6 25 88  5 61    67 96 79  4 31    56 47 90  9 74    41 48 60 12 78
76 45 98 66 58     7 20 29 97 62    75 40 24 50 52    26 53 93 71 42
14 44 39 64 94    46 86  8 69 11    77 32 70 55 82    51 10 95 37 99
91  1 92 27 63    81 87 16 28 59    18 30 35 68 84    80  3 49  * 13
```

* Represents 100

100

TABLE 6—INTEGERS 1–100

Each 5-line block is a permutation

```
38 96 70 44 77    41  5 27 93 39    76 15 26 52  8    85  7 62 35 83
23 25 91 73 89    99  3 54 84 94    40 71 29  9  1    32 22 47 97 21
45 33 53 34 92    36  * 81 14 87    59 80 65 64 18    75 24 82 13 50
88 48 74  4 55    17 61 28  2 60    42 49 63 43 90    95 56 19 46 10
86 79 57 67 98    58 78 11 12 69    16 30 37 31 68    20 51 66 72  6


68 38 15 72 35    12 77 23 57 78    90 31 66 11 46    52 10  1 63 16
50 96 92 97 42    24 25 27 56 87    62 32  7 22 64    71 40 13  2 59
28 34 82 26 61    43 86 95 21 91    49  3 99  9 76    89 69 47 48 17
 5  8 29 80 81    75 33 70 58 67    65 36 44 19 83    53 39 55 30 88
45 98  4 84 94    41  * 18 54 20    14  6 85 74 51    93 37 79 60 73


82 29 80 14 75    55 18 38 78 34     6 41 30  7 19    90 52 63 60 58
23 92 68 81 61    79 15 57 91 88    53 72  2 66 69    20 71 35 89 50
32 39 25 54 87    86 74 47  8 45    84 26  5 40 76    67  4 65 56 11
95 59 62 44 85    13 73 16 83 10    96 97 28 99 36    17 70 46 27 48
49 51 37 42 21    43  * 94 33 93    31  3 64 22  1    98 12 77  9 24


27 15 61 77 86    67 30 97 74 91    24 56 49 48 10    17 29 32 12 38
54 36 52  5 31    95 90 58 14 41     3 73 22 18 50    33  * 60 44 93
78 72 82 94 99    68  9 69 25 81    89 39 34 28 21    40 51 11 26 88
19 87 23 46 42    98  8  6 62 66    96 85 64 80 71    37 13 65  4 43
 1 53 70 75 76     2 59  7 35 20    83 47 92 84 16    57 63 45 79 55


94 58 57 98 38    97 93 35 56 25     4 79  *  9 72    16 80  2 66 39
 5 61 24 11 83    44 92 49 20 82    22 19 60 12 84     6 45 70 30 73
26  8 76 41  1    77 18 32 85 55    51 31 27 91 95    52 48 15 74 99
62 86 78 34 67    63 81 37 29 13    68 69  3 87 21    36 96 50 42 28
59 65 71 90 43    10 40 23 17 47    54 46 88 75  7    89 64 33 14 53


 7 22 77 52 14    30 63 18  4 79    21  6 75 98 37    88 51 53 94 86
68 46 24 83 20    66 29 43 47 10     1 48  9 97  5    82 26 50 58 59
55 42 49 56 44    87 19 31 85 73    91 41 84 57 13     8 40 38 25 11
45 32 15 35 28    34  2 16 89 54    23 27 67 74 60    95 36 65 99 78
76 92 62 81  *    17 71 61 96 93    80 12 72 33 64     3 39 70 69 90


81 63  3 35 19    14 51 75 74 48    29 52 21 97 72    44 70 73  2 43
99 98 40 60 31    94 85 62 13 30    69  7  1 59 91     6 42 16 82 76
95 50 66 28 58    93 25 57 78 53    54 12 11 46 34    64 36 96 89 67
84  8 38 37 27    15 92 39 79 47     4 55  * 17 24    71 65 80 23 49
32 83 88 77 10     9 90 41 22 56    33  5 45 68 86    26 61 20 87 18


76 47 45 75 73    82 91 56 85 37    62 10 57 52 42    28 81 94 31  6
69 80 40 19 55    70 67 98 68 93     2 36 35 59 65    29 39  3 63 61
 5 95 24 50 79    96 33 11 92 49    16 97 88 25 12    48 15 90 78 21
46 14 89 17  *    74 99 38 86  8     1 53 87 66 51    20 60 44 77 84
18  9  7 22 32    27 13 41 26 58    64 23  4 72 30    34 43 71 54 83
```

* Represents 100

TABLE 6—INTEGERS 1-100

Each 5-line block is a permutation

```
31 21 38  8 22    17 83 24 66 97    10 77 98 37  9    76 65 63 84 53
35 71 57 40 15    54 74 80 61 68    86  3 25 11 79    75 50 90 72 67
96 30  2 81 55     * 60 88 27 78     7 42 99 44 34    85 36  1 45 47
48 49 18 95 82    69 64  6 26 28    93 70 89 23 92    87 94 20  5 14
73 56 32 43 12    13 46 19 41 59    39 58 51 91 62    16 29 52 33  4

20 56 21 58  *    42 27 67 74 46    63 28  3 86  6    66 76 16 35 93
36 32 38 90  1    17 91 11 24 62    23 64 69 37 89    22 73 99 83 30
40 44  2 14 96    78 33 13 31 70    61 41 50 60 75    26  7 18 98  5
29 80 87 82  8    55 48 52 25 77     9 85 57 59 39    68 53 19 94 65
71 12 43 79 51    84 47 81 34 95    15 45 72 54 88    49  4 97 10 92

78 34 67 19 89    60 33 68 47 37    49 36 51 48 90    64 65 17 81 77
38  2  9 41 12    14 40 82 76 29    10 91 11 96  4    63 62 28 87 53
31 57 32 22 50    43 79 83  8 35    55 21 74 13 72    20 80 66 58 85
93 26 56 44 98    99  7 94 23 52     1 73 92 86  3    75 84 69 18 95
27 45 16 42 59    25 97 30 71  6     * 70  5 39 88    46 61 24 15 54

92 96  5 90  4     6 86 20 70 93    32 94 83 35 58    81 76 68 13 39
36 37 47  1 60    78 43 27 87  8    61 46 26 14 44    62 88 19 12 82
40 97 72 77 67     2 75 21 71 28    23 91 48 89 16    38 99 15 66 17
55 59 84 24 10    31 69 57 29 95    50 33  * 54 85    41 11 18 65 98
42 51  3 49 25    64 34 74 45  7    53 73 22 63  9    30 80 79 56 52

 8 69 32 41 97    98 22  1 71  2    18 85 48 80 78    26 33 34 16 62
36 81 83 39 91    61 43 12 64 67    92 47 11 57 89    99 72 63  3 17
68 76 44 31 37    65 24 88 40 86    93 84 73  9 66    13 30 55  4 29
50 96 19 14 60    56 52 35 49 95    10 21 58 75 54    70 53  5  6  7
51 74 23 15 45    82 20 46 42 79     * 59 90 38 87    77 27 25 28 94

55 83 88  9 32     7 21 67 79 65    46 10 92 23 24    94 60 26 28 77
48 90 97 84 54    57 34 42 25 13    27 41 38 85 74    44 53  2 33 66
 4 63 99  8 14    80 31 29 82 91    58 43 68 78 15    18 71 49 98 95
72 16 39 64  3    40 19 37 51 12    62  5 47 86 20    36 50 69 30 61
70 45 35 89 17     * 11 76  1 52    75 73 81 93 56    59 87  6 96 22

26 53 11 46 64    40 48 28 63 95    39 77  4 51 10    83 13 25 97 14
66 20 73  * 78    59  8  2 86 98     6 47 54 58 76    43 68 21 19 30
29 90 44 67 87    93 24 55 81 99    69 18 15 84 41    45 62 56  3 71
17 80 32 79 70    85 34  5 75 36    92  9 91 88 12    37 42 23 72 65
94 82 33 31  7    52 49 38 35 89    16 22 74 96 57     1 27 61 60 50

66 61 47 29 39    44 77 21 43 42    68  4 56 97 36    45 69  9 83 87
20 53 95 98 40    25  3 79 11 82    88  8  7 74  6    13 34 57 32 81
63 28 14 96 35    62  1 90  2 10    58 75 17 23 94    67 60 16 85 15
41 18 70 31 59    12 65 26 50 86    24 93 92 27 71    89 51 80 52 46
76  * 19 78 55    33 99 91 64 22    49 30 84  5 37    73 38 48 54 72
```

* Represents 100

TABLE 6—Integers 1–100

Each 5-line block is a permutation

```
93 95 68 39 20    97 82 53 66 25    90  * 55 99 72    10 27 89  4 86
73 23  9  2 28    92 43  1 62 96    24 87 31 81 45    15 46 98 75 47
41 19 77 32 61    76 51 49 36 22    14 16 18 17 69    13 37 54 88 74
30 57  5 63 58    33 12 52 70 38    40  3 48 21 35    34 42 80 56 59
85 26 83 50  8    60 65 71 44 94    84  7 64 29 79    67 11  6 91 78


91 50 57 79 37    63  4 75 20 64    39 22 97 82 54    32 43 92 89 90
77 80 48 62 84    18  * 31 16 52    74 66 36 78 24    83 17 41 14 95
44 87 35 30 12    13 47 67 46 29    96 27 99 94 61    71  7 42 55 45
 8 65  6 53 11    73 19 23 68 25    70 10 85 86 60     1 93 33 59 40
56 28  9 34 49    88 81 51 98  5    26  3 58 76 15     2 69 72 21 38


66 46 20 86 88    12 40 79 29 75    63 58 90 65 28    68 87 26 62 49
72 37 30 25 61     6 44 56 59 36    91 73 76 51 82    78 92  5 21 45
67 81 99  3 95    50 35 54  7 48    74 13  8  *  1    97 98 69 77 85
31 15 70 83 11    93 71 64 22 17    53 55 96  4 32    42 14 38  2 43
27 18 33 23 80    39 94 10 19 16     9 89 57 47 84    41 52 24 60 34


63 78 17  3 85    50 15 77 84 23    41 57 14 28 75    34 22  2  7 18
45 13 33 56 52    90 16 98 31  *    46 44 43 69 96    80 99 59 72 81
53 32 49  1 86    60 54 27  9 91    70 58 73  6 64    74 12 25 82 30
42 92 47 95 79    10 37 87 94 36    26 68 88 24 62    11 35 21 71 67
29 66 19  5 40    55  8  4 76 97    38 93 65 48 89    51 83 20 39 61


 8 19 63 21  5    68 39 91 74  9    96 79 69 65 24    82 97 11 22 70
34 84 27 87 44    30 48 80 57 23    16 58 17 78 38     7 55 99  2 92
89  4 77 64 73    52 75 83  1 40     * 60 90 53 28    50 25 94 26 95
14 88 86 36 45    93 47 15 51 29    46 54  6 71 62    13 43 37 76 81
32 61 98 41 33    12 20  3 56 31    67 42 66 18 59    72 49 85 10 35


58 37 91 63  3    59 16 38 28 93    29 50 69 32 42    89 94 49 81 88
31 86 52 19 90    99 76 74 98 75    79 17 30 47 15    68 92 41 51 95
12 45 23  2 20    57  5 18 33 36    65 27 56 14 85     9 83 48  8 96
13 53 10 64 34    97 25 21 22 77    43 35 87  1 73    11 24 54  4  6
61 46 55  7 26    39 67 70 82 78    84 40  * 60 66    72 80 62 71 44


87 37 36 31 40    46 13 68 26 44    41 42 24 11 80    29  6 28  2  9
70 61 88 66 73     8 15 50 21 96    54 69  7 10 78     5 33 20 18 85
89 51 48 25 32    91 45 58 60 99    84 38 83 76  *    23 47 97 77 95
43 64 92  4 65    86 67 14 39 59    52 93 19 81 63    71 22 94 49 12
16 35  1 56 72    62 98 55 53 82    17 30 90 27 34    57 75  3 74 79


41 72 17 77 79    97 67 20 80 45    49 55 57 76 28    18 10 88 14 96
78 44 30  1 66    70  5 16  2 73    38 75 92 82 89    64 87  4 21 84
95 91  8 74 48    43 65 90 39  *    53 15  6 98 54    13 61 68 85 59
29 35 24 94 50    51 86 62 25 46    99 27 56 42 22    93 52 47 83 60
33 12 26  3 34    71  9 37  7 81    40 32 31 23 63    11 36 19 69 58
```

* Represents 100

TABLE 6—Integers 1-100

Each 5-line block is a permutation

```
26 15 39 65 16     6  7 41 59 55    98 18 17 87 22    80  2 62 63 82
94 57 90 91  1    51 83 96 58 99    85 40 68 50 66    75 86 54 61  9
69 12 38 95 71    47 72 93 14 32    60 25 42 73  4    44 37 64 79 53
77  3 84  5 28    89 52 35 19 81    10 31 92 24  8     * 97 45 88 34
36 29 23 76 13    20 67 11 70 33    48 74 46 27 21    49 43 56 78 30


21 96 60 69 41    39 92 30 85 95    52 31 86 32 50    16 22 37 23  3
57  1  5 33 24    43 19 88  2 55    71 76 10 46 90    35 49 83 59 11
47 18 29  7 97    91 99 51 67 12    61 98 36 72 38    77 62 15 82 78
20 75 53  * 80    17  8 34 40 70    87 14 84 64 68    94  4 73 45 26
79  9 65 54 81    25 44 13 74 42    28 56 58  6 93    27 48 66 63 89


74 36 53 19 24     9 86 95 90 82    18 88 11 51 54    34 55  6 57 92
35 98 67 63 68    42 97 56 76 29     7 49 59 30 65    58 91 73 33 38
10 40 20 23 93    61 96 37 17 12    72 64 28 22 79    71 62 39 13 70
 5  2 80 85 94     4 60 78 47 77    25 87 45 81  *    48 41 83 75  3
89 31 52 27 66    15  8 14 43 46    16 26 44 21 32    84 99 69 50  1


82  6 53 72 98    40 77 11 71 90    78 20 37 95 45    67 36 62 88 92
64  8 33 21 54    30 75 74 10 38    24  9  3 14 12    18 26 28 73 31
 4 60 39 32 99    55 96 83 68 22    81  *  1 44 80    52 70 84  7 19
43 76 63 69 58    66  2 51 61 50    86 13 15 94 47    97 25 41 87 35
16 85 48 59 29    89 91 27 46 42    17 65 34  5 79    93 57 23 49 56


33 70 75 49  *    82 95 18 15 28    41 98 32 31 74     1 78 47 19 66
26 72 23 93 64    58 24 30 13 52    57 39  7 92 69    84 27 71 63 22
10 45 11  8 89    67 77 46 17 81    37 79 34 21 14    76 65 16 80 43
96 12 83 29 50    90 91 53 73 51    38 61 40 55 68    42 62  3 25 20
86  6 88  4 94    56 54 99 35  5    36 85  9  2 87    59 97 48 44 60


38 90 75 76 15    97 85 83 84 30    22 25 82 99 45    21 59 77 42 70
98 61 43 64 52    87 27 26 41 36    62 73 94 51 40    86 56 63 19 32
39 46 53 24 60    80 29 89 23 48    37 81 55 44 71     2 14  1 18 74
35 47 10  4 13    11 95 58 66 33    65  3 72 28 93     9  5 34 96 49
88 57 79 69  8    17 91  *  7 67     6 54 12 16 50    20 78 92 68 31


55 48 50 66 63    23 84 73 24 29    47 16 37 77 87     6 20 44 11 28
98 12  8 57 52    97 78 80  3 36     7 54 69 32  1    38 34 18 30 99
59 61 76 26 85    92 86  2 74 89    83 39 15 88  4    62 75 67 33  5
82 79 49 81 51    22 95  * 72 31    53 40 90 56 41    25 17 10 19 71
65 45 46 43 21    94 68 64 13 35    93 91 96 70 60     9 58 14 27 42


42 57 81  4 50    38 51 26 30 88    87 56 92 18  7    80 70 44 27 10
55 93 36  2 77    17 23 58  3 94    76 85 75 54 53    32 46 49 15  9
12 99 21 11 31    86 37 34 65 20    60 97 33 29 82    84  8 74 19 98
67 89 28 13 71    64 43 62 72 48    45 68 90 52  5    63 78 47 24 41
22 59 39 73 83    40  1 91 96 66    61 16  * 35 95    79 69  6 25 14
```

* Represents 100

104

TABLE 6—Integers 1–100

Each 5-line block is a permutation

```
92 19 82 34 88    40 59 48 84 93    38 29 52 32  2    98 20 28 96 49
 7 22 37 81 61    73 86 80 25 62    16 39  5 65 41    35 31 67  4 77
85 89 27 17 71    72 26 10 74 53    94  3 57 23 44    87 58 55 68 11
15 95 13  1  9    60 91  8 99 75    70 76 30 45 66    50 97 46 83 56
63 33 43 12 69    21  * 54 78 36    90 79  6 51 18    47 14 64 42 24

51 59 50  2 88    27 95 54 91  7    97 36 72 42 49    56 21 90  5 46
38 69 16 23 82    87 22 32  * 44    67 20 28  4 79    13 78 62 57 64
14 94  6 11 33    34 83 96 85 24    53  8 93 81 76    31 48 25 61 60
12 17 45 58 19    52 71 65 10 18     9 15 37 41 73    43 68  1 39 55
 3 74 26 47 75    40 66 89 29 70    86 99 92 35 80    98 30 77 84 63

42  1 33 91 67    54 83 84 80  3    79 51 11 77 53    92 95 55 20 22
16 69 49 76 13    57  2 37  6 96    28 26 10 52 71    50 58 88 59 93
68 85 62 98 64    82 46 60 23 45    73 47 65 25 14    18 74 35  7  9
89 63 29 44  4    38 61 75  8 81    66 32 78 90 34    41 87 40 19 12
31 72  * 15  5    24 86 17 99 21    56 39 97 94 43    36 70 27 48 30

91 13 57 65 25     8 50 61 30 72    74 23 19 21 68    51 43 90 46 93
 1 78 85  9 99     3 71 15  4 10    12 17 64 92 79    27 14 52 29 69
38 28 18 96 60    32 33 26  5  2    53 87 49  6 81    16 37 84 97 67
40 31 35 58 41    89 62 70 98 56    77 55 94 63 20    11 48 39 73 45
83 75  7 82 76    34 66 86 95 24    59 22 44 54 36    42 80 88  * 47

23 89 15 57 25    62 45 41 77 33    66 68 61 74 95    22 88 78 58 59
29 32 97 47 85     7 20 99  9 16    91 72 82 56 80    50 63 87 51 43
92 13 53 94 65    71 34 26 28 90    27 17 39 81 14     5 96 75  3 49
46 18 73 11  1    37 98 52  2 40    54 64 93 12 10    55 24 83 42 67
48  4 84 69 19    76 31 30 21 86     *  6 44 70 79    35 60 36 38  8

90  6 45 41 37    29  7 15 13 54    21 30  2 55 35    78 36 81 58 87
47 24 51 14 26    92 97  3 31  4    71 40 19 85 42    62 73 69 27 56
93 38 49 79 89    94 84 18 33 57    80  * 66 22 76    63 74  8 68 11
48 20 98 23 95    39 82 34 65  1    60 17 72 52 16    64 43 12 28 70
83 44 46 61 32     5 25 91 53 86    67 59  9 75 99    88 96 10 77 50

50 51 30 47 53    25 61 36 31 86    70 45  * 99  9    32 17 52 97 66
29 10 67 11 94    49 27 21 19 60    98 42 69 56 59    14 65 77 82 48
68  5 78 13 55    89 22 44 18 91    87 95 88 81 84     2 23 26 38 71
33 24 63 72 41    62 20 54  3 46    57 12 15 40 79    43 39 85 76 34
90  1 74 28  8    73 96  6 93 16    80 37 64  7 92    35 75 58  4 83

16 23 80 73 68    41 45 71  6 84    72 18 21 52 32    59 87 30 76 43
14  * 19 81 27     5  1 37 97 70    85 83 10 95 48    77 38 61 78 25
90 79 92 11 17    60 74 51 33 35    15 98 58  9 46    31 55  8 88 69
99 65  3 63 20    39 96 94 29 50     2 89 57 49 93    86 42 66 44 34
12  7 36 47 40    82 24 26  4 75    53 62 56 67 91    54 13 22 28 64
```

* Represents 100

105

TABLE 6—INTEGERS 1–100
Each 5-line block is a permutation

```
29 64 65 61 60    15 85 36 13  9    53 56 52  8 21    86 38 66 71  *
41 50 24 80 23    48  5 68 75 31    54 88  4 35 94    96 40 63 45 16
 6 79 39 28 87    84 26 44 19 27     1 81 83 12 92    72 37 42 62 90
10 82 46 78 69    93 33 58 32 14    20 59 95  2 97    34 25 74 73 43
76 98 99 89 70    91 49 67 17 51    57 55 47 11  3    18 22  7 30 77


 8 88  * 52 91    49 72 41 60 76    39 84 73 55 22    96 11 59 67  2
81 35 30 48  5    69 14 82 25 42    44 93 54 46 62    70  9 75 38 50
45 56 13 99 80    63 77 94 65  7    74 66  3 15 92    64 34 28 89 16
90 19 95 43 40    78 86 10 47 79    12 87 61 51 31    27 32 36  6 29
98 23 18  4 71    37 24 33 20 57    53 17 68 26  1    85 97 58 21 83


66 31 29  4 47     8 90 89 58 42    75 61  9 50 19    16  6 27  3 99
45 73 39 59 83    80 79 72 22 49    33 10 23 68 48    28 12 52 35  5
82 69 55 57 14    15 34 67 46 92    18 86 24 65 51    54  2 84 96 98
26 53 97 95 38    56 63 30 36 60    40 93 85 88 21    62  7 77 11 81
71 13 76 43 74    17 94 64 20 32    37 91  * 70 25     1 44 87 41 78


82 64  9 16 11    97 71 77 23 67    59 46 98 60 91    57 81 65 63 84
50 80  3 61 85    53 17 40 15  7    69 19 74 33 18    21 87 62 54 41
39 25 20 28 43    95  8 51 73  1    13 22 90 58 66    47  6 44 26 88
99 86 49 70 10    56 12 45 83 48    96 30 27 93  *    36 72 68 34 76
78 75 35 32 29    31 55 94 79 38    89  2 14 37 52    92  5 24  4 42


40 20  * 49 65    38 46 61 79 91     9  5 97 51 37    93  3 96 87 47
43 48 25 10 70    60 94 75 35 23    77 92  4 30 66    56 26 74 90 14
21 68 81 19 13    27 83 39 12 22    53 69 63 16 50    34 18  8 33 76
80 88 82 95 58    86 11 29 15  2    45  7 62 71 78    42 84 72 36 52
67 54 31 98 41     1 89 73 44 55    99 17 59 24 28    85 32 64 57  6


24 85 10 72  8    22 62 87 96 12    68 39 97 44 74    45 77 18 52 61
92 21 67 79 51    94 81 27 83 43    30 57 90 20 34    93 15 86  9 58
75 60 95 41 17    73 37 78 40 99    29 13 46  3 28    80 84 49  2 50
26  * 38 54 35    14 98 16 82 76    19 31  6 23 66    70 89 63 32 25
59 64 36 33 88     7 69  1 55  4    42 11  5 47 48    53 71 65 91 56


99 35 90 79 59    65 27 73 68 94    19 57  4 13 15    87 96 16 37 54
69 45  6 28  2    92 29  7 30 60    25 56 22 23 98    36 10 70 75 53
32 47 81 12 89    72 17 34 61 78    24 21 95 44 80    43 71 51 88  1
41 39 97 86 40    67 77  3 74 83    20  9 64 49 26    55  * 48 85 63
11  8 14 52 91    84 42 31 76 66    62 93 50 82 46    33  5 58 38 18


66 93 60 28  2    65 77 32 63 31    67 56 90 36 45    10  1 33 69 50
95  4 13 84 99    19 37 27 53  9    24 12 52 55 20    80 49 48 17 70
68 41 30 26 91    81 14 15 23 35     3 97 92 73 88     8 58 11 94 25
83 51 42 47  *    38 43  7 18 44    22 64  5 86 16    98 89 87 59 62
40 21 78 39  6    54 71 34 76 82    72 79 46 85 61    96 29 57 75 74
```

* Represents 100

106

TABLE 6—INTEGERS 1–100

Each 5-line block is a permutation

```
85 77 18 65 15    12 73 14 72 87    47 44 21 10  5    40 59 62 74 93
24 91 34 96 90    52 43 41 16  3    64 30 17 75 82    51 26 20 22 37
 6 97 28 80 63    95 58 88 67 38    29 71  2 27 79    45 68 84 66 36
55 83 57 78 50    81 76 70  9 13    42 99 35 60 39    94 31 86 98 25
 8 33 49 56  7    69  1 46 19 92    53 54 48  4 32    89  * 23 61 11

93 34  2 62  5    15 38 37 19 84    59 95 13 92 57    28 58 10 46 89
87 27 31 70 52    83 32 67 88  1    43  3 48  4 80    98  7 42 39 17
85 24 26 54 68    66 64 82 21 45    63 12 90 73 61    79 74 71 29 65
50 99 76 81  6    16 86 23 75 41     * 69 35  8 47    44 53 33 56 96
14 60 11 36 51    40 30 94 78 20    18 91  9 72 49    22 97 55 77 25

56 18 88 36 19    22 30 97 92  1     * 73 69 41  4    63 74 10  7 50
66 44 81 77 32    40 28 24 89 65    59 71 54 16 20    34 11  3 80 51
 5 90 76  9 72    52 78 46 47 55    15 39 37 21 33     6 95 62  8 64
43 45 35 68 83    27 94 38 96 84    87 67 12 85 60    23 75 13 70 86
79 29 61 98 49    42 82 58 31 91    93  2 57 26 99    48 53 14 17 25

34 81  9 97 92    93 94 40 67 37    16  8 58 54 21    36 45 52 47 90
98 71 83 74 46    72 39 20 84 99    22 44 29  7  2     6 28 76 79 95
55 17 78 88 77    51 42 61 23 69     1 35 18 80 41    49 87  4 75 43
57 91 68 50 26    60 14 73 32 48    63 27 96 15 59    66 30  5 82  3
25 85 11 38 19     * 24 62 31 89    70 56 13 86 65    33 53 64 10 12

52 58 90 56 70    88 80 14 25 99    39 46 21 15 28    69 18 50 94 47
 6 27 36 68 43     9 89 22 17 41    78  8 59 20 57     4 19 38 83 55
35 53 26  2 74    73 82 97 24 29    54 86 63 44 12    91 62 30 85 84
65 10 40 33 11    92  * 45 31 49    32 37 61 64 96    93 42 81 51 75
79  5 72 67  1    16  3 77 23 98     7 66 13 95 87    48 34 76 71 60

26 24 65 51 96    60  8 33 72  3     * 37 85 47 45     6 87 66 86 41
57 14 64 10  5    90 31 40 38 18    28 30 62 13 77    68 54 42  1 73
19 48 76 34 59    63 36  2 53 49    55 52 43 89 81    27 80 88 58 82
91  4 61  7 16    46 22 56 17 97    75  9 92 23 21    99 15 32 39 25
67 69 98 79 12    35 44 70 84 74    94 20 78 50 29    71 95 93 83 11

55 29 52  5  4    32 42 80 85 46    63 47 91 13 31    66 24 60 30  2
22 34 49 88 18    76 87 53 75 38    12 26 17 84 86    58  3 21 68 45
69 16 54 72 43    50 51 94 44 35     6 41 56 39 70    40 74 82 97 71
96 14 10 93 83    89  7  1 62 64    99 77  8  9 36    59 19 48 25 28
11 98 73 90 37    79 20 65 92 23    78 15 67 57 33    95 81 27 61  *

32 96 44 95 86    84 17 70 76 91    37 92 54 23 67    61  4 29 64 42
49 98 28 51 39     5 19 11  7 20    77 83 43 89 13    14  3 52 71 41
74  1 50 72 10    56 93 48 26 82    58 40 94 31 33    73 53 78 99 16
68 12 47 25 69    21 55  6 87 22    60 59  8 88 79    36 75 45 65 34
97 66 15 80 30    18 85 27  *  2    63 57 35 90 81     9 62 24 38 46
```

* Represents 100

107

TABLE 6—INTEGERS 1–100

Each 5-line block is a permutation

```
34 38 39 88 27    14  2 69 52 45    58  9 35 20 41    40 77 12 63  1
10 37 16 44 80    29  7 36  6  *    26  5 42 56 97    11 60 51 93 82
48 66 21 50 57    47 19  8 64 18    62 90 25 30 92    59 54 13 76 24
33 46 85 89 32    49 87  4 96 43    61 53 68 84 98     3 75 91 71 79
72 31 70 86 67    17 55 65 95 28    73 74 15 83 99    78 22 23 94 81


81 86 30 24 93    11 91 14 74 68    35 63 84 78 73    10 27 58 26 83
29 97  4 23 89    33 94 48 28 61    25  7 32 44 57    77 40 21  3  8
64 56 79 60 88    82  5 62 16 98    59  6 31 12  2    47 15 50  9 36
 * 72 69 76 80    95 19 99 66 71    45 53 20 34 46    92 22 65  1 85
17 67 52 42 39    18 96 49 87 43    37 41 38 55 75    13 51 54 90 70


50 76 39 14 54    26 60 86 97 98     6 72 83 91 40    24 82 89  9 28
87  3 52 17 84    70 93 66 65 34    56 79 74 96  1    36 73 13  8 32
59 33 62 64 55    77 45 23  4  5    20 71 37 47 41    63 94 31 85 30
75 88 42 29 22    15 16  7 44 51    49 19 46 12 43    99 69 18 78 58
35 38 68 92 80    10 61  * 90 25    57 27 21  2 11    67 81 95 48 53


79  8 40  9 70    55 82 51 25 77    46 72  * 41 83     6 20 29 38 47
34 97 93 85 94    73 63 74 50 33    68  2 76 69 52    35 65 12 75 10
17 32 78 90 81    48 99  7  4 23    56 30 87 98 14    43 16 66  3 21
84 27 31 71 42     1 18 62 64  5    11 61 24 37 13    58 59 92 88 86
39 19 36 49 96    53 45 22 67 44    95 60 28 80 54    89 15 26 57 91


12 87 97 61 95    93 33 80  3 42     9 28 31 81 15     2 14 59 26 40
13 79 89 86 67    11 75 76 68 45    32 47  7 90  *    98 72 48  5 84
85 91 70 20 50    30 17 57 44 52    49 10 43 51 99     6 62 35 78 34
82 92 16 22 24    29 94 39 37  1    88 19 64 69 54    46 21 71 53 38
63 41 36 60  8    27 74 83 96 58    55 18 66 65 73    77 56  4 23 25


67 41 77 50  5    75 48 84  9 11    47 56 94 57 26    30 63 34 91 46
43 71 96 97 27    65 80 54 55 18    72 23 98  3 76    10 45  2  7 95
40 15 59 42 88    19 32 64 87 31    68 24 62 78 79    29 14 33  * 74
 8 21 12 49  4    81 60 17 37 39    61 16  6 89 90    58 44 73 51 70
82  1 25 38 69    13 35 66 36 93    85 86 28 22 99    83 20 52 92 53


11 48  3 66 97    31 38  4 74 61    13 41 56 84 58    22 77 75  7 98
59 79 27 76 17    40 96 63 50 64     9 51 26 95 21    28 42 33 88 43
89 39 19 85  5    53 71 94 69 47    91 70 86 62 87    54 90 73 52 92
34 25 57 65  6    14 29 12 44 72    60 81 80  *  8    35 55 45 67 36
46  2 49 82 23    20 78  1 15 18    99 83 30 16 32    37 93 68 24 10


84  1 15  7 31    87 92 48 43 45    68 26 47 90 62    60 38 22 65  6
66 35 77 63 50    55 79 23  * 76     4 14 41 17 72    53 32 91 40 58
74 94 96  5 30    64 10 18 89 42    37 83 24 95 82    20 49 21 28 98
67  8 12 73 93    70 36 25 11 34    54  9 75 61 52    78  3 46  2 29
80 39 27 69 81    16 57 44 59 99    86 88 85 97 19    56 33 13 51 71
```

* Represents 100

108

TABLE 6—Integers 1–100

Each 5-line block is a permutation

```
 *  34  47  90  21     92   8  36  81  46     32  78  38  68  39     94  71  65  20  64
70  14  11  73  44     15  95  19  99  97     56  58  18  13  31     42  40  80  37  10
 2  35  93  41  63      1  16  98  91  75     17  53  52  57  86     27  67  69   4  84
 3  89  79  23  76      7  49  61  29  72     77  43  25  88  59     60  26  28  48  24
30  55  96  87  12     45  50  54  85   5     33  62   6  74  82     83  22  66   9  51


49  98  44  95  84     51  90  83  73  29     21  62  72  55  10     70  78   *  85  39
22  30  69  60   6     75  58  19  63  67     52  91   8  87  15      2  54  14  34  68
74  65  88  50  64     27  77  71  86  45     76  61  13   9  31     32  82  41  16  46
94  17  38  79   1     57  66  20  33  48      5  23  92  59   7     47  80  12  25  97
99  93  89  35  43      4  36  40  11  42     37  26  28  96  81     56   3  18  53  24


10   3  77  37   1     89  31  71  40  60     18   4  44  55  85     84  23  57  80  36
66  35  45  34  29     98  76  50  93  49     59  14  41  72  39     90  68  86  52  15
92  94  70  24  62     91  74  28  38  47     17  78   8  83  88     79   2   5  63  75
27  56   6  42   *     33  65  16  96  26     61  51  67  54  87     25  11  97  43  22
53  64  32  81  19      7  82  13  30  21     48  20  12  99  46      9  58  95  69  73


88  19  72  26  49     59  22  48  78  18      4  66  21  82  94     45  35  61  54  80
73  31  84  41   2     93  60   1  20  69     77  75  36  62  67      8  53  30  25  71
55  40  17  97  42     90  32  89  51  46      *  11  57  92  38      5  86  58   9  65
99  81  24  95  23     68  16  91  43  50     83  28  98   7  76     37  79  85  87  29
39  15  63  12   6     74  64  70  14  52     27  44  33  34  13     96   3  47  56  10


72  59  14  36   *     18  35  78  58  17     26  75  67  38  99     29  73  77  44  13
57  20  89  69  86     49  51  10  33  65     30   5  88  56  43     37  92  98  70  31
79  25  63   2   3     62  94  27  50  46     24   8  60   6  91     34  83  82  16  74
28  61  12  80  52     47  97   1  54  55     45  87  22  76  42     90  85  48  81  32
68  84  96   7  19     11  66   9  15  95     23  64  41  71  93      4  40  39  21  53


25  15  47  65  68      9  63  29   4  87     49  73  50  45  92      7  64  34  41  32
60  57  37   6  40     36  70  78  76  24     93  30  86  44  62      3  28  35  91  66
56  77  59  33   2     80  18  26  39  54     27  58  14  79  89     88  99  11  83   8
61  95  19  74  53     20  98  75  72  22     23  85  84  94  82     38  16  55  90  69
13  31  96  12  97     21  67  81  42   5      *  17  10  48  52     51  71  43   1  46


75  76  45  34  32     26  85  29  49  89     14  35  67  66   8     58  72  63  21  53
64  94  51  54  65     55  78  39  82   6      4  17  18   *  71     44  56  77  37   3
73   9  12  68  86     62  60  43  81  52     20  33  41  70  59     47  10   1  91  83
15  30  99  84  97     79  92  93  13  25     31  98   5  50  69     22  61  88  27  38
28  36  16  40  80     74  11  90   7  96     46  48  95  87   2     57  19  23  42  24


47  87  42  26  96     78  12  16  66  34     24  38  77  22  93     18  23  50  54  48
53  51  98  33  88      4  39  45  91  58     71  69  73   8   7     67  76  61  80  44
74  41  75   2  25     29  89  30  19  13     55  64  14  40  35      5  90  95  62   9
46  97  65  60  17     92  10  21  20  82      6  72  83   *  81     11  79  63  57  70
52  99  85  56  36     37  84  68  27  59      3  86  31  49  94     28  43   1  15  32
```

* Represents 100

TABLE 6—INTEGERS 1–100

Each 5-line block is a permutation

47	10	19	72	43	80	3	52	9	81	68	66	76	67	85	48	8	86	21	61
50	41	60	54	29	49	12	34	69	32	35	7	13	*	1	37	70	82	94	83
89	20	16	28	58	99	51	78	74	39	90	31	59	92	95	45	11	73	91	22
57	4	75	33	26	46	88	40	17	71	84	6	5	38	64	56	98	36	55	87
23	18	24	30	97	77	42	53	2	65	96	44	93	25	15	79	63	14	27	62
97	11	80	48	85	43	13	49	42	50	28	37	9	78	87	71	25	19	27	52
61	74	16	96	8	33	31	20	69	34	95	72	66	32	77	81	67	94	1	58
38	76	86	17	21	23	98	62	56	89	70	90	40	12	39	4	7	41	84	55
60	18	47	45	93	36	68	75	92	83	44	26	30	46	91	53	*	15	14	10
3	65	99	6	73	5	79	24	57	51	2	59	63	54	29	64	35	88	82	22
61	72	96	*	44	59	14	5	2	30	70	37	12	15	11	56	66	57	39	50
45	97	1	42	85	77	27	29	7	32	69	80	64	74	26	25	75	84	79	36
19	92	99	53	40	41	49	73	8	24	81	35	82	28	9	33	38	22	13	20
83	65	23	3	6	68	89	60	87	51	88	62	43	86	10	4	18	71	31	34
17	93	91	54	63	21	48	78	16	46	58	76	95	47	52	94	67	55	98	90
*	84	54	60	45	18	55	20	96	97	89	81	27	38	26	71	77	4	76	47
30	50	37	53	88	48	70	25	5	32	35	73	58	87	6	46	43	24	83	85
80	69	66	40	93	65	29	12	49	7	64	10	44	62	33	99	16	95	72	94
42	9	28	21	11	2	92	74	23	75	78	22	59	51	63	15	13	36	68	41
90	86	67	61	82	39	31	91	1	3	98	19	34	52	14	79	8	57	17	56
18	41	20	79	78	50	92	46	*	91	3	98	31	80	70	42	55	82	15	89
40	95	62	4	16	61	34	23	7	37	45	73	49	21	10	64	28	94	13	24
69	59	56	5	17	84	85	11	54	44	93	81	88	97	57	65	99	30	27	67
96	87	6	47	1	32	35	29	63	19	36	25	86	83	51	2	14	39	33	26
22	38	9	72	12	52	66	43	75	58	71	90	68	77	8	53	74	48	76	60
73	50	76	6	40	87	31	16	63	9	5	34	2	78	79	80	65	59	97	60
55	17	49	36	77	70	43	52	37	67	56	62	84	24	54	39	81	25	85	14
8	15	88	30	12	41	83	35	51	89	19	28	3	22	74	32	98	33	57	90
53	71	38	64	94	66	45	86	61	44	20	*	91	18	13	26	4	68	93	1
23	92	58	75	69	7	96	42	95	10	48	99	29	72	82	47	11	21	46	27
17	62	*	50	83	72	35	88	81	31	14	60	7	46	87	13	4	61	9	85
69	79	74	48	86	64	78	98	2	39	56	52	1	66	20	5	12	40	18	91
92	58	51	47	11	21	30	41	63	90	16	36	33	37	23	3	19	73	25	93
76	6	94	67	55	59	34	26	38	96	24	22	32	89	70	65	84	43	71	82
49	42	97	57	77	54	10	80	28	68	45	75	95	53	15	29	27	44	99	8
33	57	91	13	23	61	99	78	92	59	11	3	47	70	56	72	41	97	52	93
88	71	66	5	50	38	90	94	6	55	31	58	34	19	27	86	36	69	89	51
24	4	15	48	18	30	39	*	1	79	26	82	76	16	43	2	25	32	40	29
17	62	96	20	80	22	49	67	87	37	83	10	28	60	8	73	14	21	74	84
9	77	54	44	46	65	53	35	95	98	45	63	64	7	75	85	81	12	68	42

* Represents 100

TABLE 6—Integers 1–100

Each 5-line block is a permutation

```
34 97  6 64 66    10  * 70 92 11    85 19 81 84 29     8 30 58 14 26
 9 59 25 83 86    15 53 99 56  1    43  3 55 35 71    17 46 47 75 79
33 45 38 50 49     2 93 61 31 78    63  5 32 41 51    48 89 69 18 57
 7 21 16 23 88    37 68 76 39 22    98 96 65 95 72    77 13 36 67 54
82 40 90 80 27    94 91 12 52 44    60 24 74 42 62     4 73 28 20 87


32 79 99 48 97     9 40 25 69 38    78 36  1 33 51    30 58 64 23 41
35  4 57 88 75    60 13 24  5 27     8  7 12 42 45    90 46 55  6 26
63 89 73 19 62    80 54 47 43 50    59 22 96 94 31    85 67 11 20 72
10 28 49 34 21    70 84 92 98 87     2 74 16 71 81    65 15 83 76 77
91 44 61 17 29    37 39 56 52 82    95 86  3 66  *    14 53 18 68 93


84 74 79 81 70    27 95 87 54 93    58 57 89 80 99    37 13 46 43  6
18 65 83 23 32    86 34 49 29 20    22 16 62 77  8     4 24 76 10 38
75 36 92 48 35    25  9 59  * 21    78 12 11 30  7    47 97  2 51 41
26 71 56 72 33    69 40 53 66 28    82 94 91 44 14     1 17 63 85 98
31  5 88 68 39    50 45 42 52 55    90 15 96  3 67    64 60 61 73 19


76 74 77 29 64     6 60 26 69 16    59  5 17 90 58    43  * 11 93 28
35 82 72 34  9    68 53 83 98 65    19 63 41 33 30    51 32 42 24 31
86 21 49 55 45    92 80 18 27 36    61 10 25  4 79    52 70  3  1 15
78 13 99 47  2    88 39 85 20 37    94 87 91 71 38    56 84  8 75 67
22 40 23 73 14    62 12 57 81 44    96 50 95 89  7    66 97 54 46 48


13 53 44 17 94    89 40 92 31 25    70 45 47 84 46    56 19 27 86 77
52 26 62 80 66    73 91  1 90 85     5 43 22 72 10    74 33 58 41 29
12 38 83 78 60    61 48 87 64 11    21  4  8 51 15    36 67 99 81 93
23 71  3 30 18    79 63  *  2 65    28 50 39 14  7    37 24  9 16 34
49 98 69 55 54    76 20 42 88 97    75 68 95 59 96    35 82 57 32  6


19 17 62 73 25    23 11 38 44 88    79 91 66 96 82    39  1 35 76 41
69 81 92 15 72    13 78 33 10 83    50 40 95 89 98    63 32 54 60  8
84 74 68 30 75    90 46 26 70 34    99 36 56 52 57    18 42 55  2  3
 * 49 16 22 65     5 29 12 64 87    20 31 48 53 86     6 59 85  9 94
47  4 97 27 45    67 14 51 61 28    58 80 71 77 24    37 21  7 93 43


21 73 19 96 37    87  2  6 78 39     4 53 45 54 51    32 42 77 75 66
 8 65 92 99 31    86 59 22 89 76    63 12 16 29 28    88 55 41 72 40
60 26 79 18 81    24  * 84 56 48    23 71  1 43 34    11 33 58 27  3
62 50 98 14 47    15 70 94 30 74    82 67  7 91 46    93 57 97 68 52
20 17 61 90 80    38 85 49 25  5    95 36 83 13 69    44 64  9 10 35


57 19 63  5 49    93 92 12 79 77    38 37 29 14  6    11 64 24 73 68
40 32 72 52 55    17 87 10 88 34    61 39 62 70 74     * 50 30 98 22
18 66 89 75 56    65 96 21 46 43     2 33 44 13  3    42 84 26 20 82
 9 69 27 91 41    83 25  7 31 51    16 99 71 86 60    94 53  8 15 54
78 59 48 81 67    47 28 23 35 97    45  1 80 95  4    58 36 85 76 90
```

* Represents 100

111

TABLE 6—INTEGERS 1–100

Each 5-line block is a permutation

```
 4 35 22 20 72    30 10 52 84 85    48 13 60 73 79    14 64 90  8 63
16 91 61 24  7    41 74 43 29 99    86  6 37 98 12    21 78 95 70 94
26  2 81 46 59    83 55 80 76  9    25 51 75 28 77    23 50 58 42 82
 * 88 45 93 33     1 57 71 87 18    97 27 17 66 15     5 39 11 19 96
40 65 47 31 68    34 38 54 62 92    53 56 69 32 44    36 49 67  3 89


15 45 84 47 35    96 77 20 13  5     3 68 18 36 82    58 71 25 31 43
41 46 62 64 24    87 52 23 86 30    34 97 55 73  9    93 32 48 21  1
91 16 17 59  2    51 11 80 85 66    40 42 98  4 10    92 49 27 89 94
79 39 37 26 90    75 33 19 61 95     8 69 53 22 54    38 70 60  6 14
44 29 78 50 65    67 76  * 83 56    28 81 72 12  7    99 88 57 74 63


 6 33 20  5 60    85 63 21 75  2    92 73 77 86 53    88 56 41 95 37
19 99 83 45 16     7 87 49 68 84    54 27 62 47 24    76 65 12  * 59
15 34 30 23 55    80  4 51 71 22    94 89 58  8 82    57 78 32 13 28
69 44 40 14 81    18 61 25 90 50    31  9 38  3 79    29 96 39 26 93
72 42 48 74 66    91 98 70 17 52    67 43  1 64 36    11 97 46 35 10


87 82 48 90 68    70 53 58 45 85    34 27 37 67 64    39 38 86  * 69
 1 99 80  8 96    81 22 91  3 92    16 75 74 78 30    14 60 36 33 63
76 79  6 23 29    71 54 50  4 25    11 52 40 21 46    17 93  2 65 88
56 89 41 42 57    95 15 73 84 35    18 66  9 47 28     7 49 44 32 83
77 13 43 12 24    97 51 20  5 26    61 59 55 10 72    98 94 31 19 62


72 15 50 91 67    60 65  4 53 78    74 87 63 31  1    33  2  8 85 86
83 54 28 42 89    27 23 94 12 64    38  3 57 48 68    90 43 10 56 82
59 24  9 51 35    96 47 25 36 99    18  * 62 11 88    71 58 77  6 95
46 32 92 80 79    44 52 40 34 97    61 84 75 14 98     7  5 37 22 26
73 29 49 16 81    20 55 76 19 17    93 13 30 41 70    66 21 69 45 39


17 60 43 14 97    77 57 34 85 35    36 25 79 94  1    68  4 98 58 71
18 86 21 47 67     8 62 82 37 24     7 29  3 33 59    89 44 76 32 78
 2 28  5 73 11    49 31 65  9 16    38 20 74 81 19    64 55 70 88 52
50 12 45 22 23    46 87 15 56 51     * 95 13 66 75    42 48 84 41  6
92 27 93 26 30    10 61 83 96 99    39 53 69 80 40    90 63 91 72 54


77 23 61 73 95    24 54 97 58 83     4 16 64 18  1     8 52 38 32 99
86 85 55 51 68    35 76 22 57  5     6 11  7 30 45    15 96 90 17 98
29 71 89 79 67    34 80 20 53 28    44 69 48 70 46    88 87 26 56 60
10 81  2  3 21    72 91 14 94 36    31 37 93  * 75    12 92 13 27 84
66 19 78 50 82    33 47  9 39 40    63 65 49 42 59    43 25 41 74 62


53 81 61 88 24    54 67 66 69 92     2 43 21 58 98    46 59 27 87 48
 8 83  4  3 84    23 82 64 77  *    56 78 15 13  1    57 94 22 91 97
41 95 28 85 63    99 74 35 17  6    60 16 38 18 47    30 80 33 71 11
14  9 12 32 86    93 42  7 40 96    68 70 73 51 45    29 90 37 44  5
19 52 72 34 26    75 10 49 20 39    31 89 62 79 76    50 65 55 36 25
```

* Represents 100

TABLE 6—Integers 1–100

Each 5-line block is a permutation

```
39 33 70 40 15    48 76  * 35 12    92 17 13 91  3    96 66  1 56 85
16 64 43 86 19    30 42 29 84 11    79 54 14 57 55    21 18 59 28 44
34 88 80 24 23    50 58 27  8  2    78 68 36 62 63    98 87 10 93 95
77 97 81 32 46    51 69 90 47 25    89 49 41 38  9    65 74 22 61 71
83  5 82  4  6    20 99 45 75 26     7 67 72 60 53    73 37 31 94 52


34 74 55 28 17    45 37 23  * 69    84 90 29 18  1    62 25 75 76 87
35 21 96 98 95    43 80 54 59 31    83 39 85 97 78    12 77 58 22 99
11 93 52 49 88     6 30 16 20 13    40 73 63 61 60    67  4 14 89  9
27 72 56 86  3    79  8 71  5 51    91 66 48 68 46    26 53 94 10 42
36 41 19 82 15    65 32 50  2 44     7 70 92 57 38    24 81 47 64 33


44 81 41 40 38    11 48 88 34 14    79 97  * 30 31    89 12 39 57 94
50 51 26 61  9    71 84 75  1  7    76 16 55  2 36    95 37 35 43 23
99 53 98 19 91     6 82 78 66 32    68 22 52 60 54    73 64 70  3 25
62 72 21 28 87    18 24 47 13 49    10 33 45 90 20    96 92 15 17 42
 4 77 65 56 69    85 29 58 63 74    93 80 86  8  5    27 83 46 59 67


71  6  * 29 22    16 97 76 61 39    67 33 24 37 78    56 35 66 86 18
91 58 99 23 28    38 73 72 44 82    80 25 93 10 20    68 42 13 48 59
 3 36 57 45  8    79 31 49 88 53    87 14 64 47  2    85 30 40 94 96
69  1 11 26 63    89 74 98 95 32    46  7 34 15 75    41 21  4 17 27
 5 19 51 54 70    81 50 77 12 55    60 65 43 92 52     9 84 83 62 90


58 20 90 53 67    12 97 50 45 94    46 69 41 29  1    68 37 62 95  *
 9 73 66 28 18    44 82 92  8 80    36 22 86 63 24    32 61 93 30 78
88  3  2 21 91    71  7 14 60 49     6 25 11 75 19    98 54 23 77 55
39 43 74 27 89    10 51 72 96 76    38 48 65 15 26    81 47 34 16 87
 4 56 33 64 13    84 79 31 83  5    35 59 57 17 42    52 99 85 70 40


20 57 59  9 11    95 72 48  * 96    66 16 30 32  5    15 87 90 81 56
77 45 73 82 58    89 63 70 84 55    71 41 12 83 54    61 10 94 78 31
 7 99 36 29 65    67 69 50 85 19     3 26 24 18 39    88  8 35 52 40
21 68 76 97 75    27 74 98 47 79    60 62 49 17 43    38  1 53 23 42
 6 44 34 28 37     2 92 14  4 86    93 25 91 80 46    33 13 51 22 64


32 51  5 74 61    66 54 46 47 37    22 28 31 98 50    70  * 52 93 83
30 75 59 34  9    49 20 18 16 11    17 99 45  3 25    42 40 23 77 87
 2 92 24 73 88    38 56 85 43 21    41  4 94 13 91    10 79 76 97 67
 6 44 58 39 14    80 90 82 27 60    65 71 72 55 48    35 86 81  8 15
69 26 68 89  1    19 64 84 63  7    96 29 36 78 12    62 33 95 57 53


68 95 52 24 83    12 71 35  2 50    14 85 99 40 58    33 23 60 30 28
10  7 31 97 39    86 48  * 51 77    70 78 43  6 11     4 25 55 46 79
22 87 16 15 21    45  9 54 80 18    96 91 62 65 72    42  3 49 61 36
73 17 26 74 69    59 89 92 38  8    27 63 53 57 93    34 56 82 20  1
41 64 90  5 75    76 67 66 44 13    32 88 47 29 98    84 81 37 94 19
```

* Represents 100

TABLE 6—INTEGERS 1–100

Each 5-line block is a permutation

```
16 29  3 15 45    14 80 60 92 76    58 42 91 78 51    22 18 77  9 19
20 46 23 10 85    95 28 61 66  1    89 93 83 35 13    17 69 70 62 86
74 26 75 98 40    71 52  4 88 41    32 73 21 27 96    56  5  8 50 57
87 12 59 48  7    79 30 65 49 53    43  2 55 81 72    34 99 33 36 97
63 68 39 38  6    84 11 67 24 25    37 31 82 54 94    44 47  * 90 64


62 72 35 95 40    79 92 32 55  1    63 81 97 54 65     5 18 77 76 13
 7 51  6 58 66    26 93 41 34 47    14  4 46 11 45    59 83  8 61 73
98 43 24 39 68    87 52 16 50 53    74 20 57 89 88    75 31 27 64 19
36 25 67 69 78    90 86 37 30 10    56 33 38 71  2    23 96 60 21 44
 * 15 12 22 84    85  9  3 29 94    80 99 49 17 91    28 42 82 48 70


46 92 44 42 13    79 86 68 17 99    12 32 24 81 95    29 45 61 64 27
28 73 69  2 31    36 49 52 67  *    54  7 16 53 71    80 23 15 96 82
85 34 87 70 97    21 26 35 62 94    76 51 10 40 98    93 14  9 83 57
78 60 91 84 66    56 39 20  5 19    30  8 22  4 89    50  3 75  6 77
47 72 88 48 37    25 18 90 65 58     1 55 63 11 43    74 38 59 41 33


46 32 43 59 61    48 56 18 69 98    36 24 35 93 38    22 30 52 33 58
75 12 66 26 17    97 65 85 50 16    96  3 80 27 28     * 68 94 88 55
21 45 71 63 72    83 81 13 67 23    70 39 73 77 31     7 90 92 10  6
64 51 74 89 19     8 41 91 53 29    37 42 20 57 62     5 82 15 47 54
44 79 14  2  4    60 49 11 87 40    25 84  9 34 78    99 86 95 76  1


60 81 98 54 20    79 93  8 84 82     6 88 40 30 56    72 24 45 74 10
42 47 55 23 37    52 71 75 57  2     * 67 86 87 14     1 11 62 83 89
17 36 90  9 48    43  3 51 32 38    49 70 76 19 28    59 21  7 39 61
16 65 46 73 80    94  4 44 64 29    12 27 26 35 99    77 13 53 18 96
68 25 69 85 97    63 33  5 78 15    95 31 41 91 92    22 50 58 66 34


60 84 56 74 77    87  2 27 67 29    34 45 96 35 89    16 36 82 21 54
85 42 11 39 17    51 53 83 58 13     9 28  8 55 48    91  5 62 93 98
92 63  4 46 20     7  3 18 86 32    23 88 19 78 44    15 40 68 80 12
99 61 37 10  6    25 30 52 75 33    47 22 66 72 31    76 79 57 38 14
64 24 81 49  1    95 26 90 69 59    97 41 65 71 70     * 94 50 43 73


28  3 57 11 16    69 29 32 51 75    59  4 33 21 38     9 52 79 80 37
96 71 95 89 45    92 99 91 42 10    90 70 61 47 85    76  1 14 41 82
31 12 18 72 30    15  6 83 66 94    27 44 36  2 46    98 56 63 17 25
84 88  8 55 34    24 20 26 77 23    81 68 58  7 54    35  5 13 53 74
39 49 43 65 19    64 48 40 78 67    50 87 93 73 97    86 60  * 22 62


 8 26 60 68 65     5 85  2 94 24    66 56 29 76 89    54 35 73 47 61
15 67 90 30 59    74 88 80 40 83    62 72 58 99  7    12 70 39 41 78
55 45 51 25  1    44 20 77 28 21     3 64 50  9 34    52 79 22 19 11
 *  4 91 86 84    18 96 81 53 69    46 97 17 95 87    13 32 57 71 75
49 38 48 16 33    92 10 93  6 63    14 31 82 42 27    98 36 43 23 37
```

* Represents 100

TABLE 6—INTEGERS 1–100

Each 5-line block is a permutation

```
62 86  9 25 70    67 89 75 43 65    69 91 16 35 73    40 51 84 14 47
50 24  8 90 23    26 52 66 98 96     7  * 57 33 81    74 17  1 45 94
76 53 71 37 29    42 95 30  2  4    72 15 38 68 87    18 99 58 13 85
92 41 83  6 34    61 64 19 63 80     3 77 79 82 60    55 20 36 59 78
46 28 21 10 97    27 49 11  5 88    22 32 93 54 48    12 31 39 44 56

94 97  * 46 19    77 33 55 79 75    93 20 41 32 88    78 22 52 48 26
 8  7 18 63 69    36 72 65 70  2    60 86 76  3 90    24 12 23 13 44
39 64 30 31 14    15 91 25 16 43    57 85 87 50 66    42 61 62 73 71
54 89  6 10 11     4 58 35  5 98    80 45  1 95 34    67 51 27 29 53
83 38 92 99 59    49  9 47 28 81    96 56 82 74 37    68 40 84 17 21

 8 80 44 75 69     4 94 61 81 57    25 79  * 46 59    14 47 63 90 35
43 62 38 95 77     3 58 34 17 82    98 23 89 97 33    74 16 31 41 15
87 68 65  6 92    13 85 83 22 45    21 76 67 24 36    28 96 26 84 78
71 39  2 49 18    52 27 32 48 86    91 56 50 30 12    70 54 10 37 29
 9 64 40 88  1    93 73 51 20 99    42 53  5 11  7    72 55 66 60 19

71 24 35 73 95    72 40 75 25 99    22 76  1 98 47    42 46 62 68 66
 3 69  7 32 39    23 90 82 74 79    21 59 36 19 53    27 86 77 33 43
54 85 20 80 38    56 63 14 15 30    70 64 89 17 48     2 41  * 92  6
 4 10  5 93 51    57 91 78  9 52    44 67 58 11 60    81 29  8 97 28
83 49 96 34 65    13 88 84 55 50    45 94 18 37 16    26 61 12 31 87

72 56 12 85  1    78 59 40 98 44    58 23 94 73 97    29 54 60 19 90
67 28  6 27 88     8 66 20 34 76    86 89 95 10 99    25 96  9 55 46
65  * 53 62 51    49 18 31 17 22    16 84 57 87  5    63 69 48 45  4
21  3 77 93 50    52  2 91 83 61    30 71 14 42 68    33 82 81 11 92
39 35 24 79 15    26 13 37 38 41    64 43 32 74  7    70 47 80 75 36

56 86 74 62 75    73 54 50 83 84    51 30 76 34 85    22 20 46 19 14
 5 92 40 99 67    29 81 15 96 23    66 26 43 47  9     8 69 32 77 45
48  * 31 38  7    90 78 64 44 27    80 28  2 58 89    25  6 94 93 59
52 16 88 72 98    79 11  3 42  4    33 82 68 71 57    10 36 18 60  1
61 35 95 41 39    53 70 63 55 12    91 87 49 65 17    21 24 97 13 37

67 75  1 32 72    38 45 40 25  5    18 43 24 55 53    12  7 13 58 37
26 97  4 34 93    66 27 92 60 88    48 57 23 95 90    83 80 47  3 74
89 39 62 76 10    15 50 59 44 36    14  8 65 98 41    54 42 30 20 70
68 73 69 77 78    79 56 84 31  2    51 63 11 64 49    99 22  9 19 21
35 85 71 96 91    86 28 16 82 46    33 17 61 29 94    81  6 52  * 87

42 11 99 79 71    81 66 39 37 43     * 47 85 56 77    32  5 58 36 53
41 60 45 15 91    98 64 92  8 14    24 16 34 52  9    82 10  1 70 27
20 40 59 48 31    13 57 33 74 63    93 19 50 29 21    38 23 75 80  4
96 78 61 97 83    26 88 62 12 55    44 68 72 25  3    51 89  6  2 90
67 94 28 30 17    95 76 65 18 35    22 87 73 86 84     7 49 46 69 54
```

* Represents 100

115

TABLE 6—Integers 1-100

Each 5-line block is a permutation

```
81 74 62 33 20   52 98 23 26 60   82 46 39 92 35    4 63 72 51 55
32 85 76 28 73   29 36 99 61 25    7 40  8 34 86   59 37 49  *  5
53  9 57 84 10   22  3 70 21 89   97 58 65 11 30    1 47 50 44 75
48 45 17 16 64   71 18 83  6 79   87 69 77 15 94   78 95 56 80 12
43 38 67 66  2   42 54 93 90 88   19 91 14 27 24   96 13 68 41 31

90 72 40 93 84   53 80 35 86 92   65 71 23 78 63   29 10 48 60 18
51 13 69 45 31   97 61 49 38 39    9 81  1 50 68   96 17  8 52  6
11 67 19  * 14   73 27  7 64 33   24 62 20 55 16    4 25 74 58 76
47 44 42 66 41   99 32 75 79 57   15 83 26 21 95   82 98 37 12 34
30 46 56 85 77   36  2 88 94 22   91 89 70 54  3   43 59 28 87  5

41 97 45  5 30   56 33 75 60 70   65 88 17 16 49   57 55 72 94 87
81 42  9 46 39   85 28 10 27 31   34 13  4 43 14    6  * 51 68 63
32  7 61 76 19   98 22 64 24 53   58 54 47 59 73   92 48 40  3 12
86 96 93  2 79   52 80 26 74 78   20 21 89 95 18   44 50 66 77  8
99 83 67 69 37   36 82 35  1 38   90 11 91 84 29   71 62 15 23 25

 5 55 68 75 93   49 95 46 80  9   16 87 26  6 83   69 41 45 79 13
77 12  * 67  2   53 61 62 47  3   40 52 56 90  1   78 88 35 22 85
27 73 38 43 15   99 82 11 17 48   32 71 23  8 31   37 70 86 63 59
39 54 97 20 57   44 60 65 91 21   76 96 89 94  4   51 30 36 28 64
42 29 19 10 33   14 34 72  7 74   58 66 24 81 98   18 84 92 50 25

21 87 80 95 78   42 81 96 29  2   45 59 44 86 88   90 63 56 47 67
83 16 15 43 71   40 66 94 20 54   36 91 46 85 53   58 27 33 52 34
14 48 77 73 35   12 32 23 64 74   92 61  3  * 30   39 51 24 49  6
 4 31 98 28 75   18 37 11 38 50   72 13 76 79 60   57 26 70 99  9
 1 65 55 25 82   62 97  7 22 68   41  5 69 93  8   19 84 17 89 10

61 56 75 22 85   92 91 38 18 62   98 57 23  4 55   40 39  9 83 77
73 81  7 95 86   33  1  * 26 34    8 66  2 87 97   45 37 43 19 35
20 65 71 41 80   44 93 50 17  3   96 11 47 70 69   24 14 82 68 79
16 10 89 63 46    6 15 25 36 29   12 13 58 72 52    5 64 88 27 67
53 84 31 30 28   78 49 60 74 48   90 99 59 94 21   42 51 32 54 76

14 79 39 16 47    9  2 69 77 10   15 29 93 65 82   49 11  5 78 73
97  8 41 70 34   91 83 22 26  1   94 32 28 33 18    4  * 81 92 30
31 24 12 88 87   64 84 20 17 95   72 19 51 43  6   80  3 66 56 40
23 44 74 48 27   21 58 89 35 45   86 76 37 99  7   85 42 96 36 60
54 98 71 67 57   63 59 53 62 13   90 38 52 50 68   55 46 61 75 25

12 77 55 37 45   16 85 13 76 90   38 39 73 28 91    3 97 26 96  1
25 30 74 56 98   20 33 59 84 67   63 72 15 86 71   81 62 95 49 46
64 78 44 68  9   40 17 99 48 21   80 42 75 66 58    2 83 41 31 88
43  8 61 79 19    4 69 92 94 24   23 65 93 29 89   11 50  6 10 53
57 34 32  * 87    5 51  7 47 18   35 70 22 82 60   54 36 14 27 52
```

* Represents 100

TABLE 6—INTEGERS 1-100

Each 5-line block is a permutation

```
59 61 19 68 36    55 73 43 53 49    23 27  5 34 38    30 94 46 99 78
17 24 20 71 91    81 22 13  8 60    93 80 62 70 14    89 31 75  9 85
 6 42  7 45  1    26 82 95 50 37    33 51 65 79 29    58 57 52 40 28
74 12 15 48  2    98 54 76 86 88    11 16 32 39 96    77 90 63 47 66
72  *  4 41 10    69 44 92 83 35     3 18 25 97 84    56 67 87 64 21


51 10  6 22 99    86 65 49 74 73    24 46 27  2 52    71 67 53 38 31
47 97 95 36 69    83 64 18 32 60    72 13 68 35 93    14 56  8 62 94
26 87 84 11 81    66 70 30 89 25     1 48  3 85 12    37 92  9 78 33
43 17 90 23 54    45  * 88 82 50     5 15 29 39 58    57 16 19 80 76
98 40 42  4  7    44 91 63 79 77    34 96 21 75 59    55 28 20 41 61


27 32 84 69 34    19 25 57 13 72    40 31 66 24 85    89 88  5 71 98
59 61 97 36 74    37 42 12 44  6     2 99  3  7 94    50 95 77 67 47
90 55 60 28 35    56 65 29 52 14    68 92 54 70 64    82  8 17 51 26
91 76 23  4 96    33 63  1 41 20    30 38 87 22 62    49 79 53 39 48
81 83 58 75 73    45 86  9 11 93     * 15 43 78 21    80 46 16 18 10


22 78  7 49  *    57 59 44 79 75    54 20 27 50 60    55 94 48 38 25
96 19 35 32 76    13 74 89 47 12    99 33 97  4 24     5  3 91 34 39
43 36 42 90 52    70 73 98 71 45    41 69  2 31 83    14 53 64 86 37
21 63 68 28 87    80 15 29 84 81    46 67 11 61 51    40  9 77  1 56
82 88 26  8 62    10 93 23 17 66    30 95 18 92 65    16  6 72 85 58


84 97 21 38 44     2 82 36 89 31    52 91 13 83 85    55  1 37 99 76
64 86 50 26 67    93 47 72 61 66    63  4 90 11 48    35 10 71 24 79
68 29 57 73 20    46 96 27 51 81    33  9 74 15 32    80 42 14 95 88
62 45 59 41 25    23 30 17  7 43    69 77 18  6 16    60 39  3 34 92
22 65  * 70  8    56 12 53 19 40    98 28 75 94 58    49 54 87  5 78


99 82 39 91  2    28  4 23 27 75    78 81 29 52 79    87  6  5 71 98
17 37 89 83 51    53 61 40 42 43    35 47 31 85  9    86 48 15 72 65
97 77 94 73 50     1 33 96 58 30    38 36 13 74 64    63 88  8 54 25
 3 26 80 45 59    32 19 41 93 90    70  * 18 84 69    60 62 57 11 20
24 14 16 76 44    34 66 46  7 21    56 95 12 49 92    22 68 55 67 10


 5 63 77  4  7    64 61 66 56 85     2 93 68 88 99    89  1 42 27 71
46 70 87 57 80    41 69 48 22 73    20 53 44 58 25    18 96 51 78 95
 8 54 49 21 23    33 83  6 55 38    29 91 24 97 12    10 65 35 28 50
34 16 76 45 32    82 19 39 59 14    47  3 37 11 67    92 74 43 79 60
 9 26 15 17  *    36 62 40 84 72    52 13 75 31 30    94 86 98 90 81


30 81 62  2 42    44 92  1 68 93    55 76 97 21 22    79 65 15 63 59
84 83 16 37 53    91 70 43 69  6    89 96 85 71 35    88  8 61 32 94
29 78 34 56  *    64 19 52 74 45    54 13 27 23 90    38 36 14 57 77
47 87 20 60 28     4 10 99 95 24    11 12 46  5 31     3 41 86 58  7
17 66 75 67 25    73 50 51 98 80    72 40 26 39  9    82 33 48 49 18
```

* Represents 100

TABLE 6—INTEGERS 1–100

Each 5-line block is a permutation

83	50	60	31	42	47	48	8	12	1	45	23	14	17	2	67	13	77	97	66
36	82	30	20	62	59	34	35	7	65	81	28	4	11	75	94	18	63	49	10
78	25	19	53	86	64	24	76	98	68	89	74	*	15	99	43	51	52	91	73
84	46	92	56	54	26	29	38	88	27	58	80	40	90	22	44	16	96	55	61
69	41	57	79	6	5	37	71	39	32	9	87	21	95	93	70	72	33	85	3

42	8	92	18	55	86	60	38	79	89	33	35	64	52	26	59	66	85	51	63
3	56	97	45	84	65	16	6	21	70	80	93	30	36	99	87	73	20	90	2
53	76	98	37	13	32	72	28	17	96	12	95	29	91	77	41	34	22	58	4
31	75	24	23	14	50	54	10	19	25	88	57	61	*	49	68	40	71	43	69
78	5	94	15	67	47	11	74	62	9	27	83	7	39	48	81	46	44	82	1

22	82	99	20	84	65	67	32	88	49	5	92	24	*	42	83	53	94	13	91
90	58	31	17	44	71	43	54	12	57	46	74	29	85	45	60	6	26	78	7
75	38	11	96	2	16	15	1	69	21	55	63	72	8	86	59	64	23	50	97
98	25	37	30	34	10	79	40	14	27	80	93	73	68	48	3	62	81	19	95
61	51	52	66	56	41	87	35	39	9	33	47	76	77	18	70	89	28	36	4

78	84	11	67	36	65	13	39	57	4	71	31	25	14	17	64	73	21	59	94
30	74	72	29	76	16	82	28	12	27	10	15	92	80	88	9	93	51	56	44
81	96	7	41	50	52	46	22	24	85	98	91	58	47	34	45	35	95	53	55
8	19	90	23	43	42	60	40	33	3	2	37	70	54	86	63	69	75	62	18
32	77	83	5	20	99	68	89	38	1	49	*	79	6	26	48	66	97	87	61

49	29	34	92	43	71	83	59	38	9	78	25	84	74	18	93	64	89	37	41
5	8	35	97	7	46	80	42	88	95	32	70	2	20	22	*	60	48	51	76
36	68	85	13	58	57	16	81	44	27	12	50	31	21	63	66	6	75	10	23
56	14	67	73	39	4	3	82	28	94	40	61	72	55	30	98	90	47	96	26
17	53	52	87	86	79	99	24	1	45	19	33	65	77	69	54	11	62	91	15

19	27	56	8	*	53	85	24	31	88	62	30	96	38	14	97	37	25	28	79
77	74	16	13	92	66	34	54	75	3	69	18	2	82	20	52	6	39	83	67
94	61	9	47	17	93	73	68	72	55	51	40	71	48	90	41	91	49	57	46
32	60	84	36	10	42	99	11	86	89	98	70	26	63	33	5	29	78	35	80
45	43	58	87	22	21	7	15	12	59	50	76	1	64	23	65	44	4	95	81

99	7	55	89	59	23	52	95	80	38	60	33	49	47	62	88	44	84	11	56
57	4	48	27	66	22	46	90	15	36	12	98	3	51	28	79	45	8	35	42
5	41	25	69	81	87	34	14	65	19	96	20	29	82	39	6	2	9	85	92
61	16	72	58	43	77	76	50	*	53	86	71	13	26	32	17	83	37	40	1
21	67	74	24	94	97	70	30	54	18	93	10	68	75	31	73	91	64	78	63

99	6	86	85	98	28	72	22	7	76	38	37	63	93	44	78	5	73	52	96
79	74	95	*	32	89	69	20	23	80	36	41	67	59	64	83	35	87	71	92
66	84	31	94	68	47	82	62	14	19	45	25	8	53	81	43	15	30	11	24
57	3	51	97	55	18	61	77	40	4	2	70	10	9	33	91	54	27	65	26
60	46	49	1	42	48	50	16	75	39	58	13	12	56	29	21	90	17	88	34

* Represents 100

TABLE 6—Integers 1–100

Each 5-line block is a permutation

```
82 80 35  3  5    40 93 61  4 47    38 18 29 75 63    72 99 30 57  *
85 76 77 81 14    89 55 15 44 46    33 84 36 41 42    90 45 60 16  9
22 37 66 49  8    50 31 56 62 67    71 68 91 43 17     2 28 83 97 87
78 27 65 13 20     7 58 51 74 12    86 59 24 52 54    69 21 98 23 73
96 64 88  6 19    11 48 70 34 53    26 79  1 95 32    92 39 94 10 25


45 13 35 95 33    79 48 25 91 78    65 99 86  7 22    43  1  3 29 66
23 63 68 18 16    61 21 39 89 11    32 80  5  8  *    84 96 19 47  9
55  6 82 49 37    72 46 94 67 31    73 24 92  2 87    44 97 42 83 17
93 20 88 77 30    58 59 71 53 34    38 54 50 75 57    60 10 27 74 90
56 69 14 76 52    51 41 98 64 15    70 28 26 85 81     4 62 36 12 40


17 43  3 69  7    88 70 78 98 49    18 55 51 28 10    97 12 52 96 99
 5 76 84 58 56    39 75  9 53 85    14 33 68 38 63    20  * 65 77 21
60 90 57 44 82    15 95 73 64 34    72  1 92 31  6    22 24 48 87 27
29 94 62 32 40    91 81 35 45 93    83 86 11 36 37    71 89 25 23 54
67 46 79 61 30    50 41 47 74  4    80 19 13 59  2     8 26 16 42 66


10 73 45 20 30    19 97 41 67 52    13 57 18 39 24     4  1 28 47  8
91 75 83 66 79     3 33 40 77 69    12 36 38 87 34    35 48 92 37  *
63 65 22  7 44    84 31 43 80 76    68 61 99 85 21    86 32 62 64 27
71 93 15  9 26    72 56 94  6 17    55 29 60 96 74    82 88 89  2 70
25 14 42 50 54    46 51 59 95 11    58 49 90 16 81    23 53 78  5 98


88 44 29 61  3    80 73 45 34 24    35 16 46 31 32    47 14 97 40  7
48 85 37 96 57    30 56 84 67  5    39 54 79  2 28    17  * 13 15 59
91 41 99 26 63    22 93 68 71 25    66 76 11 65 18    83 89  8 19 10
27 53  4 70 60    87  1 55 23 51    33 77 82 81  9    43 21 95 58 42
75 20 78  6 92    50 72 36 62 98    69 94 38 90 52    86 64 49 12 74


18 79 44 10 91    59 32 36 69 12    56 57 33 67 52    11 83 86 75 41
92  8  * 74 51    78 26 89 42 19     7 16  2 98 77    63 95 17 58 54
38 66 55 94 35    29 13 28 31 80     6 40 61 87 72    88 62 93 85 84
70 60 90  3 65    82 46 14 45 43    53 97 64 37  4     1 50  9 73 34
20 27 81 30  5    96 22 23 25 39    21 24 15 49 71    68 76 99 47 48


77 10 44 40 70    66 83 99  5  2    34 52  9 20 25    53 11 27 81 24
28 15 12 76  7     8  4 43 88 56    80 71 33 19 18     1 91  6 78 87
37 51 64 65 57    45 86 59 79 39     3 38 48 89 55    90 23 41 61 32
58 82 47 36 17    21 84 98  * 94    30 26 67 13 68    73 72 49 97 54
46 75 60 95 16    35 29 69 62 74    85 96 22 92 63    31 42 93 50 14


 5 26 66 89 45    90 46 25 39 74    77 24 60 83 15    78 99 71 50 87
33 84 17 67 52    20 65 19  9 31    43 41 28  8 54    69 10 92 97 53
75 64  4 35 91    51 81 95 42  2    36 56 63 27 59    70 44 68 32 23
96 76 47 18 98    34 58 37  6 13    12  * 79 94 57     3 40 80 86 11
22 85 93 30 49     7 48 82 72 55     1 61 73 62 29    14 38 21 88 16
```

* Represents 100

TABLE 7—INTEGERS 1–200

Each one-third page is a permutation

108	153	125	159	154	173	74	147	172	142	65	149	35	111	168
182	42	110	178	51	191	133	78	200	140	46	10	152	66	98
37	127	120	113	68	148	197	60	58	170	177	117	166	145	22
187	41	33	160	189	72	27	54	71	88	23	105	114	190	193
31	112	14	188	19	109	141	157	180	195	92	106	12	185	144
85	143	122	89	93	196	97	63	39	6	8	146	132	67	64
99	95	176	161	128	44	76	138	75	116	40	3	126	49	175
36	59	21	174	16	52	194	130	15	107	155	156	198	100	25
135	34	119	121	77	4	11	53	32	50	167	171	163	80	29
9	47	139	102	123	181	83	137	62	134	57	158	73	1	43
84	186	2	183	26	199	131	164	169	13	150	184	70	86	129
90	5	124	115	104	165	20	82	24	151	101	30	96	192	17
45	179	55	56	61	69	79	48	38	103	91	81	18	136	94
118	87	28	7	162										

168	178	68	83	126	119	134	138	94	46	100	136	99	116	130
23	131	19	61	93	171	88	162	102	59	197	122	143	27	29
135	25	24	195	5	189	87	9	172	158	45	159	180	147	80
153	35	185	74	41	103	96	82	63	34	39	89	187	14	194
32	21	115	79	177	181	8	91	155	86	70	137	97	193	196
188	13	154	67	152	72	105	22	145	129	101	190	31	157	92
146	38	114	81	30	140	20	56	15	163	76	191	106	18	64
66	141	139	165	142	127	167	6	175	85	110	3	176	62	173
164	179	50	186	133	183	51	117	28	48	42	47	121	125	7
78	107	95	150	169	120	43	54	1	151	118	44	182	123	132
55	112	104	98	71	166	57	40	109	75	10	52	58	53	2
149	65	36	200	4	69	90	77	161	49	11	26	84	192	73
184	12	17	124	111	198	170	199	174	108	33	128	37	60	16
156	148	113	144	160										

79	144	68	163	164	64	7	57	160	73	78	132	156	134	32
29	10	11	102	170	145	26	65	154	95	141	151	182	195	175
142	84	192	198	2	22	172	4	189	25	150	39	179	85	143
59	28	176	21	75	124	93	34	149	152	43	47	1	120	20
191	166	162	165	146	178	135	171	74	70	123	42	23	128	137
72	46	119	37	173	86	112	92	127	56	81	186	53	54	138
126	16	158	38	148	61	13	157	110	167	33	50	36	169	40
147	91	107	77	200	51	71	106	118	98	136	18	55	44	177
82	9	174	88	80	97	159	180	196	45	96	67	105	49	161
62	8	194	6	114	14	131	76	199	129	139	30	108	63	115
121	3	103	87	100	83	125	104	188	31	184	111	52	183	24
130	113	99	193	140	122	181	187	109	27	185	35	19	48	17
41	116	155	117	60	66	89	94	12	168	90	153	15	190	101
69	197	5	58	133										

TABLE 7—INTEGERS 1–200

Each one-third page is a permutation

78	35	71	6	126	28	88	169	144	82	21	190	140	75	167
188	192	64	93	112	74	158	104	52	198	138	173	178	44	146
186	164	159	145	79	8	122	31	58	113	109	15	16	182	127
124	17	55	2	46	96	57	37	151	65	73	68	5	70	171
166	129	27	100	196	13	97	176	170	29	60	121	116	85	12
200	62	83	191	14	133	180	177	66	72	135	110	117	179	90
49	197	194	54	3	114	195	149	125	139	189	48	165	181	45
137	81	95	80	152	148	41	193	147	38	107	143	34	131	99
115	161	111	7	61	119	84	134	51	157	43	86	132	92	102
185	47	130	77	154	42	98	23	63	25	67	153	50	69	156
199	59	26	160	39	101	56	105	142	184	106	172	175	24	89
163	30	187	128	150	87	120	32	123	19	4	168	91	162	40
108	9	141	94	103	183	11	18	174	1	76	20	136	155	22
53	10	118	36	33										

29	49	192	39	135	178	96	111	104	88	68	66	149	193	17
132	75	157	176	74	158	161	101	6	34	87	31	182	122	98
180	5	94	198	4	76	159	97	81	103	194	117	73	56	28
37	129	43	64	138	184	150	78	121	21	67	9	86	84	139
95	152	130	160	91	142	48	79	141	69	166	163	42	113	1
168	24	170	200	145	177	3	175	85	80	126	52	41	162	90
151	146	143	174	114	181	172	100	20	137	195	35	8	72	173
169	148	108	112	115	165	109	58	10	54	140	63	147	93	116
179	55	40	57	156	65	38	59	22	199	102	189	144	190	185
196	45	133	15	70	61	128	105	123	25	120	153	27	77	119
19	36	131	53	13	83	16	71	110	136	60	155	23	14	118
18	164	33	191	26	127	183	51	154	188	12	187	171	50	197
62	46	47	82	125	89	186	2	124	107	30	7	32	167	134
99	11	92	44	106										

159	49	163	105	92	110	58	95	172	32	156	21	51	10	104
44	40	179	127	148	177	77	20	41	38	190	8	24	119	167
189	130	3	33	197	76	52	61	100	114	187	161	98	111	75
184	35	182	13	57	7	139	185	48	63	25	67	99	103	173
160	115	27	1	120	94	154	46	188	59	124	149	140	83	162
11	106	112	64	169	37	155	151	68	78	146	181	166	153	150
152	141	22	113	65	123	107	28	136	91	102	89	193	137	18
164	30	26	165	194	125	85	97	178	42	47	43	81	122	176
175	145	88	191	29	54	108	157	66	17	186	53	171	87	56
69	168	70	19	82	96	73	132	116	196	2	80	109	174	15
93	126	34	198	134	183	45	199	72	170	158	12	200	128	86
121	129	118	138	36	74	131	101	31	135	6	144	39	14	23
143	84	133	62	192	55	180	4	5	142	71	195	117	50	79
60	9	147	16	90										

TABLE 7—INTEGERS 1-200

Each one-third page is a permutation

```
 23  62 186  81 115     60   7 119 137 109    158 147  33  44 165
 50  35  21  29   8    154 117 106 169 174    127 187   2  12  76
 88  78  22 103 190    141 143 179 183  57     83   9  28  99  45
 68  32 129  34 112    125 167  96 136 172    130  86  63   6 196
 77  53 163 140 180     79  17 185  72 110    145 159  38  85 156

161 123  75 138 104     48 105  36  82  71    132  20 149 171 175
 40  55 173 131 128    178 111 200 120  90     24 102  31 160  49
114 195 150  67 126    191 148  98 142 121     42 189   4 139 192
 27 146  39  61 164     92  87  14 100  94    151 184  47 177 133
 73 181 166 118 124      3 168 152 122 108     43  59  54 101  95

 37 182  30  65  13     74 198  66  51  80    197 113 144 194  70
 56  58 193  15   1     52  16  10 176 199    155 135 162  64  84
  5  41 134  25 116    188  11  97  19  69     46 107  89  91  18
170 153  93 157  26
```

```
181  16  27  88 161    116 129  93  12 187    176 198  73 135   5
123  51  69 137  43     45  68 194 138 183    166 167  77  49  97
139  65  39  41 160     56 110 178 113  95     83 140  92  57  36
 89   1 168  10 170    195  62 112 153  17    164   3 114 119 109
151 120 156  11 154    149  54 173  40 131     13 145  58  96  32

115 177  34  87  91     78  55 175 191   7     81 162 200 157  72
197  63  48  31  80    174 193  30 100  42     19 163   6  21 111
 15  53 105  66  90    117 192  33 179  60    103  64  98 126  74
165 122 155 171 127    132 134 121 180  46    125  47  71  94 106
189  76 158  70  44    150 141  99 101 136     28   9 199  79  18

 23  25 133  61 107     26  20 130 124  52    148 196 152 182   4
 59 190 142  67 169    118  75 128 143 104    102 144  24  22 185
 85   8  29 188  14    184   2  37 172  38    159  50 146  35  84
186 108  86 147  82
```

```
 83  37 122 104 179     96  20  26  62  31    101  16 165 150  76
124  74  93 170  50    107  45 113 168 183      6  61  57 110 149
112  77 140 163 166    103  35 156 176 154    130  40  99 119 105
189  47  78  43  33     71  15  92  38 116     89 138  56 114  10
102  29  80  73 167     81  63  60 173 169    153 191  24 187 195

141 151 155 135 120     17 198 100 199  68    178  94  95 182 181
 30 137 180 177 128    190  42  82   5 118     67 162  55  18  97
148  72 117 161  41    121  32  90 125 184    159 186   2  23  88
 51   4   7 109  75     64 108 142  59 152     66 134 185 164  44
188 136 132 197 144    157  85  34 196 158      3  14  12  27  87

115 111 160 172  69    192  84 200  79 145    129 139  19 194 123
 13 126  70  58  49     28  39 193  48  11    147 143  36  53  21
  8 127 133 174  91    171  54  65  22 146    175  52   9  86  98
106  25   1  46 131
```

TABLE 7—INTEGERS 1–200

Each one-third page is a permutation

129	5	9	35	153	138	189	186	53	121	115	80	27	162	113
25	159	78	168	51	6	88	39	190	67	110	136	181	191	38
192	63	72	18	33	149	10	71	46	64	14	137	160	152	197
172	65	8	135	52	143	74	188	174	90	103	185	87	165	180
167	139	176	146	29	175	19	183	116	200	141	7	125	92	109
118	134	107	97	114	13	104	20	142	48	151	111	66	12	161
43	182	166	195	58	170	37	194	31	179	117	50	120	101	127
132	55	157	173	198	102	40	193	45	79	11	133	99	131	164
16	177	184	34	3	17	54	41	154	124	47	119	62	24	85
70	171	148	130	42	61	158	82	57	100	187	49	150	178	86
98	91	145	44	144	108	105	1	199	2	140	28	30	196	76
93	69	147	94	122	60	15	112	83	77	26	123	155	73	21
89	126	81	23	36	156	128	169	4	96	75	22	59	56	95
106	68	32	163	84										

30	14	118	66	200	164	73	176	185	194	150	105	173	62	153
35	92	128	77	168	86	122	135	45	158	90	4	29	101	191
48	68	124	178	192	146	13	182	111	136	115	172	193	148	189
149	100	142	97	32	25	116	125	37	56	188	199	96	46	117
72	15	59	64	21	91	120	19	171	180	36	169	160	5	183
137	140	144	87	47	127	44	134	132	165	78	113	143	31	123
190	10	156	82	147	2	74	58	139	3	175	167	157	145	40
94	26	18	16	197	110	51	27	198	71	159	20	161	41	6
126	67	166	60	80	38	152	138	154	131	17	33	1	170	7
75	107	70	50	61	121	89	177	196	99	104	174	53	83	23
24	119	98	155	63	186	181	109	11	93	57	65	129	106	163
9	42	52	195	54	130	76	69	133	81	112	28	79	8	151
102	179	141	49	114	88	39	162	187	84	22	103	108	12	34
55	184	85	43	95										

57	195	168	17	35	116	162	144	79	189	174	107	87	46	12
160	194	190	167	83	99	70	140	193	64	23	69	85	7	96
161	41	38	43	3	100	74	151	36	158	8	1	42	159	86
117	185	72	90	192	141	58	65	5	172	191	52	115	91	82
186	133	92	14	89	184	47	15	136	21	121	28	182	157	122
97	109	4	118	18	147	183	62	169	200	149	22	84	24	68
98	48	71	78	177	60	125	2	94	197	198	75	40	142	45
67	196	135	108	165	171	134	80	128	51	10	181	50	188	111
145	55	56	170	187	53	110	106	112	61	16	166	152	20	29
153	81	39	175	130	155	137	49	156	146	27	102	173	131	104
34	9	66	33	114	124	164	32	11	73	25	19	154	101	93
132	150	138	180	123	95	44	77	179	30	88	105	37	6	129
63	126	119	13	120	113	178	139	54	76	31	176	199	103	59
163	127	148	143	26										

TABLE 7—INTEGERS 1-200

Each one-third page is a permutation

81	134	88	96	35	164	5	138	64	53	102	133	150	109	169
62	21	121	19	104	171	71	31	9	40	192	160	90	135	199
184	173	46	82	22	36	2	29	151	146	194	8	113	167	189
73	65	101	6	97	182	54	99	137	78	51	176	38	103	12
193	154	180	52	80	185	30	139	48	91	125	37	188	57	42
3	23	163	85	161	4	162	198	66	130	20	158	200	63	129
34	122	33	112	183	110	28	58	72	44	186	116	92	10	100
190	195	77	187	156	168	107	128	111	145	25	24	56	126	89
152	67	47	136	59	43	132	68	14	142	41	18	196	61	117
143	179	131	75	69	13	177	170	155	95	144	181	74	108	197
119	106	98	32	174	7	93	50	191	105	16	49	172	26	149
118	76	147	124	70	60	94	39	141	114	159	178	27	148	123
17	157	79	87	86	165	11	175	153	166	120	45	83	140	55
127	1	115	15	84										

44	132	9	110	4	37	31	150	67	21	83	76	182	56	8
87	157	111	151	75	135	95	74	47	134	163	17	189	50	99
193	133	16	126	40	30	28	167	138	46	144	165	103	80	69
93	158	198	178	147	19	192	156	49	2	90	172	51	116	125
121	113	81	146	6	12	41	169	54	94	117	38	20	187	159
29	112	194	183	160	170	100	96	64	152	98	92	84	3	106
24	13	22	162	11	128	59	70	58	36	79	190	104	62	155
185	184	196	141	26	82	7	53	71	43	77	34	23	107	55
85	14	122	109	197	118	33	186	154	108	180	119	173	18	73
181	115	199	114	10	136	48	188	137	86	168	88	130	143	179
140	42	97	66	123	89	177	65	68	129	161	32	153	131	61
101	164	52	200	1	139	174	63	105	120	127	124	195	60	39
91	72	78	25	5	166	27	191	148	15	171	45	35	102	175
145	57	142	176	149										

18	87	49	192	175	182	185	48	137	97	24	164	51	95	129
132	169	74	114	86	133	41	33	152	150	62	60	123	76	176
111	22	149	113	35	21	52	103	67	109	58	71	14	17	157
40	54	34	128	118	7	124	116	89	81	179	69	156	42	121
50	112	96	197	68	143	140	115	75	154	1	161	107	162	45
148	20	193	37	6	170	99	23	92	155	191	29	142	145	108
13	53	85	130	79	106	43	94	194	11	26	73	122	66	91
5	77	187	139	163	100	167	93	178	151	198	200	126	8	3
55	30	64	160	32	110	39	2	90	82	10	125	117	141	61
147	184	12	177	174	165	146	70	158	195	131	80	88	31	78
188	196	59	190	181	19	9	168	134	46	135	127	36	153	44
38	199	102	183	172	27	56	189	104	144	159	28	138	101	47
105	16	84	166	98	136	120	119	72	171	63	57	173	15	4
180	25	83	186	65										

TABLE 7—INTEGERS 1–200

Each one-third page is a permutation

123	184	76	139	47		92	138	120	180	100		150	23	78	166	122
175	22	154	30	148		153	103	107	128	159		82	130	93	127	174
121	8	44	2	117		109	77	198	21	169		25	114	164	16	125
132	170	163	195	65		141	181	156	15	95		20	88	17	50	18
89	7	157	145	56		183	68	162	185	131		171	87	11	178	49
135	10	134	144	51		167	116	161	136	69		5	111	108	39	188
12	91	149	147	31		97	146	81	126	29		66	83	182	26	101
172	40	24	13	33		99	61	177	48	27		179	52	72	189	94
124	54	37	14	142		70	71	64	186	90		137	43	110	106	102
60	165	35	55	42		173	74	196	118	86		152	32	59	57	160
140	151	75	46	176		98	19	45	197	143		4	36	190	168	133
79	84	67	96	104		192	105	191	1	53		199	113	41	34	38
6	119	194	73	80		63	193	85	3	115		129	200	62	28	112
58	155	158	9	187												

176	140	11	44	179		92	38	48	134	111		97	199	130	137	15
187	169	185	119	115		43	151	63	184	129		1	165	45	29	9
189	101	170	26	46		174	47	50	163	124		33	90	12	197	16
181	36	162	95	5		55	94	91	133	186		100	190	10	152	109
66	182	42	193	56		136	161	188	126	155		99	89	171	105	17
144	86	160	149	150		154	32	110	175	195		112	123	54	82	39
23	22	135	19	8		167	7	131	146	37		77	178	72	142	141
2	153	157	88	53		103	96	21	104	108		93	198	18	67	148
84	6	74	132	180		49	191	183	4	113		114	62	78	60	159
13	158	196	147	145		117	83	68	52	70		75	173	138	177	20
3	79	25	125	85		116	120	69	57	121		81	98	41	28	24
61	122	51	200	58		40	172	14	156	166		128	31	139	59	27
143	127	192	73	194		168	71	30	164	102		107	76	87	106	65
118	35	80	64	34												

114	24	39	44	101		92	68	57	77	156		19	13	182	142	86
129	180	170	198	47		65	168	88	199	28		107	106	51	113	6
184	145	100	169	55		21	131	31	62	166		58	133	83	30	190
48	26	84	43	172		11	2	164	165	126		130	119	74	148	146
70	45	181	94	108		72	46	150	189	115		159	1	5	197	27
79	85	185	90	12		73	104	67	155	128		36	20	32	162	112
171	22	111	137	151		158	91	163	75	143		138	4	149	118	17
98	134	178	103	177		183	96	176	9	167		147	102	59	80	125
78	52	117	49	109		135	38	200	89	10		50	136	121	175	194
127	66	25	3	192		53	82	7	18	16		87	42	161	191	144
60	139	186	71	93		8	141	160	173	152		41	63	35	29	69
122	99	14	179	33		116	40	37	34	54		64	105	56	23	15
188	174	81	95	193		187	140	196	97	61		124	157	153	195	76
110	123	132	120	154												

TABLE 7—INTEGERS 1-200

Each one-third page is a permutation

51	108	161	176	66	173	54	188	174	194	11	98	105	163	139
168	94	70	92	65	55	99	169	87	61	45	160	56	89	112
8	6	130	150	135	157	16	96	118	165	113	136	85	158	170
30	128	186	179	28	3	18	109	1	114	24	116	84	43	171
48	69	142	181	153	164	20	22	191	38	192	76	133	91	14
50	175	12	183	141	199	42	80	172	21	147	144	13	121	182
138	71	126	19	9	79	32	23	72	47	198	39	159	167	127
123	148	151	143	67	197	189	152	4	104	15	35	77	41	193
53	88	59	46	26	185	190	25	74	117	200	90	73	162	34
131	86	29	124	111	5	149	78	93	119	177	101	166	57	44
33	155	107	82	156	63	27	125	137	64	52	97	95	81	102
134	31	49	120	195	36	7	10	132	68	17	100	83	110	103
129	145	154	180	187	2	184	196	40	62	60	178	37	140	75
146	106	58	122	115										

33	70	179	176	97	47	175	180	50	15	85	112	21	194	11
138	73	185	191	54	41	186	43	111	163	9	86	69	79	134
195	78	101	125	44	182	65	39	156	197	23	92	51	99	55
120	135	116	132	96	32	114	6	66	137	129	91	40	199	62
88	52	104	38	158	1	77	35	10	174	144	98	139	89	123
181	7	87	126	153	143	27	25	13	3	16	183	152	107	19
103	56	36	105	145	45	68	110	12	173	106	60	133	151	18
67	113	118	157	196	20	42	75	64	2	164	198	4	94	155
14	162	159	59	30	76	100	115	49	48	29	58	149	142	131
178	74	154	122	130	172	24	140	109	84	177	124	61	102	200
71	193	63	136	81	26	166	170	150	160	28	192	161	90	53
119	146	147	80	168	17	57	37	95	108	189	46	148	165	117
5	169	184	34	121	188	167	22	141	93	82	128	72	187	171
190	83	8	31	127										

33	40	154	173	119	194	175	46	124	177	145	21	182	131	126
181	81	130	98	172	143	3	128	184	36	117	116	64	162	13
125	141	137	78	142	192	198	99	120	32	188	68	178	140	197
65	180	155	179	158	88	136	86	53	38	20	76	96	110	49
132	84	10	195	185	187	48	77	186	106	7	54	14	2	73
39	147	161	164	112	29	183	146	83	171	133	44	90	149	18
151	61	174	97	109	41	5	95	153	87	138	25	19	105	4
196	118	43	24	12	62	67	123	56	28	60	72	89	75	79
50	104	176	11	156	16	34	23	82	163	45	199	170	148	22
200	51	115	193	59	85	121	63	27	101	127	55	57	150	129
165	157	166	15	102	71	66	26	159	70	114	168	191	152	189
103	122	37	135	111	74	35	42	93	94	8	31	52	9	92
47	100	30	69	134	139	91	107	108	144	169	17	167	1	6
160	58	80	113	190										

126

TABLE 7—INTEGERS 1–200

Each one-third page is a permutation

120	5	90	101	29	100	62	110	125	42	50	27	198	60	113
146	80	52	76	20	54	84	176	63	49	48	163	16	102	151
74	65	112	58	182	119	199	8	79	23	38	88	72	1	190
162	30	181	4	78	142	158	154	136	195	40	21	37	170	164
197	47	25	70	165	129	173	14	141	185	175	200	75	145	36
81	172	105	180	193	159	44	157	106	169	121	67	139	13	10
43	194	134	179	140	187	127	130	147	115	51	15	11	2	143
34	77	55	39	189	123	128	57	168	17	66	7	85	191	152
93	73	64	132	69	87	61	144	28	31	89	135	103	24	150
178	32	116	53	137	148	95	108	122	41	111	133	91	12	98
18	45	83	26	171	184	174	86	6	107	161	126	109	71	3
68	92	99	167	188	192	156	166	59	124	183	149	118	22	155
186	56	153	82	117	114	97	19	138	33	94	177	46	9	96
196	35	131	160	104										

178	97	102	78	200	138	193	35	110	46	186	67	172	190	157
167	55	142	196	59	21	7	56	140	173	37	176	24	85	103
129	150	123	127	23	143	137	29	131	94	8	111	179	19	74
84	87	191	64	17	168	170	133	108	101	155	66	141	33	126
100	198	163	192	152	165	36	31	197	4	89	113	47	90	171
122	109	77	119	16	117	160	166	15	42	6	121	10	153	34
2	106	92	52	32	86	188	72	69	199	124	161	99	71	38
25	116	118	22	125	185	79	53	189	169	120	48	139	135	130
134	112	68	81	58	43	183	73	40	180	28	151	1	62	174
18	144	162	57	114	45	44	145	65	63	30	93	54	12	88
39	96	61	184	148	182	75	50	181	132	11	105	9	115	13
107	156	83	104	95	175	194	80	128	98	177	164	14	76	136
5	3	20	154	159	82	27	26	149	41	146	91	195	187	158
51	60	147	70	49										

96	118	113	78	175	162	191	128	52	185	130	41	87	121	123
67	143	5	32	97	151	107	105	46	85	142	49	102	89	4
189	23	22	155	17	166	51	169	59	172	24	186	144	47	68
86	48	188	110	100	93	55	145	195	124	21	183	132	190	141
111	193	43	179	148	81	150	161	42	71	101	117	187	163	15
157	38	92	72	73	146	127	57	184	134	165	29	168	181	139
171	66	64	108	3	34	44	154	138	99	62	126	31	104	115
140	45	33	83	153	120	70	159	69	177	167	76	56	65	106
164	2	182	173	63	82	8	199	6	28	7	80	39	136	125
26	61	19	40	98	158	50	197	147	53	176	10	174	149	122
133	60	152	192	170	54	74	198	30	160	194	91	196	116	131
16	1	84	13	12	20	77	178	135	79	75	94	109	27	103
14	90	200	36	37	129	88	119	137	11	18	9	25	156	35
58	180	95	114	112										

TABLE 7—INTEGERS 1–200

Each one-third page is a permutation

161	41	11	77	67	180	191	164	20	82	113	32	66	183	170
123	174	189	25	155	103	69	176	106	71	15	142	62	36	13
120	42	55	107	68	159	162	110	47	192	79	119	4	196	29
14	199	128	70	124	58	135	166	182	137	81	30	190	200	51
50	126	33	175	90	185	133	104	53	40	97	143	9	24	3
151	154	101	157	31	108	83	171	127	102	136	39	43	115	165
6	16	93	122	95	163	116	100	59	1	193	130	114	198	89
152	54	112	160	91	73	131	38	125	22	23	177	10	18	168
149	109	141	34	184	158	181	87	17	99	96	12	132	8	46
63	60	140	178	129	144	138	86	45	121	72	111	94	61	92
194	65	2	187	148	84	44	49	117	173	78	5	28	74	197
153	56	7	146	145	167	150	19	27	75	169	80	134	48	172
35	156	179	21	195	88	186	64	57	85	188	147	118	52	26
76	98	105	139	37										

198	24	11	146	200	163	60	162	167	180	116	78	22	91	195
56	172	126	74	157	171	112	5	158	144	89	1	149	46	154
99	34	32	123	106	103	122	105	59	119	48	49	21	94	18
142	71	35	186	26	29	52	67	197	43	107	199	132	187	168
28	30	17	82	178	41	191	113	23	81	75	27	45	181	98
63	109	174	135	25	131	4	39	145	64	182	138	76	110	83
50	15	196	150	185	175	12	151	51	72	44	129	166	36	84
108	165	188	102	54	85	87	192	58	121	169	37	176	101	14
96	2	137	19	38	97	170	155	133	193	55	183	73	159	7
33	177	53	136	143	184	128	104	10	70	6	93	62	164	125
86	13	79	69	156	161	173	92	66	65	153	134	141	130	179
77	115	42	3	47	80	118	194	100	90	139	114	160	190	57
95	127	147	148	68	124	61	117	152	8	140	120	189	40	111
16	88	9	20	31										

72	136	68	44	171	54	55	81	25	106	146	113	137	176	154
16	143	156	98	149	168	62	124	83	196	57	42	132	32	174
188	152	71	166	46	36	79	61	173	99	50	63	17	14	24
77	37	119	128	104	48	23	160	158	167	117	151	22	200	177
195	199	28	88	95	82	123	75	164	179	193	185	153	76	157
133	51	120	90	189	91	183	93	40	141	21	80	12	170	130
96	110	87	125	39	145	85	84	126	198	159	107	67	47	180
162	33	64	41	103	190	184	9	69	38	109	59	66	142	148
135	192	108	150	29	111	18	121	144	45	129	191	134	53	6
60	89	2	20	3	140	116	92	58	13	147	56	105	26	122
194	73	139	94	114	165	49	97	118	187	112	74	181	101	127
182	43	197	5	175	10	15	65	30	78	115	7	70	102	52
163	4	100	19	31	27	131	35	169	186	178	1	86	34	138
8	161	172	155	11										

TABLE 7—Integers 1-200

Each one-third page is a permutation

84	156	99	125	171		185	12	97	117	91		69	29	85	149	38

```
 84 156  99 125 171     185  12  97 117  91      69  29  85 149  38
 78  59  79 189   8     198 169 186  51 195      95 108 104 148  36
138  57  47  27   2     101  34  19  46 168      43 131 176  22 164
 40 188 126 177  58     100  26 146  88  55     140  32 184 110 178
137 111  89  93  15     150 139 124 162  72     200   9  67  54  18

 86   7 118 161 144      23 102  41 159 199      64 132  13 129  76
 87 145 190 135 103     106 128 143 182  70      21   5  98  50 180
 66 123  20  63 191     187 194   4 105 170     192  35 172 141 197
 39  62 193  61  30     175  48  90  24 147     121  31 112 127  81
163 152   1 107 115      33 116  68 109 158     133 120  75  28 157

 45 153 130 114  16     122 196  74 173 155      94   6  53 151 174
 11  77 181 134 113      73  60  83  49  25     119 167  92  56 165
142  52  32  37  44      65 160 179  96  10     154 136  17 183   3
 71  42 166  80  14


123  63  17  39 167      79  60  56   3 138      40 184  42  16 174
 73 103  94   4 173     107  71 198  83  84     111 132 115 159  34
 44  15  51 156 170      22 195 179  24 187     197 166 186  57 176
 33 200  66 114 129      82  85 165  98 182     146   6 191 183 193
 75 137 122  86  99     158  23  96  37  58      19 185   9  49 181

188 172 136   1 133      61  26 153  38  81     148 106 168  13 189
 74  18 160 154  91     102  10 127 126 108      35 135  88  65 162
 92 112 180  27 164     125  25 151  28  59       2 139  36 104  69
145 109   8  68  45     175  47  14  12  80     134 117  31  78  46
131  53 161 194  11      29 113   7  72  52      54  43 128  55 121

 21  62 147   5 150     110  64  48 157 149      67  95 143 101 100
 41 192 163  89 196     105  32 169 130  30     177  93 190 178  70
 77 119 124  50 116     144 155 140  87 152     199 141  90  97 120
 20 171 118 142  76


 19 181 128  46 138     198 143  66  18 119     174 100  17 113 168
 64 188  60 132  72     146 131 140  12  84     155  25  10 166  75
 29  50 133 130  89      13  54 153 160  79     149 117  53  26  45
167  98 125  63 103     185  52  41   2 137     134  82  94  61  37
 69 127 120  92  21       3  95  62 144 106      47 111 102 135 179

187  32 156  97   8      59  39  74  42  16     139  86  43  68 121
 91 150 176  96 116      65 197 142  33  44      70  51 107 110 108
161 175 196 191  27      23   5  36  11  55     200  15 115 157  49
192  22 173 114 184      48   7  14 194 129       6 122 169 199 165
118 163 159  34  78     183 158 123 171  71      90 182  93  77  35

 31  83  58   1  73     189  99 145 195  88     178 152 147 109 141
 85  80 172   9 180       4  87  20 193 148      40 177 126  67 164
 28 104  56 190 101      81  57 112 105  24      30 186  76 124 154
162 170 151  38 136
```

TABLE 7—INTEGERS 1-200

Each one-third page is a permutation

17	132	116	168	82	187	131	174	36	137	194	45	156	14	129
67	55	127	30	66	13	167	124	35	122	64	159	178	92	81
115	155	25	109	83	163	78	74	33	197	48	147	157	69	150
77	139	107	29	162	54	86	16	65	171	62	51	136	85	46
185	97	153	2	106	146	141	170	140	71	165	154	180	101	193
34	39	195	73	24	144	142	80	175	53	169	135	61	125	49
1	84	72	99	9	161	104	198	52	134	91	151	95	152	184
126	50	192	70	173	120	31	40	3	22	188	6	57	148	44
4	75	181	93	111	196	5	8	119	42	43	100	114	89	102
15	94	96	158	172	11	112	110	105	68	108	199	59	123	12
166	145	138	26	179	128	182	183	60	186	41	117	191	79	63
32	27	190	88	118	19	189	58	18	56	149	76	121	37	20
23	200	98	113	47	130	160	21	176	133	38	177	87	28	7
164	143	103	10	90										

117	75	44	65	162	27	38	45	119	165	156	140	71	181	94
137	19	61	82	64	37	159	31	184	170	124	62	28	172	129
139	105	104	1	68	7	87	96	145	33	142	154	14	144	97
113	109	110	89	74	69	95	10	58	150	88	103	127	132	18
86	49	54	52	194	15	130	80	70	157	32	160	125	24	135
102	178	48	57	56	185	146	9	116	60	147	197	177	133	143
190	169	83	81	136	186	122	40	20	168	78	23	16	26	114
166	11	183	43	21	173	35	8	51	174	67	84	200	12	5
13	79	115	72	29	76	175	34	106	193	22	98	6	53	77
176	46	30	164	121	198	42	99	25	151	55	196	192	63	92
191	93	182	179	153	108	199	128	107	100	148	120	188	189	155
59	118	167	171	36	126	158	123	47	161	4	152	134	50	187
138	91	90	66	195	3	73	163	112	41	131	180	17	85	101
39	111	149	2	141										

73	102	114	149	154	87	192	174	6	131	101	167	1	57	126
71	197	187	37	61	169	34	180	91	18	51	32	170	70	43
86	95	178	20	59	30	76	16	58	13	67	98	78	146	127
156	53	189	175	22	111	81	144	163	168	21	8	47	173	122
150	196	93	193	2	54	92	161	97	39	103	198	100	179	25
191	142	104	42	12	14	112	106	135	50	162	52	147	155	137
68	64	26	36	3	66	83	181	7	183	132	77	94	82	136
60	141	182	140	165	194	109	41	27	129	188	148	49	119	153
113	33	75	84	121	79	124	143	184	200	74	107	186	128	108
151	5	55	48	152	118	190	133	90	44	69	125	38	72	40
115	158	15	9	130	160	85	29	88	110	65	159	45	134	80
164	166	199	11	145	116	120	62	99	4	89	139	46	24	171
195	157	105	35	56	23	28	172	185	96	177	10	138	19	123
17	176	63	117	31										

TABLE 7—INTEGERS 1–200
Each one-third page is a permutation

100	159	196	143	148	30	131	176	61	163	76	42	14	67	33
123	52	141	186	121	84	192	110	135	109	120	99	4	181	177
119	152	129	174	75	134	63	18	45	94	23	170	78	189	200
144	112	3	37	47	32	166	17	10	132	12	66	140	151	13
21	107	128	198	139	178	62	53	89	169	59	34	73	74	137
69	70	165	102	79	194	180	95	1	55	93	138	164	179	91
46	188	92	197	24	96	104	65	43	58	160	20	149	147	115
150	146	111	127	161	158	125	60	39	71	136	90	31	5	6
191	171	130	35	97	126	193	41	38	72	85	40	16	11	2
145	157	124	57	54	26	142	184	64	49	87	116	48	105	156
7	15	28	114	25	19	80	187	190	154	182	167	98	195	50
185	77	9	162	168	88	199	27	86	175	122	44	68	117	8
113	133	155	173	101	51	106	153	82	172	36	118	83	56	183
108	29	22	81	103										

140	157	89	178	36	87	55	176	131	179	37	186	137	41	138
111	136	66	189	58	127	98	102	164	17	15	143	31	103	163
165	150	24	44	88	78	4	48	170	124	132	68	39	18	112
54	160	85	43	16	60	11	153	52	144	12	172	156	192	94
117	82	93	118	74	2	161	120	142	180	76	19	171	126	83
182	134	181	166	67	14	63	45	141	175	193	20	133	100	13
146	86	71	42	38	195	30	197	49	109	184	62	29	116	177
61	173	3	7	70	56	28	159	33	104	57	25	128	121	47
95	101	151	6	168	64	92	148	32	185	26	80	50	167	119
69	154	114	162	130	77	199	129	110	191	194	187	190	59	145
107	91	169	65	135	51	27	113	174	188	10	23	73	99	9
21	183	123	84	196	1	5	105	34	155	97	149	106	81	108
46	40	53	158	8	200	75	122	115	147	79	35	22	152	139
198	90	125	96	72										

121	21	3	75	26	98	194	191	44	69	101	148	173	59	35
61	14	22	91	151	182	71	164	19	146	29	123	1	93	178
168	88	15	48	104	186	150	57	20	114	42	111	174	113	153
96	99	49	138	187	12	132	162	171	112	13	2	95	144	198
16	107	179	117	23	157	56	170	89	51	200	82	9	74	105
177	58	64	142	188	86	72	92	80	158	5	7	181	50	102
160	156	87	127	192	167	27	41	135	73	140	166	190	143	32
33	119	25	31	136	110	90	199	106	120	67	43	4	45	34
65	163	97	36	70	125	76	141	195	155	126	175	147	196	55
130	85	81	52	172	94	54	145	47	169	128	10	46	109	180
40	131	165	66	24	68	62	83	30	17	108	53	134	6	37
193	152	116	161	176	100	129	183	8	11	149	185	79	197	63
60	122	159	28	184	84	38	124	115	137	103	118	154	189	77
18	78	39	139	133										

TABLE 7—INTEGERS 1-200

Each one-third page is a permutation

185	125	89	157	7		159	194	112	103	100		65	52	171	18	156
195	4	147	174	37		118	145	24	40	99		86	59	9	187	46
67	97	21	148	176		189	55	104	163	34		84	183	75	60	133
74	79	144	158	49		184	2	51	69	20		110	25	199	191	161
8	57	10	150	6		27	61	19	101	196		135	166	102	142	33

131	130	96	76	58		47	63	16	155	91		35	109	1	36	48
85	26	106	3	98		31	28	149	127	141		193	5	188	82	122
120	137	151	178	32		23	62	117	43	114		73	139	167	168	66
116	175	154	164	78		198	192	108	136	50		115	93	153	42	177
11	152	200	129	107		197	29	14	71	169		72	95	54	181	64

41	90	17	88	132		170	123	138	146	190		15	162	105	39	180
113	80	13	179	38		12	22	30	134	126		53	77	56	160	172
94	70	165	68	81		83	119	143	186	128		121	92	140	182	87
111	45	173	44	124												

38	178	200	108	126		10	43	199	193	24		191	141	26	104	149
162	194	154	85	21		158	188	170	12	16		112	119	35	73	131
77	34	88	74	187		132	36	93	159	103		198	19	42	33	183
152	29	197	144	18		96	167	41	25	173		3	169	13	72	90
160	84	58	125	94		48	98	60	65	168		130	195	137	153	134

5	192	174	121	140		196	86	62	9	92		115	83	175	118	53
11	82	124	179	146		61	172	114	109	136		101	166	127	31	7
81	59	55	135	64		171	161	163	139	75		49	22	148	145	57
102	70	27	30	40		54	17	105	123	87		2	180	129	47	91
138	6	107	97	164		133	51	50	80	20		56	28	46	110	100

165	8	147	23	150		63	67	122	155	157		39	120	69	4	15
14	177	106	190	185		143	71	37	184	66		128	156	151	111	113
52	68	182	116	1		99	142	44	176	79		189	186	45	76	117
89	95	181	32	78												

181	4	100	108	139		186	113	74	14	124		72	103	148	40	2
132	22	102	99	61		45	53	33	137	183		192	106	105	162	18
120	50	57	109	156		190	200	160	7	158		101	23	96	166	11
29	86	37	83	94		198	39	89	71	63		152	84	177	49	136
90	164	169	69	81		147	194	67	121	1		118	41	73	175	167

44	98	126	28	58		43	9	119	56	180		165	92	54	145	26
46	13	42	189	150		195	191	48	17	135		193	157	187	47	91
163	122	196	36	19		178	133	25	8	62		93	59	79	78	55
12	97	185	182	16		35	51	143	107	127		155	140	24	52	184
197	68	131	174	75		168	85	60	70	88		21	66	82	153	159

64	117	142	130	144		27	34	116	112	5		20	149	146	123	172
31	104	170	10	6		65	161	15	138	38		179	77	95	141	151
173	129	134	114	171		3	154	76	80	125		115	111	128	110	176
199	30	188	87	32												

TABLE 7—Integers 1–200

Each one-third page is a permutation

91	86	49	52	40	179	78	145	98	2	117	133	170	55	113
36	183	124	172	12	50	132	6	75	100	180	190	108	8	17
66	178	197	102	90	20	87	136	192	175	195	112	64	88	80
158	58	74	16	56	28	60	89	139	188	168	146	149	127	153
47	174	62	9	15	67	142	155	4	161	147	115	44	182	77
95	23	104	154	163	5	137	27	10	116	46	96	57	18	173
53	160	34	181	106	84	140	59	63	110	92	194	159	70	141
33	105	22	109	24	41	19	14	200	130	125	69	189	176	1
152	7	25	48	107	72	114	29	32	103	68	83	73	123	164
191	184	150	3	82	38	151	99	45	93	97	81	165	76	156
121	11	31	167	37	187	101	118	119	162	128	94	166	120	35
199	148	177	43	198	30	134	129	21	135	65	169	196	79	61
185	122	42	193	39	131	51	111	186	85	26	138	144	71	54
171	126	13	157	143										

11	175	33	124	53	121	10	35	41	157	97	59	21	52	163
115	92	116	13	60	118	18	81	48	160	152	64	140	7	31
131	72	196	197	105	161	179	195	44	147	98	26	183	108	56
153	40	80	100	8	74	9	141	77	192	17	106	176	79	73
109	66	191	148	16	182	125	172	6	30	174	61	164	85	69
200	93	170	65	177	1	24	47	128	186	185	120	49	154	75
139	38	34	28	91	110	103	138	136	107	135	89	19	122	126
84	68	3	5	178	14	45	198	114	67	22	32	188	162	158
37	111	181	180	184	57	87	123	58	190	171	94	101	78	2
15	129	168	194	165	70	54	23	133	150	51	146	82	46	96
43	20	127	63	4	95	130	189	144	145	169	155	187	149	132
151	143	42	166	27	112	117	36	50	173	156	29	86	88	142
167	71	90	55	102	76	119	25	193	83	199	113	12	104	99
137	62	39	159	134										

106	52	102	139	164	123	4	199	167	195	200	6	141	13	131
79	158	154	177	121	90	180	127	14	150	1	77	168	176	56
198	24	132	39	61	36	30	133	181	197	114	111	178	26	190
59	32	92	37	17	44	97	81	71	15	27	45	5	41	192
171	124	194	54	66	137	10	76	161	163	179	11	22	33	108
166	83	85	84	156	103	95	112	100	12	136	130	28	113	48
107	57	188	196	134	75	31	2	16	91	23	145	49	165	34
143	189	42	8	160	170	186	60	96	21	53	119	101	159	128
38	47	25	3	173	125	35	126	98	135	148	9	78	73	151
64	184	63	40	104	175	67	193	7	115	182	110	118	88	94
80	162	99	68	19	117	69	72	122	74	43	187	153	18	157
46	142	109	20	89	155	129	146	172	87	29	51	55	144	93
62	152	50	140	149	82	120	138	174	58	86	65	147	169	183
70	191	116	105	185										

TABLE 7—INTEGERS 1–200

Each one-third page is a permutation

41	60	192	34	62		154	64	69	4	5		40	65	49	57	166
176	194	116	99	24		174	79	161	122	142		38	52	167	90	73
23	6	130	14	11		50	22	102	101	181		108	149	123	17	111
183	8	114	86	199		153	195	189	25	193		28	177	1	126	133
61	127	151	46	30		29	107	125	182	3		76	95	143	37	80
165	188	72	180	129		134	121	88	178	10		198	110	85	32	47
87	83	190	96	53		75	104	139	156	197		74	12	93	68	147
94	179	124	196	112		67	84	71	58	59		20	42	63	145	140
106	146	162	168	89		78	54	185	45	164		184	128	31	132	82
163	35	150	155	159		33	103	169	66	92		172	13	170	186	43
51	105	18	160	191		117	39	70	48	187		21	138	100	113	56
91	16	118	115	9		137	135	173	119	152		81	120	36	136	98
171	157	200	19	158		7	27	15	175	109		97	148	55	2	141
144	26	44	77	131												

99	60	67	152	52		150	109	173	84	69		142	193	13	151	88
42	159	33	74	107		47	196	78	27	165		113	114	134	5	125
49	95	111	102	54		117	53	148	89	108		63	103	50	80	101
20	121	130	15	129		59	155	156	172	199		105	62	22	26	72
82	131	75	191	157		37	91	141	41	66		136	23	70	192	86
58	163	43	145	71		127	55	112	24	51		176	30	120	16	64
181	116	97	115	76		139	146	194	158	31		28	12	132	77	186
104	171	65	1	106		29	40	14	7	169		178	149	45	19	175
122	188	180	36	6		118	81	61	124	179		182	68	9	10	87
167	11	119	126	8		153	73	144	35	160		185	98	17	128	39
190	93	140	168	137		138	48	32	100	183		2	166	56	147	85
177	197	18	174	46		21	184	90	170	133		3	143	83	200	187
135	38	195	161	123		57	25	79	164	110		94	34	4	189	198
162	44	154	96	92												

90	25	37	120	135		169	91	12	45	122		160	54	99	61	79
168	151	21	166	136		126	26	192	64	115		129	36	110	145	5
53	147	70	72	181		188	44	146	104	49		4	59	19	164	148
23	86	185	189	161		77	116	193	109	183		113	50	2	154	173
177	149	187	106	55		132	75	96	112	130		13	62	155	127	1
97	153	47	69	157		108	10	34	142	105		93	199	29	176	101
133	67	89	170	14		119	9	42	197	131		52	87	32	60	103
68	58	163	143	43		84	39	95	138	118		121	165	152	196	125
80	180	51	41	124		117	17	24	175	182		66	33	200	139	102
85	156	63	81	40		15	56	186	35	190		172	28	48	194	171
134	159	74	8	178		141	128	7	18	150		144	3	46	191	123
27	137	6	82	73		83	179	57	16	111		92	20	198	100	140
195	11	31	174	88		107	22	158	76	78		167	184	114	65	30
98	94	162	38	71												

TABLE 7—INTEGERS 1-200

Each one-third page is a permutation

63	9	74	94	8	164	188	158	140	53	24	48	184	81	40
18	23	67	45	30	36	50	32	195	192	175	75	41	178	113
174	14	92	68	100	4	177	160	172	78	149	138	118	124	135
73	199	182	156	180	93	141	39	190	116	38	47	86	108	20
83	91	198	189	99	115	143	123	80	12	134	185	137	96	167
112	2	42	29	25	70	19	26	126	71	15	11	82	104	150
33	179	84	127	132	31	125	168	145	89	22	85	169	10	57
154	193	62	109	66	55	105	87	144	129	76	34	119	17	161
97	170	187	111	155	173	130	159	1	139	194	157	61	35	191
133	16	56	5	88	122	146	77	59	43	95	147	136	186	114
181	142	110	58	54	44	163	197	102	151	98	106	65	49	13
51	152	64	3	120	21	117	107	37	52	103	79	46	128	121
27	148	166	60	165	69	72	131	28	153	162	7	196	101	200
176	6	90	171	183										

51	143	60	193	127	133	177	86	115	182	36	126	120	6	49
198	2	97	61	42	122	137	96	89	144	21	148	55	98	117
166	1	173	95	82	18	68	93	54	179	26	4	27	149	39
29	94	105	180	165	104	103	100	132	79	145	76	130	63	88
102	19	151	53	3	44	131	64	99	92	9	16	69	194	40
190	138	187	163	5	113	125	118	159	111	85	43	90	172	119
91	169	141	109	41	175	71	128	70	134	112	185	158	59	147
170	200	12	37	181	155	72	157	108	167	24	58	186	195	34
52	176	114	174	11	107	197	196	30	33	47	14	83	13	50
35	110	189	106	67	178	10	15	32	81	183	23	17	80	160
199	57	156	135	121	150	152	161	192	140	188	31	84	22	139
77	171	8	65	153	101	162	28	38	168	142	74	75	25	129
62	73	20	56	191	45	7	136	48	146	123	116	184	164	154
66	124	46	78	87										

40	53	131	30	117	123	1	175	7	24	73	129	5	79	44
99	88	160	20	185	128	56	92	193	27	59	62	74	155	153
95	11	154	28	150	69	180	159	181	127	75	60	133	148	67
109	147	32	38	57	104	22	169	8	81	122	144	152	70	21
51	72	114	63	86	126	103	100	142	19	16	10	173	116	65
135	102	110	101	195	105	136	141	18	132	188	186	61	157	106
17	162	179	197	25	108	200	58	80	91	158	89	192	52	125
119	37	151	120	4	83	68	164	140	49	184	130	54	167	118
13	156	190	174	176	93	87	33	113	98	138	64	84	182	48
124	90	36	12	145	42	134	168	161	171	85	50	111	55	39
82	76	177	170	163	94	26	9	77	112	29	45	97	149	143
66	189	178	187	115	46	15	139	199	71	146	166	43	172	34
196	165	47	2	23	107	41	3	14	183	78	198	121	194	6
96	137	31	35	191										

TABLE 7—INTEGERS 1-200
Each one-third page is a permutation

96	53	41	70	153	29	144	32	146	58	126	100	183	14	48
138	159	92	196	103	134	122	174	9	147	170	141	38	133	87
105	182	185	101	192	171	84	115	37	95	28	197	24	89	35
36	186	187	158	73	13	163	42	7	173	194	111	16	39	18
167	86	76	50	78	10	22	136	11	26	20	129	40	175	139
184	54	128	166	198	195	152	168	60	110	132	1	191	64	112
93	15	85	151	23	71	31	102	27	121	25	176	188	66	177
114	81	83	8	190	80	113	154	55	88	4	137	19	165	179
34	161	135	143	74	77	193	30	94	2	200	33	118	131	56
155	123	162	104	164	148	46	120	59	117	91	45	52	130	82
79	142	90	97	124	72	43	5	62	65	49	109	125	140	160
21	12	3	145	156	180	181	69	149	199	6	108	51	47	63
150	172	169	178	116	157	75	189	17	106	61	107	98	119	127
99	44	67	57	68										

4	172	132	70	199	122	82	101	110	140	166	14	27	1	170
167	186	125	16	8	195	63	29	23	28	86	157	149	95	189
137	185	171	160	96	100	98	17	99	109	123	124	48	163	10
76	25	71	151	30	116	52	67	173	9	133	13	105	35	89
31	179	37	164	78	3	103	156	94	69	46	97	128	77	90
144	47	146	21	93	158	192	2	57	134	155	6	39	119	184
12	183	154	22	131	26	142	33	193	62	43	32	79	66	182
168	42	87	11	91	127	85	7	15	60	59	198	84	129	118
51	136	112	191	162	169	53	81	152	135	117	61	147	200	5
41	55	20	19	72	83	64	188	88	178	174	45	50	34	80
106	194	65	56	130	108	40	159	175	150	148	187	68	36	176
18	165	92	153	74	44	75	181	111	120	114	24	54	145	190
138	141	107	180	58	126	115	38	161	104	73	113	197	196	177
49	139	102	143	121										

116	105	190	175	176	183	167	127	141	113	111	83	47	80	62
163	97	84	45	28	8	181	74	75	91	197	162	100	195	77
43	72	9	164	155	169	147	82	160	148	38	198	172	61	67
17	57	25	182	158	14	7	102	130	94	128	193	186	92	146
31	63	33	156	133	106	189	192	178	129	34	39	126	123	40
69	171	180	26	132	187	112	66	51	87	41	32	108	42	194
138	104	78	136	35	76	27	151	13	137	143	110	188	10	177
20	173	81	70	56	37	184	22	4	90	93	115	98	36	179
95	44	152	124	53	29	131	161	142	103	96	52	149	2	159
196	11	99	89	117	19	200	118	64	166	15	165	18	55	119
140	58	5	48	88	1	185	170	73	65	120	157	153	107	12
71	122	139	168	154	85	134	46	174	114	68	49	199	101	24
54	16	150	60	30	23	125	6	21	3	79	135	191	109	121
59	86	50	145	144										

TABLE 7—INTEGERS 1–200

Each one-third page is a permutation

28	64	190	37	95	193	160	99	168	125	17	130	16	4	133
167	18	165	97	62	166	9	181	75	102	49	142	44	2	71
109	73	103	69	179	66	42	195	30	72	137	174	92	182	144
36	163	118	20	34	155	198	107	96	38	60	88	6	156	54
78	117	157	40	188	111	159	134	39	189	143	26	15	170	14
186	145	90	94	3	139	148	50	124	127	149	177	84	61	19
53	154	82	110	115	197	77	52	100	105	187	45	108	70	171
183	101	33	106	91	122	191	184	180	135	98	146	126	175	11
132	161	176	169	67	87	56	63	41	65	80	79	200	74	55
114	43	29	32	199	147	192	27	131	47	10	116	25	48	162
158	68	57	123	21	150	119	164	194	152	7	93	128	35	89
22	81	140	104	46	58	129	120	31	86	8	24	85	13	196
153	138	113	23	151	185	51	173	83	141	1	121	136	172	112
76	12	5	178	59										

59	174	67	169	74	127	186	48	104	101	77	85	43	118	49
191	34	4	21	172	41	16	170	148	69	159	123	144	198	81
188	166	116	1	184	173	17	51	98	87	107	149	156	73	106
18	11	151	122	47	158	63	117	178	76	103	88	111	183	152
57	61	24	83	167	12	112	109	199	26	3	10	82	129	50
14	40	154	138	180	55	6	135	70	155	91	145	79	102	115
108	164	58	162	20	140	124	120	141	195	171	33	2	42	192
5	105	46	95	136	185	64	94	78	62	197	23	28	53	176
30	19	179	7	15	84	147	38	194	181	125	22	29	187	113
182	121	146	66	90	133	119	131	193	8	13	168	37	99	163
80	100	126	130	132	175	153	110	89	54	165	93	97	36	32
96	86	134	196	161	137	114	35	190	92	150	9	139	72	45
44	143	31	39	52	160	56	27	200	128	142	157	68	60	71
75	25	65	177	189										

56	121	31	44	142	125	6	194	187	62	64	28	122	144	55
23	169	178	17	190	68	24	27	124	77	88	115	91	96	19
97	195	188	29	46	148	116	133	151	185	48	107	126	104	179
43	129	181	105	175	123	65	200	146	157	164	180	113	49	173
170	3	136	100	159	140	10	184	83	11	135	102	131	128	25
165	114	34	57	61	21	186	117	41	161	196	163	52	26	18
74	7	192	189	47	69	37	193	76	30	60	101	81	197	2
78	111	4	130	36	141	94	9	79	118	63	198	33	177	160
109	199	67	155	59	106	50	120	75	156	92	82	13	150	8
139	66	127	85	191	54	51	112	119	174	5	166	16	171	152
158	172	154	14	1	20	72	73	22	95	167	143	89	38	132
58	42	93	90	40	99	176	168	110	35	80	103	137	147	108
12	84	134	70	45	153	71	149	98	87	86	32	138	145	15
162	182	53	183	39										

TABLE 7—INTEGERS 1-200

Each one-third page is a permutation

101	79	164	148	34	130	91	139	44	11	74	87	58	138	18
36	71	155	80	28	181	46	132	129	125	195	113	64	88	45
70	200	61	8	65	150	183	84	176	21	174	112	31	100	59
17	157	98	93	110	5	111	16	26	187	51	194	136	35	43
188	147	117	76	24	189	171	114	38	173	109	57	72	162	102
47	145	167	144	97	134	177	20	140	32	90	96	40	168	180
179	141	151	161	50	184	94	4	53	3	119	166	135	27	153
95	52	14	83	146	107	182	115	85	66	165	120	39	131	106
190	55	175	122	82	49	104	23	75	123	89	81	158	191	25
2	69	77	149	163	197	73	15	19	42	108	62	172	54	192
170	137	68	160	9	154	198	29	118	78	41	7	1	33	199
6	67	159	12	86	124	133	103	92	169	152	196	30	143	48
99	185	60	126	56	10	105	121	186	193	178	142	13	116	63
37	22	156	128	127										

109	197	164	63	95	117	177	188	136	184	30	82	69	124	166
182	77	144	66	5	115	156	130	33	24	85	59	193	160	105
141	52	18	165	25	10	81	57	199	68	171	122	60	180	46
32	15	72	50	94	153	19	178	103	9	196	1	168	111	170
92	152	86	96	29	7	179	12	90	173	38	62	6	145	191
22	93	116	154	80	169	192	28	147	155	74	118	37	143	100
121	195	200	146	70	120	99	114	64	113	47	110	4	190	43
174	65	87	127	79	13	132	26	135	134	194	56	167	107	129
8	123	88	133	54	139	126	185	106	75	73	98	35	140	181
36	40	11	31	71	42	58	48	176	131	101	150	151	2	102
27	49	44	142	51	175	45	97	55	189	198	172	104	34	149
162	186	76	112	125	183	137	83	3	78	16	128	163	89	20
14	91	161	53	108	21	17	159	61	157	41	187	158	23	119
148	84	138	39	67										

156	129	121	45	112	87	31	60	19	122	18	167	137	154	69
179	95	175	54	30	77	26	158	20	117	68	49	162	107	13
6	155	160	24	124	22	168	172	34	132	170	3	90	62	189
35	85	110	98	106	78	94	88	14	136	82	101	5	4	41
142	166	116	84	125	195	92	135	15	80	52	191	159	32	2
43	47	190	119	99	169	187	131	75	103	111	81	144	164	177
46	48	147	146	12	197	44	29	51	104	53	153	149	140	79
181	148	83	56	198	21	200	27	66	126	113	184	128	127	58
1	102	171	76	109	91	50	151	178	196	118	150	33	39	183
100	139	9	114	38	143	93	10	174	138	17	193	63	37	145
134	7	105	185	130	28	67	192	23	133	141	123	188	165	186
161	120	176	115	72	42	71	59	36	25	86	64	199	89	74
55	61	180	8	65	182	11	163	97	73	96	16	194	57	157
70	152	108	40	173										

TABLE 7—INTEGERS 1-200

Each one-third page is a permutation

92	144	63	20	90	113	3	84	11	45	17	36	138	64	49
157	38	195	175	30	192	71	117	166	124	59	65	47	107	23
16	5	128	188	101	147	153	154	15	52	1	183	41	110	111
170	108	95	187	81	10	68	151	44	148	89	56	165	198	98
135	29	91	104	133	171	146	167	22	123	185	176	19	200	54
121	27	35	199	156	137	80	14	161	131	132	141	179	79	34
158	96	73	99	130	168	106	163	145	191	164	13	196	21	12
42	139	39	120	76	93	173	62	94	7	66	193	88	105	149
172	184	125	40	8	51	32	197	78	160	28	55	189	100	48
31	114	70	77	142	129	190	181	162	119	115	53	97	180	9
118	26	46	140	4	86	85	2	150	58	177	24	112	74	6
186	194	60	75	69	50	127	82	152	143	155	57	18	136	159
134	126	25	61	103	109	182	122	174	37	83	178	116	87	102
67	43	33	169	72										

111	72	66	189	71	196	173	174	3	108	135	20	16	61	185
57	126	13	6	68	165	110	64	180	7	39	145	37	74	73
95	186	76	18	100	171	107	146	31	161	1	118	26	115	122
12	60	138	127	25	125	82	132	63	112	22	77	17	121	62
38	69	86	89	150	109	67	148	79	84	53	194	124	2	48
33	159	43	184	35	187	46	153	168	119	52	166	154	137	70
113	14	139	143	36	200	93	188	198	47	83	147	5	116	85
193	163	90	136	97	91	55	15	98	21	105	158	75	181	9
199	80	152	151	160	50	51	92	191	176	129	114	130	65	197
167	88	149	134	102	34	28	101	142	131	56	141	54	178	123
29	195	128	8	182	27	169	58	192	45	10	144	162	32	140
87	175	103	49	120	179	156	99	155	24	170	44	164	42	41
133	78	30	190	40	81	94	172	177	59	117	11	106	96	157
104	183	4	23	19										

34	155	146	192	33	107	28	85	20	11	156	32	99	54	14
197	174	74	69	29	165	30	100	112	128	105	149	179	116	162
23	44	200	26	185	8	183	158	6	81	78	67	139	31	133
123	45	130	152	75	190	167	35	126	176	48	50	1	94	59
24	56	144	196	5	178	163	122	160	76	82	129	189	169	151
53	57	27	102	148	115	80	66	88	108	25	186	46	52	184
71	61	79	111	103	137	41	13	120	47	4	168	68	143	73
21	166	145	15	173	2	7	157	135	114	84	62	22	36	140
198	161	118	136	86	9	90	97	113	40	194	98	180	65	119
172	125	87	138	109	150	132	101	19	10	142	175	95	141	91
154	191	104	170	181	171	193	77	159	153	16	60	96	92	164
17	72	177	110	42	51	199	106	70	182	124	49	58	195	89
127	43	131	83	39	147	134	12	63	117	18	37	3	38	55
93	187	188	121	64										

TABLE 7—INTEGERS 1-200

Each one-third page is a permutation

119	148	150	57	165	151	99	122	21	158	199	6	37	192	130
38	177	160	124	102	78	143	7	191	47	88	129	134	36	110
174	2	167	126	104	200	194	5	145	49	103	138	108	35	83
41	39	9	56	58	141	27	75	170	196	30	149	84	175	14
186	179	140	76	74	53	178	161	66	107	121	20	60	109	3
181	114	111	156	131	195	16	73	77	159	87	42	176	69	70
28	154	164	115	93	97	8	113	147	92	1	50	34	86	31
100	46	48	189	198	144	51	32	72	153	187	193	94	45	68
173	65	11	80	63	133	183	123	24	182	4	132	85	26	139
13	90	157	17	112	136	190	155	52	95	163	81	82	127	120
44	180	142	55	152	89	25	22	59	185	128	61	125	197	98
10	18	146	12	105	40	62	106	184	118	23	71	135	171	168
166	117	188	15	91	116	96	64	79	19	67	137	29	43	169
162	54	101	172	33										

26	60	118	89	163	28	12	59	74	168	69	184	82	125	21
144	141	138	101	105	149	14	97	159	23	51	95	45	19	27
152	188	106	166	84	52	100	37	30	3	132	5	96	137	124
117	179	148	189	183	16	53	48	83	139	90	194	58	190	131
142	41	199	198	9	73	107	34	17	174	43	121	146	161	122
143	93	135	91	140	186	151	62	103	160	42	109	56	185	72
158	35	191	176	70	165	133	88	178	32	113	169	123	111	81
192	167	24	46	164	79	112	1	130	181	116	6	78	104	67
57	2	127	115	61	173	66	102	180	44	92	20	49	156	200
75	171	196	120	172	175	150	8	38	39	77	22	87	170	193
7	187	108	197	126	98	54	155	4	177	136	47	94	114	134
68	31	63	11	153	99	162	80	157	29	15	71	85	129	76
64	182	65	147	36	86	110	10	50	25	55	145	33	195	18
154	119	40	13	128										

174	19	148	78	72	157	142	13	146	7	144	123	175	3	187
170	23	67	27	17	61	151	45	4	100	171	127	141	200	109
158	2	150	37	31	149	188	121	85	165	8	20	53	163	116
81	34	156	101	137	44	77	111	16	136	130	1	88	194	199
191	40	132	56	166	126	176	80	183	113	18	102	94	76	159
60	79	73	66	153	47	29	43	117	33	35	107	185	15	154
193	58	192	49	134	70	172	39	28	68	164	54	133	83	186
155	173	59	63	152	87	195	118	181	167	198	112	89	42	24
143	122	25	5	57	178	189	169	138	120	93	160	162	11	52
9	125	84	131	82	91	135	96	106	69	139	129	50	197	55
62	115	41	92	64	110	119	124	99	38	105	6	98	168	114
12	10	97	103	65	46	108	26	90	86	30	140	182	32	51
147	21	184	161	95	14	177	48	179	190	145	104	22	74	36
75	128	196	180	71										

TABLE 7—INTEGERS 1–200
Each one-third page is a permutation

76	181	116	101	179	21	125	137	18	142	84	79	36	191	144
90	6	194	15	54	184	150	52	26	157	48	143	129	59	174
9	17	123	132	89	34	110	72	64	19	2	200	40	97	85
38	145	31	182	71	175	105	199	138	193	57	67	100	195	22
164	23	149	106	102	16	177	88	170	37	3	139	141	166	127
55	33	167	113	169	24	45	63	43	25	146	121	29	190	94
27	93	161	188	14	8	109	39	78	130	111	168	104	117	66
165	95	136	86	35	20	112	152	119	158	46	134	128	153	155
81	30	171	60	173	133	198	96	135	83	50	77	192	32	147
70	120	148	108	180	186	7	51	62	91	172	126	80	73	131
10	103	107	5	87	163	44	28	1	92	65	185	75	118	41
159	53	178	124	140	183	13	82	12	154	11	98	74	151	162
4	99	115	197	61	58	47	187	42	56	68	49	114	160	156
69	196	176	122	189										

8	109	79	40	10	110	191	106	164	157	101	105	117	73	57
200	113	163	36	58	43	137	16	78	194	41	145	114	9	197
27	187	60	149	199	49	183	179	160	108	38	13	170	89	61
39	63	104	151	71	171	192	144	37	167	54	166	198	111	168
3	68	146	87	84	141	161	11	28	83	159	143	176	70	182
72	99	126	94	154	180	102	33	165	112	125	19	175	118	12
66	133	186	173	158	29	115	7	26	88	188	15	136	195	1
132	69	47	82	120	135	93	98	18	185	22	80	150	178	17
56	14	76	6	4	52	196	86	2	107	64	91	31	45	81
184	75	32	44	128	139	169	162	193	156	119	90	53	92	97
5	65	85	55	155	148	130	138	127	174	131	74	121	122	153
62	51	48	190	134	21	67	103	59	20	24	46	50	142	181
116	77	42	96	177	172	152	95	124	123	189	147	30	35	25
100	129	23	140	34										

138	165	136	174	36	187	82	104	126	34	13	152	5	32	176
41	73	19	182	114	156	63	107	185	179	196	151	33	167	62
197	14	16	191	29	106	102	78	135	3	112	15	94	59	11
30	57	119	189	115	186	168	17	113	105	72	90	148	50	121
150	7	161	127	53	144	10	108	38	100	58	181	193	155	1
35	54	6	70	52	23	43	128	44	96	46	18	177	37	139
65	83	74	172	162	173	132	120	28	199	125	170	2	91	26
98	76	45	164	67	183	81	89	159	190	160	129	51	9	79
178	111	69	131	86	194	39	117	163	195	21	116	55	109	64
154	25	61	31	140	192	48	87	169	188	42	200	180	171	47
66	124	95	75	134	101	77	8	71	143	122	22	99	153	166
40	93	149	60	56	88	4	137	12	147	68	80	157	97	20
24	85	49	123	130	141	198	146	84	184	118	27	158	133	142
103	92	175	145	110										

TABLE 7—INTEGERS 1-200
Each one-third page is a permutation

22	49	166	148	114	67	8	71	193	31	142	151	139	28	65
61	96	138	135	91	20	47	58	90	82	182	42	172	177	77
188	191	68	95	50	62	27	134	179	24	87	56	184	128	6
195	116	119	140	41	146	122	19	35	23	103	170	150	189	132
98	158	12	30	45	178	185	111	112	97	175	3	123	145	76
125	11	104	72	144	106	186	89	33	88	25	32	46	127	180
13	64	167	2	176	120	160	105	154	79	4	192	37	36	57
131	86	107	16	1	54	153	81	130	162	59	10	17	63	9
34	52	137	174	69	187	74	43	152	18	75	93	15	164	40
108	38	155	118	101	199	161	94	48	133	78	159	124	55	197
117	100	163	102	44	99	183	109	200	168	169	115	26	39	156
149	73	181	194	7	190	5	80	113	110	198	92	196	173	126
143	147	165	136	53	51	171	157	21	85	60	121	66	83	141
70	84	129	29	14										

108	150	102	42	41	146	19	174	56	143	163	70	94	47	46
88	66	129	180	15	58	35	14	182	135	53	152	44	198	68
37	6	109	199	177	173	60	193	195	114	188	175	154	127	61
122	77	137	165	171	200	63	131	72	3	181	99	49	194	148
21	4	141	128	105	189	65	32	157	48	97	17	179	81	100
106	50	169	52	145	89	40	140	126	34	16	167	125	196	190
78	121	20	192	144	158	1	101	69	118	59	90	166	83	139
43	93	115	178	110	183	84	8	162	67	117	136	107	29	153
38	22	164	2	170	96	91	160	172	176	119	85	73	113	28
138	51	159	23	185	151	142	155	36	132	104	168	191	133	187
86	80	75	25	103	111	156	39	130	11	5	112	74	186	197
124	120	76	87	92	95	24	55	33	9	64	62	13	7	123
27	147	98	79	31	26	57	71	18	10	82	184	12	30	149
161	45	116	54	134										

187	164	34	87	82	143	160	148	192	66	105	8	83	121	108
142	188	115	198	106	191	36	70	44	62	31	64	11	167	55
48	28	100	107	76	101	197	152	52	90	99	75	27	130	172
162	38	154	165	151	29	140	14	181	127	132	114	123	10	60
125	6	141	26	145	78	95	2	7	61	40	59	1	200	12
190	47	168	97	157	80	178	177	134	136	77	39	194	129	92
185	193	195	150	147	196	173	112	174	41	86	110	74	22	4
126	88	42	5	166	71	94	137	118	63	109	98	84	153	199
81	169	16	111	155	50	93	184	135	67	149	116	161	85	25
17	179	35	182	13	138	69	158	65	146	120	56	91	57	189
139	72	180	89	18	19	58	124	20	30	43	3	117	45	175
156	73	119	144	15	68	170	32	176	46	51	186	23	53	131
24	104	133	113	54	49	102	21	79	171	96	159	183	37	163
128	9	103	33	122										

TABLE 7—INTEGERS 1–200

Each one-third page is a permutation

79	170	30	87	54	48	179	168	166	90	139	124	193	24	31
172	34	173	151	65	99	56	134	86	171	68	108	133	28	55
109	144	49	157	102	136	29	114	169	115	32	91	12	190	187
101	167	118	178	74	162	8	186	21	165	143	188	103	152	2
64	94	88	27	135	41	71	81	75	37	183	142	1	181	105
36	160	159	100	72	191	92	107	62	58	70	138	131	111	53
3	85	17	82	195	98	176	150	122	43	180	177	185	6	127
20	50	67	78	59	63	192	61	112	13	18	161	16	175	182
51	22	19	11	149	73	164	184	121	25	23	26	9	46	93
200	194	140	14	158	45	35	154	38	141	84	120	10	83	189
130	106	47	40	5	153	145	198	15	7	89	113	57	125	137
60	69	117	199	129	126	33	42	66	156	163	76	148	132	97
119	174	95	110	146	96	196	39	52	155	44	116	4	77	80
197	147	104	123	128										

183	76	147	144	195	156	135	75	72	166	187	165	82	89	138
96	137	5	159	124	121	113	193	57	100	29	83	24	16	152
33	11	141	47	8	79	7	180	171	68	99	173	197	30	107
174	15	28	69	119	132	162	21	110	50	3	177	14	31	85
52	61	60	117	74	158	179	186	67	176	88	27	35	146	65
169	184	115	105	102	151	48	37	181	46	114	136	9	26	153
93	139	189	73	20	18	13	34	51	92	90	134	154	167	32
54	77	56	161	22	25	199	118	140	190	94	130	87	59	168
160	172	53	109	164	143	101	133	78	95	116	192	43	6	10
128	40	2	188	142	44	196	170	41	70	108	62	106	112	122
91	71	58	23	149	98	81	1	84	39	185	129	17	12	194
178	63	123	104	175	200	120	145	125	198	55	86	4	45	38
150	36	127	126	155	182	97	19	163	66	103	148	49	64	191
80	111	157	42	131										

104	34	7	162	58	4	135	160	115	187	107	131	151	82	20
11	71	94	143	51	102	161	141	195	23	85	166	32	118	33
31	55	57	96	178	12	66	154	21	110	70	198	199	93	192
59	121	46	159	65	108	179	125	158	177	81	136	169	44	132
127	43	197	186	3	27	182	25	123	37	61	8	189	114	90
67	41	163	75	97	6	50	149	38	40	176	56	147	128	185
168	194	196	190	52	157	35	64	15	5	129	111	146	72	84
134	92	144	13	28	54	113	2	99	62	1	116	156	145	181
19	200	180	95	17	153	126	175	18	148	106	139	140	86	14
124	152	155	36	133	24	119	10	76	42	68	30	78	170	60
39	16	103	9	87	80	112	184	122	174	105	88	188	120	109
130	45	137	172	83	183	142	100	150	164	193	53	49	138	77
191	98	69	165	173	167	26	22	48	101	47	73	29	74	79
171	117	89	63	91										

TABLE 7—INTEGERS 1-200

Each one-third page is a permutation

6	157	110	112	111	28	149	63	136	19	52	66	140	173	171
168	197	68	87	176	165	143	69	146	166	59	199	99	40	17
81	160	12	57	139	46	29	70	138	62	178	37	96	53	100
162	31	10	183	8	101	156	134	95	67	135	117	80	36	147
185	151	21	105	164	94	26	118	161	104	115	34	83	159	194
130	109	98	169	148	50	1	125	154	150	179	120	77	41	13
132	133	25	79	85	187	158	82	144	175	5	127	72	167	114
121	88	193	122	39	14	123	184	43	129	35	3	73	102	33
192	64	15	174	90	155	89	7	163	186	107	153	48	9	54
137	196	42	198	113	55	38	65	74	16	60	45	141	61	4
27	71	189	32	51	145	181	2	190	177	23	126	93	180	97
182	47	58	172	128	188	22	103	24	200	91	116	78	195	20
86	131	11	108	106	170	44	76	75	56	191	84	119	30	92
142	124	18	49	152										

14	10	110	55	15	18	117	137	150	88	123	122	190	189	85
144	179	65	99	42	111	31	145	115	166	167	126	155	200	142
116	34	130	58	33	114	29	54	76	90	68	169	181	43	159
143	21	78	194	128	70	158	152	148	44	17	149	1	45	156
196	48	94	151	26	23	131	97	176	104	154	171	50	83	89
199	95	96	69	153	163	79	185	198	82	38	30	3	191	37
165	183	186	195	135	74	4	140	81	168	75	93	32	118	105
73	109	102	28	138	22	175	84	164	124	66	53	178	86	125
160	170	72	35	49	147	180	193	46	112	36	113	27	161	67
61	41	91	173	62	98	59	121	40	80	197	127	52	134	19
77	5	100	12	184	141	25	56	39	103	60	188	47	64	7
51	192	136	162	172	106	119	107	92	57	87	174	71	139	146
132	9	8	13	16	187	157	129	20	133	24	2	177	108	11
6	182	120	101	63										

27	135	29	55	68	171	117	137	160	194	62	172	145	130	31
65	124	45	126	101	54	193	67	132	102	38	108	169	143	127
34	198	88	82	184	53	187	37	42	39	180	33	99	148	6
17	155	75	122	14	92	154	35	182	165	96	103	3	196	70
86	7	83	47	4	149	51	85	186	162	113	129	159	190	91
150	136	22	26	199	185	56	178	10	5	77	191	174	115	140
63	120	156	79	25	28	66	151	2	112	133	164	72	197	118
111	200	19	181	40	138	84	94	30	106	80	97	9	176	57
104	192	123	95	87	142	69	170	46	52	116	8	71	183	36
20	163	76	175	59	73	153	195	41	60	12	90	43	13	161
168	167	139	93	15	11	125	48	1	119	179	152	16	157	173
21	114	49	58	141	147	50	100	166	121	78	61	109	110	188
158	189	44	18	81	146	105	134	64	107	32	177	144	128	23
74	131	98	24	89										

TABLE 7—Integers 1–200
Each one-third page is a permutation

12	3	142	73	155	31	195	106	116	11	154	178	86	159	147
69	105	88	2	92	134	89	192	82	175	113	161	78	151	22
170	4	57	171	56	70	61	84	97	109	90	182	25	169	30
83	173	65	129	185	81	87	33	167	128	63	93	62	186	8
35	43	153	29	42	189	74	66	156	53	157	111	7	165	68
41	176	37	51	95	40	52	80	39	1	144	99	107	72	79
20	50	44	152	19	119	55	138	64	124	196	71	10	100	141
143	150	47	16	181	188	48	163	21	149	75	76	101	125	194
91	45	49	160	36	17	5	118	139	13	132	24	18	115	135
85	32	94	198	180	60	187	102	103	121	6	110	58	140	177
133	117	190	59	127	136	197	23	123	183	137	184	148	114	104
14	179	15	191	168	112	122	98	126	193	120	131	158	199	9
130	166	26	96	27	146	46	38	67	162	145	164	108	200	34
172	28	174	54	77										

87	81	69	170	18	177	96	151	22	149	23	105	30	150	80
197	15	137	132	37	106	51	135	118	32	8	66	4	101	161
196	33	14	176	43	65	79	94	84	26	45	40	85	143	186
83	74	185	165	126	153	171	78	98	39	175	157	182	142	44
163	179	35	147	17	140	95	46	92	115	86	88	6	25	121
117	21	1	138	90	178	167	97	27	190	91	77	93	112	194
60	20	155	5	111	192	173	183	199	52	59	75	122	187	47
89	130	129	120	64	3	50	2	70	162	104	164	49	158	148
156	58	103	31	195	168	55	54	109	174	100	42	68	141	128
127	72	57	146	24	73	159	169	133	16	76	189	61	10	34
67	184	63	41	71	116	107	172	144	110	166	29	119	198	99
181	125	13	56	62	145	152	114	11	131	191	123	124	82	7
154	9	36	108	160	136	38	19	53	12	28	113	139	200	102
188	180	48	193	134										

172	71	49	113	77	16	188	56	140	187	175	180	135	33	142
86	136	19	34	15	146	94	70	167	126	170	105	191	23	21
182	10	30	90	141	46	95	120	166	101	186	125	117	128	31
195	176	47	22	93	185	150	29	36	168	184	72	43	60	196
14	137	162	44	192	83	104	144	127	7	194	54	40	129	154
134	20	9	174	178	87	5	6	161	25	114	28	160	63	165
147	118	177	92	52	89	116	152	27	11	151	132	112	121	4
82	97	2	35	51	169	50	158	155	133	173	78	41	68	107
171	66	163	197	181	57	183	64	84	3	53	124	69	199	26
96	61	198	103	138	48	38	153	8	122	109	156	123	110	119
39	76	32	65	157	91	149	24	99	148	111	200	1	62	193
189	75	67	37	139	13	55	79	164	130	115	131	59	190	74
81	45	73	18	100	179	102	42	143	108	12	88	106	145	17
58	98	85	159	80										

TABLE 7—INTEGERS 1-200

Each one-third page is a permutation

197	106	193	168	165	79	188	78	111	47	57	195	118	189	147
28	35	32	68	36	5	112	62	48	53	64	41	185	113	133
109	90	46	131	11	146	73	71	2	119	102	24	93	191	27
157	125	175	23	194	14	38	81	116	22	51	182	149	70	134
72	124	117	100	7	88	18	10	104	183	96	92	128	141	54
59	130	186	91	176	20	151	4	69	19	63	139	76	180	33
55	1	152	87	114	127	26	13	192	184	60	40	170	174	137
169	97	83	21	17	108	136	187	199	138	99	173	158	129	172
164	94	166	31	80	103	142	39	115	75	177	12	45	179	196
82	160	95	29	126	98	123	140	3	153	200	143	198	89	148
74	121	66	163	120	86	25	37	43	178	44	105	110	58	84
156	167	52	85	16	9	145	150	132	122	15	107	155	42	56
190	161	61	135	6	50	171	159	77	30	8	49	154	181	34
67	162	101	65	144										

160	170	50	84	37	137	94	28	178	93	118	151	27	126	92
125	25	77	182	121	153	187	42	109	200	198	195	74	146	155
16	15	7	162	1	113	188	139	116	68	65	180	53	158	31
159	134	79	156	176	117	80	161	22	138	4	196	143	147	43
119	112	24	114	199	133	130	71	102	91	163	197	169	193	101
166	120	38	150	46	5	127	194	105	89	145	39	33	149	11
141	165	13	49	72	64	185	95	17	167	14	62	97	56	152
41	129	63	47	136	20	144	183	106	142	18	107	10	124	173
12	9	88	111	44	73	32	35	177	78	103	123	48	190	36
115	108	104	6	171	61	140	186	3	110	23	57	29	8	26
81	99	128	90	2	168	100	76	54	67	86	96	85	132	164
70	184	148	174	135	131	52	51	30	172	55	60	21	75	87
34	45	191	40	181	98	189	19	69	59	82	58	192	175	122
179	157	83	154	66										

127	22	71	9	116	157	105	188	173	134	65	81	107	50	142
58	66	17	159	29	163	164	51	106	161	137	120	84	3	191
61	4	11	196	184	112	57	100	185	15	10	117	135	33	96
160	85	110	69	13	175	27	92	131	150	97	125	146	90	7
172	25	8	119	130	152	76	158	32	31	193	156	132	88	198
39	187	139	68	111	182	189	155	70	148	18	123	165	178	197
12	6	141	77	95	49	166	63	44	43	192	102	183	176	170
136	75	28	180	103	151	24	194	200	42	186	124	167	169	2
38	36	147	80	129	179	101	23	46	171	118	37	53	79	74
143	1	55	91	144	56	20	138	89	47	78	35	41	104	109
54	67	86	14	108	115	73	87	30	21	133	195	121	174	48
59	181	45	64	126	34	60	113	40	83	72	99	168	153	5
122	19	162	140	26	190	16	94	149	52	98	128	154	93	145
114	62	199	82	177										

TABLE 7—INTEGERS 1–200

Each one-third page is a permutation

25	99	82	125	29	149	159	42	18	52	190	12	32	13	200
195	15	96	107	39	164	68	55	133	167	70	183	160	182	3
56	175	65	95	169	120	176	126	139	61	74	112	33	14	53
152	101	26	40	128	44	80	108	179	66	87	184	90	43	111
19	30	178	48	59	23	21	60	10	193	155	85	4	140	17
69	187	145	86	123	54	191	79	22	76	181	9	192	163	73
46	98	119	57	172	136	72	116	2	31	38	6	194	134	170
28	106	142	199	36	35	84	64	103	5	93	62	146	89	67
157	173	41	137	144	138	110	186	8	104	92	7	171	127	105
16	63	83	189	148	47	153	162	122	113	94	109	49	135	124
156	154	37	102	188	27	100	20	51	11	118	132	143	131	166
177	117	150	50	161	71	158	141	174	24	165	77	168	114	75
81	1	91	88	78	58	115	151	180	121	97	129	198	147	196
197	185	45	130	34										

55	192	153	115	200	57	137	78	34	141	22	121	71	186	110
38	180	144	50	12	183	75	171	164	69	119	86	140	36	116
31	58	147	76	61	66	167	118	184	3	162	128	143	122	148
19	178	117	68	109	149	120	154	174	145	181	5	11	72	27
102	23	24	151	90	2	170	59	93	97	79	114	136	95	193
105	41	56	168	133	1	157	4	8	113	44	54	30	197	111
124	81	73	130	64	139	85	177	99	175	188	96	74	172	62
53	32	42	127	88	159	10	84	131	25	187	37	52	83	92
45	179	126	49	39	28	89	106	150	198	17	152	70	63	82
47	155	189	26	65	169	101	182	87	199	40	166	100	21	132
134	195	173	77	107	46	138	18	123	13	6	67	160	98	191
125	196	163	190	80	185	158	16	103	9	142	161	51	7	156
135	194	165	94	91	33	146	60	104	15	129	43	20	48	108
112	35	29	14	176										

87	2	106	1	136	31	162	23	48	105	98	84	96	15	102
44	167	183	121	100	137	197	150	184	153	38	172	66	78	82
168	21	79	170	186	130	187	53	180	138	119	160	63	145	73
123	140	108	128	114	174	62	25	45	109	124	152	60	158	17
86	27	89	75	47	175	95	110	178	115	77	90	50	177	94
71	37	163	147	20	46	3	91	116	6	117	81	118	22	85
122	70	181	40	104	193	161	139	141	192	29	127	34	68	135
134	12	107	30	11	171	55	189	164	13	125	72	165	64	101
190	129	58	36	24	14	154	113	8	4	65	67	16	188	103
57	74	194	42	49	195	99	93	146	144	97	155	149	185	179
26	10	159	32	196	88	9	18	126	182	120	56	54	166	198
191	51	7	43	156	112	111	169	200	80	173	151	28	132	35
5	142	131	143	69	157	59	92	133	199	41	148	39	19	61
52	76	83	176	33										

TABLE 7—INTEGERS 1-200
Each one-third page is a permutation

146	33	77	1	194	116	126	165	102	153	175	181	160	170	32
10	66	149	37	73	179	154	163	110	8	114	189	79	185	34
134	48	71	187	27	68	45	200	100	135	63	119	156	122	137
20	42	166	11	85	40	83	138	123	70	115	29	105	50	78
151	31	62	141	133	195	161	140	82	199	96	182	21	26	23
54	188	2	12	51	93	131	18	28	3	103	9	184	121	64
88	104	176	193	94	111	128	36	168	95	157	41	118	190	167
144	60	59	180	198	89	142	173	75	52	127	109	108	125	72
178	13	57	172	196	191	25	87	61	39	106	147	24	43	145
4	69	84	53	56	197	97	139	192	169	49	158	65	14	107
143	117	38	136	55	44	91	183	99	5	177	98	19	76	30
90	159	124	129	22	162	80	16	150	120	58	164	171	46	174
7	17	186	47	148	113	132	101	86	6	67	152	74	112	35
81	92	15	155	130										

29	192	32	1	63	163	27	43	193	91	182	53	65	183	68
79	178	114	154	141	23	60	105	44	96	75	72	151	38	175
81	158	9	142	14	21	24	33	45	147	168	4	28	171	161
143	140	186	95	82	145	121	73	177	194	90	49	54	108	113
133	100	110	118	200	198	20	94	135	57	42	3	120	148	139
51	103	191	188	59	149	180	8	22	181	164	83	122	41	89
157	155	92	136	31	109	56	123	138	16	76	11	106	167	107
197	18	166	189	40	172	146	170	187	162	125	39	159	101	69
12	15	46	61	50	176	174	129	37	190	179	77	117	104	134
6	137	199	64	153	62	17	35	5	126	88	160	19	131	124
30	115	116	132	130	173	55	66	102	195	185	87	165	111	169
196	10	93	26	150	80	144	152	127	112	48	84	78	67	128
25	184	97	47	71	36	2	86	98	74	156	34	85	119	99
52	70	13	58	7										

108	132	72	70	183	137	181	37	130	74	16	17	153	197	98
200	52	32	168	113	195	34	48	68	180	122	75	156	179	189
24	15	144	39	38	97	129	102	95	11	1	44	158	194	119
35	64	106	126	82	25	50	80	145	94	191	188	135	149	96
3	56	163	162	172	133	134	127	86	26	21	63	47	110	28
55	71	13	62	136	131	5	31	169	73	87	161	117	14	157
165	150	89	196	192	45	101	81	4	140	185	51	12	77	120
175	23	65	124	143	171	190	36	141	186	184	115	147	2	170
104	61	176	6	164	173	182	166	78	187	174	27	57	83	111
139	30	53	58	116	159	54	8	91	67	142	69	177	125	20
155	60	90	160	59	9	193	121	49	40	19	152	109	79	10
114	154	151	146	92	7	105	85	66	41	123	100	43	84	112
199	107	88	138	18	103	148	167	178	93	42	33	198	76	22
29	128	99	46	118										

TABLE 7—INTEGERS 1–200

Each one-third page is a permutation

135	119	44	82	32	91	63	65	34	22	76	130	141	117	140
191	79	173	163	49	25	134	105	55	161	68	107	7	5	194
124	121	19	16	11	81	62	128	190	171	26	41	113	123	114
21	108	93	157	198	66	142	132	75	60	95	101	43	165	167
70	112	166	80	103	45	164	125	196	56	147	172	182	50	137
126	169	48	148	57	92	199	145	176	18	195	170	133	98	40
78	110	150	47	28	20	33	94	14	8	174	189	53	58	35
42	69	111	185	15	54	13	178	2	74	52	17	144	9	23
127	87	29	153	179	139	154	36	151	181	162	89	175	27	46
88	64	159	12	193	96	187	104	83	138	1	71	73	37	160
24	39	106	149	118	156	116	192	184	188	131	84	115	97	197
85	146	109	143	99	67	38	61	6	72	129	102	158	152	86
30	180	183	122	31	77	10	200	168	136	155	186	59	120	90
177	100	51	4	3										

76	18	5	149	115	102	34	72	161	135	25	54	39	144	101
148	174	24	116	60	143	111	128	183	138	37	67	200	81	3
80	155	66	189	96	79	194	82	153	89	10	130	109	172	42
33	56	41	113	198	136	2	106	168	193	52	100	69	1	20
15	103	45	176	131	140	19	159	55	58	154	23	185	126	51
64	108	156	147	7	99	199	124	175	167	73	59	21	17	14
27	68	87	196	31	50	35	32	110	117	13	188	70	184	165
85	77	132	127	151	9	97	74	61	182	178	86	120	186	29
114	122	107	139	43	16	125	187	98	162	26	118	146	104	170
44	195	160	150	152	121	48	141	46	63	6	179	93	177	197
192	83	12	133	157	181	53	65	11	180	8	91	4	163	36
90	92	171	137	22	38	191	105	166	173	78	134	40	158	88
49	164	62	95	28	75	190	57	84	129	112	47	142	123	71
169	30	145	94	119										

23	159	183	128	161	58	148	63	6	4	108	59	37	140	70
182	115	38	151	185	79	86	190	5	15	16	170	105	97	193
149	88	137	74	73	111	173	177	55	99	65	167	136	35	27
163	49	189	21	30	18	77	125	110	39	141	119	54	121	92
187	53	31	67	174	13	40	7	200	14	165	101	135	33	12
57	36	3	78	186	117	80	69	180	126	2	181	114	147	52
164	76	43	82	103	62	184	102	199	1	29	123	48	127	104
153	132	197	169	191	134	144	22	124	60	34	179	90	9	85
129	84	64	46	198	188	50	96	51	89	11	162	109	143	145
171	72	100	47	8	130	61	19	41	166	87	20	32	150	56
192	83	26	118	154	156	25	95	94	176	120	142	178	44	195
66	71	146	10	155	81	28	17	42	106	139	113	196	75	24
122	45	91	172	116	194	175	160	68	133	158	93	112	157	152
98	131	168	138	107										

TABLE 7—INTEGERS 1-200
Each one-third page is a permutation

192	74	1	164	95	160	181	43	40	199	37	114	108	173	22
179	189	112	55	100	98	191	17	83	33	89	61	32	3	165
85	35	126	159	96	125	26	21	194	111	150	105	42	97	106
182	152	38	172	48	137	92	168	142	196	141	103	110	77	13
163	7	166	132	115	30	184	75	113	58	99	186	190	19	176
25	109	124	156	18	72	82	91	133	145	63	138	140	175	8
4	193	151	6	51	174	16	136	59	198	90	195	134	200	73
177	71	128	123	65	20	104	62	197	131	180	118	154	155	130
120	94	158	170	121	66	60	44	53	116	127	39	187	10	79
2	129	14	86	49	167	36	76	148	27	107	157	41	28	102
45	64	88	188	169	11	69	12	67	143	144	147	146	185	171
119	52	47	162	9	117	24	87	149	81	50	93	57	139	56
78	101	15	54	31	5	23	122	153	80	29	34	84	135	68
70	161	46	178	183										

18	166	1	31	124	51	103	104	56	153	7	162	60	164	125
67	93	43	199	27	83	139	53	193	150	86	175	118	163	22
4	26	72	138	78	92	184	190	61	69	5	95	160	80	188
49	94	127	109	194	54	122	90	30	100	10	38	183	89	55
102	13	126	144	198	75	46	44	161	120	34	158	71	99	141
113	91	167	142	169	52	50	24	11	177	41	76	45	97	85
65	154	87	105	84	123	110	62	132	176	172	174	156	20	133
3	42	181	115	63	131	185	58	35	111	77	57	21	149	32
157	15	165	14	173	82	135	64	145	134	39	96	117	179	107
6	116	98	2	130	9	191	88	29	19	168	187	137	81	192
121	74	186	195	108	196	182	140	33	114	112	59	48	151	189
47	106	36	70	180	129	148	171	200	159	155	143	197	68	17
25	37	79	23	178	101	147	128	136	146	170	66	152	16	73
8	119	28	12	40										

100	128	76	172	114	107	20	57	52	14	132	112	164	97	143
188	55	8	109	173	138	85	44	47	152	22	196	86	182	119
90	29	30	43	141	5	135	1	49	41	21	66	75	104	98
61	116	154	34	102	142	31	48	187	147	84	70	26	71	11
89	42	96	130	111	170	189	171	133	194	131	162	93	58	51
150	124	72	80	68	63	92	186	168	125	134	185	38	198	73
103	83	79	82	113	155	163	115	50	23	140	56	174	180	159
60	200	110	146	7	17	28	176	167	53	2	69	74	165	191
137	36	62	78	123	77	65	184	118	54	15	145	153	94	88
64	13	193	166	122	46	108	33	101	35	190	126	177	120	199
149	105	197	179	156	19	175	144	117	151	136	45	91	160	157
6	16	158	9	161	99	129	127	24	67	148	95	169	12	10
183	81	139	178	87	3	195	39	40	27	59	4	25	192	121
32	106	37	18	181										

TABLE 7—INTEGERS 1–200

Each one-third page is a permutation

45	146	44	63	29	42	4	57	194	150	1	5	18	133	107
48	47	135	43	85	120	170	12	185	160	52	172	144	193	35
141	156	76	86	19	108	124	94	195	109	60	2	134	111	77
22	128	181	3	136	11	65	137	169	89	152	79	182	84	59
6	189	81	88	99	116	175	54	62	119	158	73	131	103	67
177	36	173	21	163	93	23	97	90	87	184	186	39	110	168
14	166	129	8	147	74	70	157	46	13	28	40	151	191	127
148	50	33	72	190	83	20	7	192	161	171	162	164	140	198
30	34	66	200	80	125	199	106	10	178	68	196	78	117	104
101	139	25	115	53	31	37	71	41	26	122	155	98	176	113
56	61	92	145	82	197	112	154	105	16	17	75	132	15	24
159	167	51	138	27	121	179	123	118	91	165	96	183	149	188
174	9	130	142	69	32	100	114	102	153	49	95	126	55	180
64	187	143	58	38										

2	118	195	154	160	198	100	93	115	120	5	51	170	174	31
34	141	130	46	14	21	117	6	137	95	12	10	193	114	69
167	22	133	62	78	132	33	127	148	111	58	26	41	13	66
171	53	11	94	149	124	162	43	138	18	113	64	150	23	128
163	42	110	135	88	28	17	84	91	37	1	191	7	55	182
196	74	25	176	92	102	155	72	57	178	39	49	164	151	73
54	76	30	189	83	194	121	27	89	36	188	105	187	79	143
68	159	173	8	101	131	156	15	169	60	123	129	116	48	184
197	65	59	140	134	177	86	98	85	106	157	45	47	144	97
165	107	161	32	126	142	61	3	24	125	35	146	38	80	139
145	183	71	16	112	104	153	75	186	81	166	52	136	99	185
122	147	20	29	175	119	103	4	9	181	200	82	44	108	190
70	67	168	77	180	87	109	96	179	172	40	192	199	19	152
90	158	63	50	56										

50	105	33	154	180	6	30	91	129	67	120	149	21	17	119
2	3	57	152	170	71	164	188	11	99	177	28	118	192	185
153	46	142	63	193	156	184	125	10	190	54	100	150	61	51
75	199	121	62	113	102	186	38	148	168	109	160	138	134	66
7	169	107	52	84	93	173	115	42	97	23	80	198	191	106
92	200	88	22	179	68	86	140	37	73	108	69	87	85	56
74	24	130	9	124	59	196	133	122	4	98	72	32	127	172
43	47	139	182	161	112	165	117	53	76	36	103	27	104	123
181	18	55	16	126	176	162	35	136	101	157	90	189	194	58
40	65	110	45	141	195	5	78	15	14	20	175	94	137	39
163	95	44	187	89	60	19	159	8	96	151	77	111	144	25
167	183	70	158	174	132	31	82	34	48	83	116	12	171	114
131	155	41	64	135	147	178	49	197	166	128	145	29	143	26
1	13	79	81	146										

TABLE 8—INTEGERS 1-500

Each page is a permutation

345	282	137	412	348	82	195	347	490	116	56	142	462	46	426
288	359	497	330	333	218	193	307	19	29	87	476	484	154	318
36	146	143	39	370	313	234	14	99	356	95	362	262	50	125
88	8	292	34	244	472	97	183	385	298	485	317	109	429	247
151	100	163	428	445	408	277	314	367	91	122	156	52	279	337
84	416	2	165	274	351	253	242	357	4	160	495	215	136	432
188	17	149	120	471	396	241	43	101	47	119	65	1	236	198
252	332	419	16	229	360	175	294	306	450	41	207	406	470	38
117	384	278	62	304	382	58	482	32	296	245	475	23	327	300
287	15	118	431	422	9	67	375	488	173	134	168	206	73	423
390	176	18	140	33	106	59	48	102	398	283	132	335	64	320
442	342	409	392	28	22	474	74	24	377	86	411	383	144	368
452	81	264	466	5	499	486	496	493	290	494	167	170	455	340
391	285	336	221	83	365	220	180	403	204	203	410	405	280	197
114	395	281	222	438	394	322	256	225	479	339	123	76	436	61
369	237	272	70	202	90	3	208	399	80	228	128	169	444	227
468	463	464	96	238	111	251	491	489	355	145	372	115	269	191
467	187	53	354	420	223	305	185	461	401	20	388	346	211	110
324	158	447	311	415	205	349	366	92	424	124	133	239	192	37
469	448	473	162	268	295	418	319	454	212	200	231	174	213	121
104	13	364	248	63	440	402	439	79	113	93	310	352	271	230
303	275	344	487	458	257	190	492	130	214	98	194	216	460	44
379	233	157	437	259	71	68	404	31	400	427	261	414	255	393
289	397	35	380	371	308	51	246	291	328	232	446	189	7	343
312	196	477	210	42	141	11	389	69	25	150	443	60	381	27
302	182	226	276	108	435	40	219	107	147	441	453	166	201	6
148	260	112	127	284	21	413	177	341	316	171	481	172	407	376
135	323	480	325	358	334	10	309	138	250	75	94	129	240	267
265	184	55	315	456	457	164	373	353	425	266	199	66	89	363
459	139	387	433	299	434	78	77	153	500	54	293	72	235	258
350	331	243	421	478	209	152	186	105	26	178	103	45	338	483
430	449	217	301	181	57	321	12	386	273	85	249	161	498	224
286	329	451	374	131	254	465	179	361	159	297	126	270	378	155
326	30	263	49	417										

TABLE 8—INTEGERS 1–500

Each page is a permutation

190	175	133	81	260	269	164	318	107	240	415	22	105	468	71
163	116	227	446	384	242	67	332	48	128	21	451	154	381	359
386	365	300	231	176	135	497	167	120	168	217	193	108	344	87
99	351	214	134	209	399	447	408	483	192	322	98	339	445	27
206	255	226	188	371	41	368	257	313	328	342	20	64	45	285
224	82	264	153	162	3	363	319	436	88	455	189	83	349	335
177	284	38	91	184	245	157	262	94	183	304	372	458	465	76
46	369	228	145	201	170	464	406	466	321	210	60	92	410	413
459	44	4	472	63	85	348	477	78	494	419	113	343	33	171
150	9	290	460	484	439	253	258	19	361	31	457	402	306	496
43	334	416	112	93	411	283	74	425	169	15	57	1	109	441
100	90	454	489	129	12	315	137	492	277	131	378	141	267	291
197	204	256	346	65	422	136	358	298	219	95	401	272	409	104
252	36	7	50	195	355	96	463	347	102	336	340	288	199	111
396	360	152	147	495	158	400	323	427	191	397	62	297	498	200
35	443	24	5	39	296	341	26	292	265	377	311	114	234	407
470	388	289	440	149	279	215	438	301	302	196	230	139	420	121
69	119	203	144	221	79	186	16	155	18	449	305	316	450	444
433	448	462	124	293	391	123	490	480	357	353	182	32	222	434
432	248	392	366	212	110	263	160	286	320	247	148	337	179	13
479	428	159	10	241	376	324	181	362	488	58	330	161	2	243
356	405	17	56	233	115	310	398	299	23	225	281	308	418	295
106	146	140	72	312	275	394	364	216	246	125	166	6	303	482
461	11	456	412	103	68	417	220	70	273	173	229	276	211	345
424	205	156	395	485	238	185	49	294	379	331	404	500	430	499
47	53	37	374	138	329	54	474	143	382	178	165	122	239	453
73	367	370	59	352	34	478	25	237	84	387	389	259	213	435
326	40	236	207	354	476	268	86	266	317	442	414	118	223	491
194	101	325	172	174	249	218	473	475	52	151	380	375	198	309
282	421	8	180	127	307	486	29	30	251	244	469	97	350	14
51	117	187	429	274	423	254	208	232	270	28	338	132	493	385
333	66	250	61	373	80	471	280	202	89	77	481	487	42	278
55	327	271	390	130	75	452	403	126	431	314	142	393	437	467
261	235	426	287	383										

TABLE 7—INTEGERS 1-200

Each one-third page is a permutation

118	54	111	496	336	33	362	293	348	247	311	358	258	37	294
295	23	50	494	166	289	413	26	143	39	418	280	150	324	287
445	310	488	20	420	124	252	147	57	232	115	213	308	221	486
360	218	122	233	267	382	357	484	241	440	370	14	210	66	113
325	327	434	430	40	114	339	321	203	31	396	270	139	314	395
475	474	335	11	446	74	454	322	128	2	214	75	290	238	330
126	225	174	385	154	428	76	319	235	179	15	83	123	423	285
403	482	260	163	303	127	340	242	60	84	373	342	291	178	140
149	394	6	472	315	407	449	249	27	278	284	457	71	409	352
222	317	85	137	405	251	272	359	212	455	7	271	110	88	379
189	204	217	56	491	44	487	292	223	264	173	87	91	444	211
89	386	102	152	145	377	72	62	245	329	224	442	261	164	263
414	320	465	427	92	389	43	393	73	383	331	498	188	450	447
98	466	168	194	215	190	282	367	35	187	99	119	171	180	453
349	208	375	157	390	281	121	21	397	392	347	400	130	67	463
138	5	32	106	404	490	304	399	220	256	55	206	201	18	361
372	196	93	363	410	200	435	30	148	483	262	415	94	254	183
378	231	471	162	239	426	406	493	473	273	355	343	170	424	207
333	462	364	230	117	237	500	283	234	101	169	288	63	156	90
16	477	49	209	86	68	437	366	109	253	10	108	184	82	165
345	136	432	103	8	202	277	257	376	185	198	105	481	421	323
265	388	468	112	155	81	439	334	243	158	25	116	69	469	381
354	53	36	318	467	344	132	412	266	371	307	129	268	24	255
104	391	135	193	479	205	480	316	144	107	298	160	451	301	300
70	368	297	369	356	34	470	279	177	52	133	309	142	448	161
172	227	461	38	312	441	131	478	401	151	61	387	464	459	77
425	181	499	299	159	286	186	79	182	96	199	302	141	458	97
305	28	250	65	332	350	64	492	416	248	29	246	192	13	17
134	485	259	240	351	326	219	78	460	411	417	48	269	398	226
228	431	384	476	197	216	313	402	3	275	12	380	59	328	419
422	9	443	229	274	408	338	153	497	296	306	125	436	456	19
176	195	80	236	47	22	120	346	341	337	45	495	1	46	276
51	438	374	452	146	191	353	167	41	95	42	4	489	433	365
244	429	58	175	100										

TABLE 8—Integers 1–500
Each page is a permutation

404	143	368	294	73	372	319	275	125	431	236	289	29	138	196
422	383	210	398	295	488	112	75	347	351	163	2	317	246	108
346	98	22	305	100	65	39	135	251	300	215	245	445	367	308
5	454	216	390	187	16	230	111	97	120	134	93	14	142	442
88	239	226	26	87	303	312	264	409	249	106	349	233	373	167
283	462	268	221	58	355	186	244	90	170	321	470	428	450	304
435	70	71	453	299	287	180	213	232	86	356	191	169	490	150
124	484	204	7	430	391	241	21	418	440	334	397	176	40	318
145	9	224	66	455	148	255	444	466	498	273	392	126	173	155
365	345	360	359	44	76	10	493	426	152	172	410	77	201	55
228	119	486	285	331	297	208	72	335	31	154	499	301	353	149
144	448	99	473	200	350	407	408	27	380	266	393	348	202	115
114	219	175	370	109	497	237	185	461	181	358	168	118	198	1
376	17	291	85	130	102	472	192	83	132	203	174	211	459	36
354	69	235	338	101	480	402	333	56	306	113	396	217	339	326
395	311	23	386	377	262	240	182	375	84	165	476	28	437	110
257	189	327	38	3	53	296	457	405	209	261	381	48	80	184
382	412	67	411	258	495	159	242	487	156	491	214	103	271	153
337	489	25	374	43	89	30	151	446	183	205	293	494	4	424
276	243	64	54	81	61	332	234	60	82	315	193	50	436	278
121	57	415	78	220	265	456	231	13	147	270	63	292	465	164
475	463	8	328	439	420	33	479	206	400	42	179	107	247	254
197	280	259	128	166	127	194	344	260	222	438	419	136	32	96
19	429	483	105	269	313	229	340	352	225	195	471	18	95	384
413	468	496	104	279	49	363	460	141	282	336	272	188	481	482
469	406	478	161	314	94	284	122	342	11	307	341	207	68	399
500	199	451	378	325	362	417	443	15	286	416	45	117	389	323
371	131	421	288	433	47	364	427	385	302	274	162	320	477	146
403	330	160	414	46	116	253	310	34	464	92	263	467	423	20
139	158	277	388	12	401	250	434	140	74	62	177	227	387	24
35	137	324	157	290	59	238	178	123	256	51	41	452	91	357
492	267	52	37	79	379	129	133	329	425	366	485	6	190	281
248	369	298	171	447	474	218	252	343	394	458	316	361	432	322
441	309	212	449	223										

TABLE 8—Integers 1-500
Each page is a permutation

164	295	121	408	325		463	152	357	71	491		101	435	461	259	470
364	409	92	186	288		79	59	289	86	119		263	484	340	115	49
41	480	479	293	181		20	445	335	114	426		107	497	227	102	460
446	382	206	242	209		430	291	96	273	342		257	496	228	462	44
275	467	367	63	438		150	12	333	22	46		40	494	103	10	450

400	131	217	334	474		399	391	31	385	95		457	473	190	188	247
223	371	427	286	78		436	296	489	277	414		203	156	274	322	244
140	221	58	65	402		337	249	158	443	43		266	191	332	361	381
471	222	384	348	393		122	193	175	359	251		157	330	124	309	323
80	184	55	284	39		487	353	61	83	417		464	1	153	183	18

28	297	475	146	33		11	388	344	116	392		232	339	419	246	336
452	278	149	406	299		405	346	256	478	395		236	32	166	416	130
13	108	218	303	328		235	138	269	374	365		45	314	91	211	47
437	60	368	397	147		21	279	306	267	360		19	431	29	226	363
6	272	16	229	99		167	34	369	366	448		133	48	468	477	444

442	110	174	52	70		17	413	168	376	224		466	476	326	312	89
318	425	74	329	315		386	128	136	159	490		177	7	215	324	282
493	439	165	301	412		492	111	233	88	500		171	338	483	163	97
118	148	117	132	142		125	352	30	423	141		372	481	9	15	486
180	214	280	281	375		113	54	378	94	87		377	380	459	355	234

403	135	178	383	302		465	404	411	77	398		271	449	67	311	185
347	4	317	455	387		145	313	202	81	261		35	258	379	253	204
396	198	250	62	373		472	225	254	358	155		172	276	210	245	285
139	219	415	173	50		354	345	134	341	109		424	176	495	304	290
485	72	93	23	292		453	24	239	307	268		488	238	112	37	208

|327|432|151|196|283| |123|230|294|248|298| |199|454| 73| 5|441|
|189| 26| 42| 25|241| |243|252| 64|201| 57| |499|205|264| 3|231|
300	390	220	53	356		498	154	14	76	255		434	160	212	370	68
216	351	287	82	169		305	143	343	192	319		179	170	321	51	162
362	161	56	69	120		320	197	418	469	316		106	195	27	137	310

|126| 36|200|407|194| |349|270|440|420| 66| |451|187|428|213| 90|
422	456	104	182	84		421	389	482	260	458		98	331	207	240	85
127	262	237	105	129		308	401	350	8	144		38	410	394	265	75
429	100	447	2	433											

TABLE 8—INTEGERS 1–500

Each page is a permutation

88	430	105	486	83	244	492	65	189	110	200	21	418	234	459
428	365	413	170	409	360	75	92	179	256	305	77	62	377	355
182	299	53	302	387	466	209	232	433	354	455	444	497	168	169
328	213	295	28	493	50	250	72	101	308	484	132	60	351	462
136	399	282	174	27	499	359	173	375	1	208	80	402	434	304
452	94	310	352	447	404	86	125	242	178	187	56	396	42	474
228	268	36	362	104	238	491	183	73	410	210	139	41	296	262
230	461	124	489	217	221	180	341	385	321	146	333	154	195	97
395	317	176	472	366	67	89	346	109	12	367	252	259	277	95
243	22	156	34	207	405	235	279	422	483	479	266	417	421	205
224	326	171	319	473	425	383	451	286	122	162	438	107	199	214
118	386	186	290	307	283	431	343	147	216	379	429	419	261	25
324	397	412	316	164	423	338	445	127	93	285	17	106	193	31
340	408	432	120	190	441	2	84	222	258	345	271	37	381	184
478	7	96	33	411	294	126	393	227	270	157	342	166	10	291
58	458	314	131	135	435	353	436	389	175	313	150	49	363	15
403	138	158	369	272	449	374	407	63	70	39	401	226	161	113
394	274	439	257	20	26	485	43	446	322	152	246	463	29	149
99	59	172	471	160	356	81	177	188	384	330	76	151	415	145
14	240	276	388	254	103	480	121	278	192	337	247	55	163	196
371	51	263	391	347	143	4	69	123	11	114	115	204	416	454
239	498	206	496	167	40	329	57	297	245	203	448	144	249	148
119	46	181	335	16	74	437	215	457	469	85	90	5	24	13
350	241	79	9	225	361	102	237	211	325	98	140	476	155	202
223	427	460	300	32	378	303	311	233	331	293	464	475	398	201
456	251	38	348	260	424	453	443	370	477	142	376	269	218	400
488	219	357	301	470	229	292	287	23	71	19	406	265	450	52
191	128	320	112	159	468	380	442	280	420	323	129	153	116	212
141	45	6	344	440	91	275	332	339	315	133	68	8	165	273
78	327	197	364	368	306	130	64	82	312	318	61	111	373	185
309	392	267	289	44	465	500	495	87	487	264	248	48	358	100
253	349	134	231	372	54	284	288	426	108	220	255	336	236	414
467	198	30	137	390	490	382	281	194	18	66	298	3	482	35
117	334	494	47	481										

TABLE 8—INTEGERS 1–500

Each page is a permutation

406	195	414	17	436	345	459	78	337	156	326	396	152	19	69
351	365	440	105	194	399	128	131	199	295	226	135	497	51	150
180	378	476	24	245	389	309	273	208	381	416	275	411	53	62
239	67	274	323	289	394	301	182	7	327	453	324	422	480	260
465	115	328	495	429	408	361	193	248	409	250	276	425	172	430
277	124	71	362	364	483	219	205	322	117	271	339	441	259	80
25	278	297	104	2	75	343	54	331	81	434	220	23	373	433
232	107	138	493	151	100	93	38	137	168	177	370	28	466	79
474	398	233	402	34	341	48	279	442	374	360	167	77	47	450
129	284	369	41	165	216	294	148	468	395	479	126	315	491	403
354	484	249	391	382	377	229	204	299	473	435	18	231	210	179
404	66	171	452	166	26	338	469	98	257	123	347	154	451	241
29	312	448	95	319	45	198	102	302	415	178	68	413	163	59
313	158	340	224	317	92	96	121	118	458	127	368	87	272	268
387	375	42	234	314	407	467	155	8	225	94	122	162	125	169
500	175	444	139	385	176	57	144	304	305	164	244	371	161	46
353	456	329	270	52	106	44	207	27	424	427	230	65	355	254
449	174	114	70	321	35	283	384	3	212	367	392	159	5	136
418	348	460	192	184	14	261	235	290	358	223	63	443	401	243
285	335	298	113	143	308	83	61	120	431	10	55	486	33	32
11	320	141	357	266	457	423	256	157	383	405	140	222	109	1
99	482	390	333	288	477	186	133	160	49	214	9	485	236	215
6	238	397	499	252	181	262	462	428	264	145	110	242	73	72
213	82	463	201	286	498	116	267	439	350	170	359	325	352	487
470	197	90	89	255	300	310	13	303	445	412	12	292	237	306
206	455	119	91	58	307	420	454	379	346	419	388	202	251	269
39	64	417	130	200	475	149	187	488	410	203	153	147	97	481
56	293	209	342	188	438	36	421	426	103	22	108	489	287	132
447	196	85	88	217	366	111	74	60	372	311	490	190	228	227
464	183	31	253	446	16	291	101	173	112	247	21	20	492	282
281	218	400	142	393	43	265	263	318	191	15	240	344	280	134
437	386	432	211	376	76	336	471	296	316	86	40	461	330	4
478	494	221	185	496	37	50	363	189	258	356	349	380	332	334
146	30	472	84	246										

TABLE 8—Integers 1–500

Each page is a permutation

282	59	75	386	352		16	319	95	436	405		322	5	179	357	118
140	207	272	62	488		2	438	280	3	164		116	397	284	11	457
452	356	150	185	31		36	340	60	163	157		142	417	111	47	26
77	336	442	146	409		461	87	338	432	312		53	468	41	315	450
208	494	221	281	313		259	354	149	100	13		387	349	353	428	226
330	65	194	469	348		378	477	58	346	80		172	225	300	170	46
419	176	389	227	27		275	299	370	161	391		470	148	347	318	448
321	158	112	332	314		56	245	9	479	44		169	153	173	6	98
433	19	213	269	217		481	262	50	121	203		175	34	159	144	268
486	421	196	435	261		82	396	127	52	250		22	181	218	303	191
104	40	74	445	25		182	278	412	335	210		205	63	497	296	135
424	466	212	139	273		99	222	37	21	362		366	192	174	485	109
101	134	219	342	400		138	211	482	255	76		265	295	414	459	14
267	114	310	252	427		465	500	23	381	441		463	24	190	410	260
155	423	166	289	440		499	478	285	239	407		456	115	277	483	240
73	462	91	311	64		224	430	434	484	382		489	398	360	48	384
70	301	374	51	8		264	167	243	86	420		35	270	279	78	334
493	443	460	377	49		344	238	178	339	223		337	215	294	490	449
90	71	209	102	249		492	4	495	188	199		38	373	395	216	160
350	230	244	72	368		84	394	363	137	132		242	136	152	110	193
198	253	317	406	254		475	365	447	351	234		323	10	480	129	131
233	156	439	117	309		345	467	274	92	237		287	491	399	130	246
464	126	392	472	154		372	171	108	455	446		20	145	402	33	15
453	385	66	93	187		89	247	474	96	418		30	256	416	88	7
124	214	235	271	290		103	326	367	165	297		364	183	383	97	55
43	81	333	429	106		147	168	143	125	228		141	376	177	162	251
197	120	324	206	83		390	329	229	291	358		292	57	286	220	151
186	316	105	487	42		67	28	496	248	375		94	298	202	232	444
473	68	408	331	422		29	304	79	200	454		426	283	498	231	361
369	61	451	343	184		425	257	236	393	320		85	379	204	18	471
411	325	133	388	263		180	431	415	328	302		276	293	307	306	371
107	113	189	195	258		201	341	54	288	476		39	45	241	404	403
437	266	122	413	119		355	401	17	380	69		359	12	128	123	305
458	308	1	327	32												

TABLE 8—INTEGERS 1-500

Each page is a permutation

246	461	379	29	450	448	117	124	92	390	239	188	330	280	244
25	292	235	269	274	175	21	473	32	132	169	167	306	466	54
228	118	410	141	265	316	263	424	319	238	294	40	90	277	173
471	197	85	281	121	240	130	96	353	19	446	160	282	334	52
214	429	406	11	20	218	229	460	476	179	419	73	125	389	22
368	392	198	251	176	431	120	369	493	259	234	495	161	166	180
299	433	212	333	486	28	182	129	416	465	387	475	205	457	288
496	149	354	142	102	97	200	99	452	374	106	291	69	366	34
383	145	400	355	397	378	108	3	222	302	304	133	104	447	59
435	264	191	321	77	111	337	394	254	209	233	168	477	349	162
232	344	287	215	6	365	114	373	462	384	159	170	261	273	30
23	101	420	494	326	43	50	376	7	328	26	445	178	360	94
490	193	154	449	297	208	485	415	474	375	284	76	268	371	418
53	305	137	115	271	187	9	196	44	286	140	318	325	404	266
164	88	468	189	312	467	185	313	199	184	183	163	109	336	112
307	36	237	413	35	323	119	100	257	62	15	153	488	241	230
346	458	388	71	13	348	219	194	386	408	327	279	310	242	363
339	84	110	442	221	322	45	247	136	352	440	298	33	49	138
422	243	317	38	58	454	320	403	308	272	463	55	482	80	438
290	451	24	359	405	113	83	301	411	56	430	479	116	276	223
60	211	489	428	372	8	12	48	260	455	227	434	207	147	206
453	423	350	315	151	332	255	367	224	491	70	81	210	382	127
331	172	79	89	414	47	67	5	487	470	347	123	17	472	27
98	122	190	135	213	14	270	345	278	340	335	444	480	421	362
152	437	391	364	417	309	253	245	342	148	356	358	157	203	186
216	439	436	39	293	343	459	128	396	195	258	82	86	252	385
324	95	165	377	105	236	500	217	18	72	248	478	204	285	370
2	295	41	74	51	155	499	61	380	202	314	483	341	139	481
158	146	42	441	93	201	283	171	395	311	87	134	226	144	407
432	37	66	357	351	425	303	4	329	409	10	156	398	399	401
177	103	231	46	143	402	296	249	225	289	393	256	150	426	91
192	427	57	381	31	300	16	131	64	469	181	484	174	75	338
412	250	1	275	107	63	65	262	126	78	68	498	443	464	492
220	267	361	497	456										

TABLE 8—INTEGERS 1–500

Each page is a permutation

255	486	264	108	137	484	427	384	404	308	172	417	100	278	473
409	81	185	121	379	143	71	332	436	478	46	223	6	358	493
107	120	110	281	450	140	389	95	82	446	163	25	229	401	1
132	380	253	131	399	205	337	36	338	249	391	291	341	5	64
204	248	425	221	195	383	498	304	68	381	400	370	232	15	45
297	330	88	367	315	266	368	175	476	246	83	212	125	65	262
494	392	423	60	365	344	91	288	347	57	444	387	483	203	99
171	491	37	189	20	331	285	309	90	59	139	114	113	242	359
201	145	472	7	186	118	438	292	27	366	402	276	116	133	293
146	154	454	275	50	393	35	272	166	135	157	67	158	8	241
336	181	209	169	147	325	470	462	265	156	487	220	456	198	268
429	237	218	296	178	106	343	22	200	202	440	128	199	44	72
385	448	104	298	51	267	101	428	16	24	322	321	92	89	21
213	43	441	256	86	111	55	449	224	355	290	307	127	411	316
351	226	363	170	149	31	465	415	453	153	69	461	162	405	294
33	243	490	418	184	231	47	123	500	306	311	314	361	208	161
182	210	302	56	334	167	489	188	173	227	144	115	79	130	126
360	328	117	196	485	301	280	414	239	426	496	350	160	397	23
2	13	474	30	283	326	377	222	250	460	412	54	279	413	364
235	342	11	395	66	97	191	286	234	85	187	420	277	320	58
177	150	323	305	299	432	443	124	408	312	18	317	398	452	228
335	193	352	94	190	270	40	469	152	339	442	211	356	87	434
76	103	12	284	419	4	457	318	354	431	112	159	225	240	499
52	254	488	238	70	174	215	263	287	447	416	376	463	236	437
34	98	480	357	148	179	32	271	62	372	26	48	346	3	19
28	374	475	451	310	477	481	353	313	324	371	75	61	74	197
269	192	382	134	252	168	102	375	42	439	261	245	492	251	394
14	388	348	482	53	386	300	93	247	109	345	445	78	407	458
39	49	349	390	165	164	260	403	433	142	183	10	73	136	141
430	29	214	216	467	464	274	207	176	327	233	466	455	295	303
319	421	282	471	424	9	138	329	194	273	151	479	362	333	155
217	378	63	180	77	41	422	17	289	244	369	230	38	410	340
206	459	119	219	257	495	396	84	258	80	129	406	497	373	96
105	259	122	468	435										

TABLE 8—INTEGERS 1–500

Each page is a permutation

52	193	225	482	24	80	138	290	475	437	288	38	134	163	432
111	367	144	500	260	41	93	326	65	207	126	123	42	49	285
263	216	116	245	197	374	97	249	60	184	487	246	59	273	141
462	324	114	192	322	81	179	419	191	254	353	156	441	455	185
91	50	489	469	195	94	391	492	330	297	402	289	352	88	68
85	261	323	346	314	338	182	257	213	155	378	270	466	302	62
187	117	282	465	429	10	382	411	247	188	286	294	251	69	308
190	122	23	236	424	224	13	84	371	198	58	125	386	423	211
476	287	108	256	129	483	22	497	377	12	376	30	160	166	1
337	124	358	96	130	119	201	35	139	471	112	143	472	48	392
354	153	164	175	414	425	305	404	132	379	398	452	172	34	494
342	403	26	103	460	63	383	240	165	410	412	128	395	268	421
226	390	40	365	242	4	25	430	498	332	426	106	495	369	100
422	159	218	327	491	147	440	295	293	458	3	481	92	415	157
463	427	435	83	451	418	359	17	217	64	186	210	278	306	90
265	406	366	98	333	109	27	448	45	149	43	121	233	459	304
53	167	113	230	351	364	142	168	76	344	347	255	317	315	461
95	73	9	493	431	258	219	405	470	250	87	21	484	336	474
212	400	136	214	169	331	457	310	335	15	19	209	28	300	196
33	29	296	133	283	2	234	18	183	248	72	433	241	438	267
61	277	309	298	363	118	31	375	70	11	232	146	439	101	220
385	71	490	311	428	372	434	464	170	54	356	36	442	473	413
237	51	284	450	275	158	205	206	44	343	14	104	264	8	280
152	253	244	381	7	281	203	162	137	127	303	20	368	150	384
200	345	447	401	389	408	173	229	292	140	319	208	479	223	468
46	373	271	75	291	189	316	5	82	443	350	262	279	37	135
456	238	312	328	222	362	151	56	231	299	115	307	66	454	445
393	107	329	417	380	360	131	449	266	78	180	16	204	274	89
55	478	349	467	334	221	39	47	239	227	446	355	420	228	361
318	154	269	301	99	388	171	161	120	340	370	396	199	215	110
32	485	176	499	486	259	387	453	74	202	6	357	148	496	477
325	235	409	252	341	174	488	416	77	321	276	444	394	480	407
181	102	57	399	339	79	320	105	397	348	177	67	243	86	272
313	145	194	436	178										

TABLE 8—Integers 1–500

Each page is a permutation

```
 15   16   74  383  272      160  389  252  188  413      499  425  392   48  354
 55    8  485   27  332      385   65  336  284  194       84  377  357  483  421
  7   23   21   53  278      335  283  473  173  225      258  268   13  212  142
474  255  488  338  161      363  365   56  231  493       78  148  181  183  223
273  407   75  250  461      463  267  230   68  205       26  210  414    1  376

 58    2  484  196  126       41  396  199   32  306      125  291   90  381  135
113  294  458  424  411      298  433  141   51  303      274  124  299  159  110
185   47  491  340  353      174   17  117  451  244      265  369  373  457  208
279  328  388  226  271      285  380  175  427   66      257    4  171  378  202
358  498  227  496  344      253  494  500  444  207      445  129  189  449   40

 64   69  119  476  453       44   12  490  163  187      361  452  309  180  176
 70  465  382  379  114      431   60  346  386  293       45  416  170  259  240
469  280  149  360   10       73  423  261  394  430      111  311   28  241  442
 11  249   35  211  270      254  296  307  487  322       54  375  329  246  266
  9   22  323   71  313      215  486   37  162   38        5  330  251  140  286

281  130  131  315  167      197  269  150  229  112      146   91  317  107  401
233  242  371  127  448      420  439  350  468  132      351  121  221  105  497
 52  219   85  156  200      139  234   88  137    6      169  195  151  108  403
333  481   95  154   50       67  277  123  390   89      462  216  460   29  157
282  218  193  186  352       25  319  426  238  316      264  191  324  492  419

158  362  237  349  177      115  455  326    3  432      438  418  489  143  393
 94  447  256  409   77      356  198   36  408  399      248  440  495  305  321
 72   24  422  118  479      466  406  412  467  297       62  471  464  263   43
345  429   46  300  145      120  101  109  384   14      228   87  103  348  100
 30  355  398  239   33      312   49  295  235  213       83  450  116  470  138

201  342  203  446  347      472  147  134  477  443       82  343  166   42  320
397  275  325  122  209       39   18  214  247  387       19  245   92  391  128
341  374   63  417  331       96  304  454  232  372      302   31  178  168  224
 57  400  222  236  415      441  404  428  327   80      480  182   61  287  206
459  301  410  190   98       59  155  192   79  437      366  184  144   93  133

 86  370  435  310   20      104  314  153  152  334      136  318  217  475   34
482  367  220  359  289      102  436  368   99  434      339  292  204   81  364
395  243   97  179  106      456  308  260   76  288      402  172  165  276  164
478  290  337  405  262
```

TABLE 8—INTEGERS 1–500

Each page is a permutation

208	202	344	39	369	142	389	252	399	488	485	49	458	132	220
84	288	351	495	419	475	15	119	497	460	305	192	289	484	414
439	27	174	237	496	466	42	455	461	165	311	487	9	353	93
18	187	355	21	74	143	441	470	31	375	238	7	267	217	232
45	92	107	371	264	90	98	457	349	376	229	451	145	190	212
207	48	415	75	403	329	374	167	56	259	302	347	111	251	299
431	396	182	137	62	121	101	421	44	109	20	372	156	254	426
171	140	221	97	147	240	437	223	494	246	241	326	491	340	275
469	449	319	218	381	400	418	80	164	108	210	243	128	287	194
81	172	490	297	226	127	188	285	445	106	189	333	150	284	428
72	338	161	63	474	298	216	424	205	146	86	293	100	68	180
231	141	37	384	157	201	215	367	330	440	29	1	131	99	278
271	82	360	242	222	336	283	158	335	144	60	234	183	103	294
113	91	228	404	139	412	256	357	356	476	312	71	181	380	378
364	30	438	52	64	393	24	61	225	390	261	291	303	249	112
160	11	446	408	304	235	104	413	126	258	138	322	348	8	163
198	463	179	47	32	314	456	2	308	184	410	337	170	499	341
168	383	313	301	465	429	197	149	253	206	327	134	78	379	318
233	459	377	89	23	328	276	405	4	385	195	324	482	186	114
450	479	398	346	14	125	115	116	185	270	40	409	434	88	257
354	366	102	173	368	204	370	296	136	286	279	28	274	325	453
433	423	464	244	417	219	148	478	135	96	483	153	411	53	247
193	46	55	395	467	443	420	277	209	394	199	130	123	248	262
177	77	51	19	481	255	352	442	191	211	462	22	200	435	272
292	432	500	489	427	386	85	280	154	175	5	416	250	59	436
339	230	472	245	406	16	373	38	300	176	473	425	162	105	10
6	307	95	155	260	310	214	331	477	227	362	54	321	79	213
342	430	444	265	17	73	365	391	120	468	268	41	83	320	69
26	67	151	269	133	290	316	492	273	3	196	447	12	309	239
57	382	224	110	359	58	295	34	334	66	332	159	306	363	124
33	317	13	118	65	401	266	282	452	392	350	498	178	448	117
361	358	76	486	87	35	281	50	454	493	407	397	387	122	323
480	343	152	422	402	203	129	471	43	315	36	345	94	169	70
263	166	388	236	25										

TABLE 8—INTEGERS 1–500

Each page is a permutation

404	299	375	381	488	201	105	442	354	430	425	403	366	350	165
157	198	477	86	47	91	372	121	96	128	490	279	45	306	261
428	485	389	117	324	437	363	148	68	102	252	255	355	382	67
301	173	63	339	326	450	348	500	204	489	406	130	265	52	131
254	416	139	214	199	288	465	491	455	309	217	321	143	193	33
108	101	290	36	25	338	222	58	343	15	316	347	183	371	120
84	424	247	161	104	287	141	114	401	300	6	212	150	460	248
229	439	242	197	122	95	81	334	159	323	186	398	291	435	200
56	124	27	35	119	394	420	272	13	386	286	380	458	441	278
160	205	21	449	266	284	123	260	240	410	408	238	317	337	473
421	305	220	85	329	318	147	144	10	106	336	218	213	239	211
388	215	493	423	40	364	258	376	83	97	307	411	480	99	16
362	57	79	231	23	166	422	20	185	73	249	453	74	206	499
154	167	390	251	281	387	497	43	188	311	282	9	484	82	243
466	51	145	315	137	280	447	17	462	70	327	308	459	250	478
267	14	189	219	100	42	29	176	494	75	298	225	346	328	134
133	71	360	262	313	54	310	486	405	457	498	32	175	115	413
304	320	28	263	103	325	285	461	471	277	456	374	415	351	426
474	182	169	88	303	463	221	171	66	393	30	445	396	345	90
170	172	257	168	162	80	464	1	359	353	448	216	256	433	409
443	369	107	232	444	436	151	174	142	412	233	335	383	129	482
155	259	2	377	55	234	50	312	472	22	196	273	399	127	289
48	292	62	358	481	38	136	46	190	87	230	187	395	153	342
270	446	268	344	283	181	191	76	228	59	65	440	152	245	207
452	92	475	203	111	438	483	39	468	60	427	352	341	331	179
333	194	140	357	132	429	236	253	64	385	69	432	414	330	202
391	192	227	11	293	302	24	384	113	495	118	349	276	467	271
98	163	237	314	373	296	297	322	269	431	340	397	109	419	4
492	332	368	3	454	294	7	31	149	479	361	319	19	195	158
72	53	116	8	184	135	146	110	402	275	470	476	18	26	241
37	407	295	246	392	209	365	156	78	210	487	417	178	496	49
469	112	164	94	235	126	44	418	61	5	244	367	93	379	451
400	177	434	356	378	12	34	226	89	180	274	138	77	41	223
224	264	125	208	370										

TABLE 8—Integers 1-500

Each page is a permutation

203	335	397	350	181	369	118	474	361	121	263	182	88	37	136
244	119	356	172	148	458	245	426	133	231	131	261	183	236	63
500	36	378	113	145	388	279	387	395	77	17	358	414	196	348
142	179	449	192	422	265	320	164	104	318	462	97	89	70	419
484	434	413	440	177	30	10	45	292	314	342	141	477	101	420
74	49	295	254	286	340	252	360	455	439	327	117	344	363	343
383	366	176	51	71	472	173	337	349	416	499	169	155	411	14
194	287	24	112	444	368	488	105	463	307	338	2	165	306	459
323	56	163	108	496	394	132	377	46	380	481	289	476	122	381
73	333	171	216	120	214	365	134	96	147	262	130	430	302	9
243	238	21	467	107	185	410	325	59	478	402	115	41	16	114
211	197	151	61	22	4	431	123	253	310	85	450	81	217	239
403	76	5	316	382	35	429	154	222	157	490	479	385	195	152
283	353	39	29	274	162	28	109	457	473	215	460	206	367	425
110	435	405	84	160	34	31	20	334	235	372	300	249	15	408
297	498	106	407	6	418	492	198	150	345	48	386	341	442	67
208	94	128	374	153	99	322	227	256	404	102	250	135	324	296
315	290	352	137	355	423	299	234	486	393	294	12	187	448	232
3	309	346	271	291	461	11	272	259	42	221	188	415	242	445
166	267	304	493	43	248	443	18	354	470	200	465	247	69	80
53	453	111	52	293	202	347	129	86	224	33	26	55	427	223
298	433	446	240	401	270	225	454	373	313	480	1	218	491	246
178	87	308	65	95	273	466	230	452	351	276	90	159	174	391
27	138	468	432	396	57	328	487	209	201	186	233	91	125	417
241	469	280	25	326	212	93	266	285	175	475	190	66	497	126
384	75	330	339	210	357	167	371	489	64	392	62	464	44	471
83	255	47	321	193	331	156	98	409	251	8	278	376	54	275
78	281	312	82	60	103	336	226	482	124	319	228	144	495	436
428	398	269	277	139	390	180	146	421	441	72	494	311	260	485
23	375	170	364	191	58	100	229	424	456	483	332	127	379	40
264	317	13	161	389	143	140	68	370	284	282	237	7	205	258
207	301	359	329	116	32	199	189	406	303	149	50	38	451	204
19	220	288	92	219	400	268	257	184	213	437	447	168	79	412
438	362	158	399	305										

TABLE 8—INTEGERS 1–500

Each page is a permutation

242	25	419	77	346	128	166	86	309	87	146	391	258	175	413
191	449	178	142	475	490	32	317	252	72	39	296	480	208	477
388	198	246	405	384	294	247	282	403	291	217	334	364	368	57
111	496	263	453	212	244	40	13	465	66	302	271	18	428	479
169	108	149	387	438	295	249	314	312	462	173	89	281	357	189
399	259	199	326	363	498	444	292	458	172	107	327	115	225	497
467	44	374	236	406	196	409	484	400	30	470	88	437	440	273
372	432	16	257	307	48	35	354	369	320	67	330	241	70	76
183	49	31	34	167	20	101	141	386	22	8	382	289	237	402
210	347	190	325	211	275	164	454	228	170	143	124	332	473	348
487	418	202	464	58	97	380	407	174	448	478	338	205	321	361
122	192	422	147	494	457	401	80	150	78	21	408	452	42	383
261	447	500	36	495	488	131	75	93	73	179	83	224	299	74
33	287	45	351	442	232	182	460	301	469	157	37	27	489	367
55	92	360	277	493	233	218	213	366	370	239	226	5	109	3
342	1	229	28	15	276	171	256	310	98	7	161	359	159	64
270	316	6	19	265	200	188	443	114	113	279	455	393	85	429
284	96	341	81	121	176	415	126	194	335	450	283	288	140	379
68	298	14	160	82	162	137	186	491	95	392	203	262	145	56
240	278	290	456	385	365	71	492	136	476	154	165	350	130	215
412	394	424	11	499	297	135	426	253	381	223	230	377	184	94
472	260	204	436	50	269	54	286	420	308	264	10	193	127	207
340	397	414	117	336	100	65	59	463	375	481	138	485	434	41
421	378	410	272	311	344	274	328	38	471	343	468	185	446	105
305	362	411	430	52	53	322	91	26	300	352	125	235	319	441
339	2	404	390	266	168	255	425	177	63	79	238	231	417	195
486	315	389	214	439	303	251	313	331	285	69	293	110	155	119
209	306	349	353	153	17	144	254	461	134	280	358	376	148	9
245	163	187	248	152	24	459	337	104	243	396	112	51	139	151
123	180	220	433	227	371	268	219	329	90	416	221	398	318	60
356	61	373	427	132	466	355	324	445	102	395	435	333	323	304
345	158	451	474	431	206	4	106	234	482	222	129	483	12	62
120	197	116	133	156	216	181	201	267	43	118	103	250	23	423
84	47	99	46	29										

TABLE 8—INTEGERS 1-500
Each page is a permutation

355	27	299	188	192	300	492	213	98	11	161	277	64	129	241
21	231	345	167	303	203	88	19	140	102	84	157	133	268	444
92	371	478	451	205	206	94	350	434	343	111	125	256	243	1
271	383	331	283	361	75	460	115	439	152	43	392	276	130	468
127	207	494	459	104	101	412	212	249	301	476	399	34	258	327
282	107	168	378	425	302	450	193	472	250	372	484	479	307	409
332	74	467	40	480	135	139	120	158	146	317	499	187	398	432
429	405	312	251	442	96	449	270	362	353	138	259	304	336	490
436	105	498	185	215	80	56	175	154	90	330	106	295	112	406
164	359	441	495	457	309	26	73	279	431	186	108	227	291	386
422	318	6	278	381	437	87	32	22	266	66	365	262	313	380
272	18	57	298	267	30	189	475	469	289	329	24	49	458	461
162	374	229	286	281	454	408	238	35	234	221	321	201	16	411
202	428	284	287	113	7	464	176	493	452	197	396	388	9	427
485	306	89	14	473	50	500	323	195	60	348	315	228	77	418
217	42	357	67	344	63	364	163	322	232	261	15	265	51	363
184	39	121	419	456	368	47	471	491	414	417	3	395	352	155
305	481	401	114	240	219	70	482	488	200	346	402	220	314	46
85	13	83	147	160	275	338	151	122	497	394	119	45	198	360
426	126	445	237	236	369	226	191	28	222	141	223	290	91	148
263	165	86	230	280	245	25	44	123	376	397	169	393	144	178
453	174	420	82	379	233	239	269	477	316	260	377	99	214	172
31	255	463	416	81	285	218	52	356	10	216	159	387	252	36
33	124	373	132	328	308	443	390	170	210	293	17	446	400	137
58	273	183	208	196	334	465	335	100	79	403	177	194	180	182
326	438	435	342	110	204	470	29	320	296	209	382	351	367	156
65	324	462	244	97	72	134	319	20	385	199	118	410	384	55
421	116	333	415	347	448	131	292	179	41	247	254	337	391	8
117	4	37	166	253	354	109	375	2	68	211	447	358	143	349
150	23	12	474	310	288	413	294	153	325	430	440	433	145	370
149	71	297	246	78	61	404	38	173	311	128	242	424	487	171
225	248	181	59	48	466	489	264	190	95	455	483	423	103	257
93	53	389	235	69	224	142	496	274	407	5	366	62	340	76
339	54	486	341	136										

TABLE 8—INTEGERS 1–500
Each page is a permutation

73	410	264	63	196	435	492	451	158	54	275	332	62	318	281
216	9	47	298	305	498	136	36	456	302	421	56	494	401	209
440	35	218	25	434	345	214	205	353	234	26	287	262	230	337
336	72	229	134	288	155	348	48	161	319	447	211	96	98	460
361	190	299	312	458	268	362	413	27	477	103	165	313	109	42
466	484	34	69	468	189	377	398	379	259	263	437	44	358	82
260	462	471	146	450	208	122	261	496	324	267	124	237	104	334
278	407	226	392	139	50	364	423	102	483	274	291	78	432	386
372	244	88	75	197	175	373	240	376	199	245	249	166	121	183
304	100	30	143	116	315	286	185	157	58	340	424	220	22	388
149	13	303	162	16	464	215	335	499	127	83	438	396	113	347
204	406	164	4	403	45	453	19	144	309	328	422	1	152	177
321	207	153	476	239	222	95	384	203	371	182	119	297	233	33
12	404	363	322	112	180	2	18	210	381	137	430	171	123	485
90	356	131	14	101	231	317	167	81	110	252	341	11	188	400
308	24	236	6	49	224	61	181	106	89	150	479	225	461	314
428	448	170	200	20	367	454	295	408	427	132	429	86	343	282
306	51	79	473	60	206	107	212	198	227	238	375	296	192	85
495	402	349	500	350	272	39	160	391	148	55	342	311	415	135
186	241	105	228	273	156	151	279	439	327	114	385	201	354	493
202	108	21	445	118	411	213	257	23	277	80	97	389	459	154
7	491	452	489	290	74	472	147	57	130	300	481	409	497	360
431	271	179	28	235	5	487	120	66	266	247	331	217	380	41
326	469	126	446	383	77	163	37	194	246	255	418	436	490	270
368	70	87	366	399	357	53	256	397	76	258	283	94	420	111
193	174	369	29	71	417	463	187	414	168	442	323	393	115	253
219	3	59	387	382	457	359	265	10	449	254	173	172	325	310
65	307	412	184	351	443	301	293	251	169	285	67	441	486	243
475	474	480	292	178	289	330	176	92	195	455	32	191	125	370
40	223	316	284	433	145	405	344	232	141	470	140	395	280	99
365	117	478	52	38	294	248	355	390	15	91	488	444	394	329
276	64	129	46	84	242	43	426	425	333	419	250	416	133	482
339	269	374	138	93	17	142	465	467	320	378	31	159	352	128
8	221	346	68	338										

TABLE 8—INTEGERS 1–500

Each page is a permutation

485	317	11	460	399	172	389	402	123	169	314	168	458	415	170
452	8	240	187	50	255	91	449	409	348	419	100	198	146	412
486	265	51	85	294	163	233	76	430	218	61	354	481	73	137
145	273	406	48	148	176	362	65	57	153	363	52	331	158	343
444	164	102	210	226	418	288	260	469	370	498	41	10	72	62
280	55	357	19	182	229	108	365	88	244	1	446	49	157	34
239	367	374	246	215	270	283	70	378	414	140	74	482	401	141
77	32	194	162	451	417	492	219	464	315	208	396	116	144	379
127	16	392	104	410	245	256	301	23	75	204	345	189	38	147
30	259	450	18	142	201	64	384	474	441	111	442	337	356	347
213	183	383	329	496	462	400	105	334	115	227	67	490	106	241
228	488	425	223	397	333	236	131	66	335	135	44	371	284	53
4	29	68	69	475	26	439	342	352	483	235	318	491	351	355
372	493	289	120	14	232	339	21	434	322	330	266	25	101	293
134	438	132	89	359	424	12	242	447	206	269	36	388	5	477
86	411	382	471	179	327	499	407	238	122	42	103	422	338	369
205	350	282	99	56	71	80	468	420	290	252	358	3	340	461
465	119	47	110	193	448	254	377	416	320	463	27	78	316	7
308	139	394	133	321	353	413	195	305	180	149	302	267	306	264
393	366	237	33	250	35	277	151	262	268	184	220	117	310	381
431	281	107	311	307	261	175	190	136	500	46	487	336	427	249
484	63	113	231	295	286	405	467	93	453	258	285	209	155	196
346	109	234	243	304	171	274	37	192	212	92	203	271	291	90
312	445	200	429	433	287	364	390	421	222	15	58	118	159	121
275	114	313	54	436	292	437	349	181	248	380	253	24	124	130
186	125	476	216	251	428	263	473	154	152	247	28	296	224	214
466	298	373	454	326	332	150	457	81	403	112	188	79	300	207
82	494	341	43	360	459	177	98	211	361	404	278	221	31	328
455	299	440	323	426	303	197	479	230	435	17	45	166	276	376
13	39	386	344	478	309	375	20	167	94	22	456	128	9	173
279	443	156	472	2	60	84	161	199	489	432	297	174	6	387
129	257	97	324	87	470	385	185	423	160	138	217	126	96	395
272	191	391	202	325	368	408	95	40	178	143	319	398	59	83
495	225	497	165	480										

TABLE 8—INTEGERS 1–500

Each page is a permutation

248	499	28	105	443	151	498	285	234	71	211	115	22	168	24
18	467	108	308	5	258	419	364	257	371	80	327	473	200	36
55	134	296	485	424	91	438	340	164	143	232	392	357	278	269
361	202	301	474	336	100	247	383	204	101	189	271	402	338	30
146	440	344	477	304	32	297	260	187	287	148	496	35	14	126
136	324	447	77	343	128	350	160	250	54	423	11	400	325	242
404	63	429	482	215	428	307	268	95	341	51	472	119	78	106
261	382	410	315	396	395	192	49	294	76	191	188	418	85	286
31	462	213	376	216	83	1	290	483	379	84	12	114	133	306
68	170	102	138	159	205	342	281	73	355	121	330	41	375	197
398	124	173	449	81	415	37	45	313	23	13	397	408	145	378
490	46	67	219	495	50	56	356	15	346	265	264	492	132	358
70	279	107	365	62	237	270	394	486	391	444	93	354	240	174
272	137	218	292	167	334	245	471	303	177	500	65	452	339	491
399	373	256	220	235	87	369	221	26	147	103	417	140	4	75
406	60	362	44	94	445	456	209	319	454	253	116	86	322	314
222	57	92	223	436	476	181	323	401	169	283	426	463	66	104
318	288	363	125	386	405	20	198	384	416	112	99	155	227	224
493	171	194	488	53	88	459	409	420	64	437	122	153	98	442
277	407	295	72	377	255	468	312	310	299	74	230	337	446	252
393	144	48	89	421	123	441	246	97	196	96	10	329	390	435
162	321	27	182	47	316	79	7	274	156	425	239	207	29	465
332	457	193	208	52	305	43	349	351	469	249	129	300	487	165
17	109	172	149	150	8	389	40	497	228	113	453	458	16	348
430	251	175	117	293	161	387	385	368	320	333	289	9	439	345
411	434	38	238	470	69	433	309	3	381	326	262	195	176	120
479	464	374	110	39	199	180	331	157	461	388	427	280	275	367
460	422	59	229	284	201	484	450	225	141	455	413	231	6	466
380	267	58	90	372	158	432	352	254	212	259	243	489	190	481
266	82	217	414	226	206	203	366	291	233	210	61	403	451	475
183	353	179	282	131	130	311	186	33	19	2	118	317	25	298
42	166	263	163	359	328	21	184	302	480	135	154	370	478	360
152	139	178	244	412	276	34	273	111	185	347	236	431	448	241
335	142	494	127	214										

TABLE 8—INTEGERS 1–500

Each page is a permutation

440	131	293	31	67	188	453	80	38	84	298	450	162	250	384
104	241	494	361	115	157	486	249	419	179	429	181	410	370	337
132	348	398	184	16	32	91	380	323	439	236	136	261	95	71
25	139	186	69	376	4	475	146	473	413	360	492	459	214	463
427	37	187	268	170	145	153	455	424	303	403	484	307	14	34
119	332	122	365	444	437	339	272	364	112	363	441	78	452	52
127	211	155	30	454	108	346	137	102	395	192	230	273	472	391
49	160	493	8	383	44	228	222	17	352	482	366	488	445	152
166	274	128	377	189	239	203	173	62	43	165	169	426	357	27
269	223	311	416	327	415	423	335	389	386	96	144	461	76	286
500	428	174	367	378	66	496	400	344	111	259	299	431	200	404
22	130	220	79	372	285	393	24	312	254	432	244	213	252	316
401	89	248	490	265	238	97	117	321	158	467	147	326	297	334
436	457	142	315	465	483	125	340	226	353	438	430	456	56	497
233	1	55	242	10	73	300	3	263	371	5	178	159	282	40
317	227	468	412	330	466	314	306	324	205	70	33	93	305	258
129	253	478	77	172	292	196	81	164	243	90	260	388	82	288
421	143	134	215	237	103	447	59	141	110	387	443	154	204	462
94	140	171	224	13	485	489	60	469	198	163	495	208	12	406
264	294	114	193	194	313	231	98	349	195	487	58	11	251	65
245	476	290	176	407	411	409	458	498	379	107	266	100	417	175
354	72	246	319	210	408	209	328	133	149	47	256	183	402	267
276	470	442	350	331	399	197	345	26	88	355	20	232	46	57
167	212	247	74	369	446	221	150	481	460	289	168	201	75	277
356	50	449	343	51	271	219	191	63	479	302	138	309	2	48
225	275	422	418	121	118	347	109	18	29	68	318	425	382	135
396	7	433	202	87	182	358	85	304	116	397	359	42	217	405
113	351	124	126	234	310	6	83	291	341	19	180	374	21	35
284	435	92	156	15	123	53	390	39	448	373	392	151	464	320
342	283	64	9	229	301	477	235	295	270	336	362	45	148	474
28	333	414	322	480	338	296	329	308	206	420	278	120	471	491
41	177	199	218	325	161	240	185	23	375	61	385	36	207	499
279	281	216	262	255	280	105	434	287	99	451	381	106	54	86
257	368	101	190	394										

TABLE 8—INTEGERS 1–500

Each page is a permutation

281	105	88	471	256	263	420	24	355	370	208	340	396	192	280
461	317	152	326	345	458	150	131	448	100	102	403	18	466	21
107	287	75	474	92	337	279	7	445	446	272	441	222	322	335
96	158	379	140	311	442	303	194	417	33	459	234	162	44	278
90	363	487	416	492	186	260	351	218	324	63	99	261	473	401
231	497	373	467	483	196	130	55	327	404	128	226	126	293	155
207	13	414	288	36	436	16	181	142	17	10	54	190	147	114
349	275	81	101	84	453	333	19	38	151	257	22	449	371	211
400	357	500	85	258	50	31	439	148	365	320	259	57	74	384
219	406	452	217	415	246	380	71	350	484	456	182	372	447	78
49	232	4	361	173	494	72	397	455	429	329	468	80	325	330
43	409	175	489	297	14	341	469	30	402	143	212	375	454	242
374	205	225	82	241	238	149	477	229	376	385	465	98	413	89
423	276	204	485	77	223	387	440	135	252	310	248	206	301	20
359	180	157	435	174	444	431	344	197	64	73	295	309	321	119
233	304	93	32	314	178	410	15	200	305	202	315	46	83	464
193	346	227	490	265	347	460	153	69	56	154	292	262	184	342
488	53	228	451	405	141	40	475	433	169	118	165	125	312	284
463	171	274	319	313	432	318	121	86	294	427	386	188	316	421
266	308	209	42	66	170	160	368	418	443	230	39	250	94	214
352	493	216	134	393	108	127	221	104	215	498	37	70	12	245
348	52	268	269	166	479	111	296	236	237	270	472	247	470	35
203	334	369	62	381	76	168	67	251	29	307	399	156	411	1
176	79	478	286	2	8	159	199	328	68	115	267	491	323	428
137	191	210	220	103	299	145	113	434	364	377	183	198	437	164
6	132	332	167	496	3	395	408	356	290	116	9	65	486	129
495	282	283	422	122	172	146	144	187	255	213	331	224	338	26
235	450	285	5	336	277	59	28	163	124	383	239	354	139	117
136	185	47	462	426	189	412	51	343	481	58	244	177	392	388
302	27	271	419	358	120	34	480	457	300	390	109	253	353	430
23	48	91	499	394	367	110	291	425	339	362	97	264	306	138
45	195	112	243	378	87	41	254	11	389	25	249	201	133	391
161	407	179	106	123	289	438	482	298	61	60	476	273	382	424
240	360	398	366	95										

173

TABLE 8—INTEGERS 1-500

Each page is a permutation

428	83	293	4	234		200	257	397	95	114		265	33	490	103	285
348	298	443	354	470		158	195	223	401	168		391	431	127	336	104
320	39	387	66	496		101	86	380	242	304		46	37	495	295	414
18	68	375	485	185		343	34	25	358	361		384	402	416	92	125
188	15	473	308	474		16	197	24	329	106		243	54	198	80	28
186	349	79	203	72		413	85	56	107	75		418	425	347	394	269
475	386	253	263	437		193	180	423	405	244		389	251	487	2	43
11	351	286	306	333		235	214	325	146	468		218	376	82	138	50
381	178	464	162	274		29	372	364	362	196		270	453	73	71	399
481	445	155	328	324		133	340	23	262	211		241	139	282	315	140
228	160	471	489	260		318	478	165	88	484		472	494	232	250	289
74	153	287	115	254		97	49	132	365	486		310	497	432	393	61
151	458	457	120	322		187	404	137	346	216		499	51	63	182	176
360	411	449	396	410		240	117	281	32	313		118	412	271	488	247
479	10	350	332	126		76	229	296	128	385		99	174	109	288	335
290	119	239	466	424		237	129	398	209	148		94	3	102	316	463
319	433	444	477	121		47	379	202	27	435		179	238	8	98	113
278	201	400	45	420		167	382	170	338	144		455	221	122	52	317
42	231	450	173	305		206	280	35	123	141		419	339	236	78	7
273	110	112	258	36		307	447	210	177	58		341	246	96	233	374
192	314	355	84	89		227	476	326	377	448		483	134	323	283	469
456	249	26	184	108		311	275	276	53	408		367	40	330	220	226
44	20	116	145	67		373	465	164	152	194		131	59	267	157	438
87	199	446	462	142		207	149	409	301	427		452	388	421	368	224
294	30	345	69	136		369	344	417	111	261		439	366	1	91	166
135	81	363	454	392		292	6	383	159	147		422	225	124	21	64
38	434	334	70	65		156	353	105	171	217		451	93	337	31	492
17	300	191	259	321		467	430	252	77	248		13	331	352	429	441
491	327	500	143	407		245	302	266	459	181		268	297	371	461	183
436	299	460	312	272		5	498	219	215	163		493	356	205	172	357
426	62	169	14	303		370	100	55	48	378		279	130	60	440	277
406	291	222	403	395		255	342	57	264	415		212	19	256	230	12
213	390	161	9	190		154	90	150	175	309		284	359	204	22	208
482	41	189	442	480												

TABLE 8—Integers 1–500

Each page is a permutation

87	17	63	448	465		480	304	336	362	44		121	40	180	315	380
247	97	181	69	52		473	243	474	122	490		341	151	124	273	197
345	423	50	15	408		105	199	360	461	148		79	194	421	306	81
471	11	479	24	178		177	182	60	433	244		347	276	232	207	299
38	48	499	57	169		395	320	132	459	165		133	302	25	334	305
343	18	138	34	157		350	150	176	313	462		288	281	450	111	314
136	397	67	84	344		290	496	478	391	258		213	99	170	484	291
369	492	375	103	36		337	434	237	120	59		93	20	279	91	161
203	4	192	436	400		411	26	366	355	126		356	242	27	286	332
365	212	328	107	29		195	42	85	37	129		456	282	41	196	191
278	1	208	139	405		428	256	293	116	396		457	163	137	333	318
472	235	13	245	463		424	488	215	234	298		495	323	386	125	65
62	241	238	47	407		204	32	236	431	22		454	9	43	475	277
68	112	406	154	206		270	205	414	159	489		267	377	498	12	78
239	485	75	6	190		66	113	300	223	349		240	173	140	134	145
311	131	417	51	309		477	443	35	211	255		175	316	73	476	127
156	416	308	186	227		285	92	275	106	72		16	331	94	123	287
158	70	410	348	224		398	260	128	83	210		394	115	420	184	453
292	71	118	271	220		216	361	46	372	351		221	21	435	149	269
263	143	447	14	432		222	95	441	39	486		469	104	274	438	168
342	402	439	198	470		452	264	89	367	265		202	373	33	497	31
401	248	455	413	141		56	100	389	481	217		179	387	64	482	253
324	335	7	329	189		301	427	45	296	330		261	467	166	399	101
167	164	466	321	155		185	200	404	160	53		193	283	3	379	468
74	359	98	171	346		440	88	230	357	303		458	442	251	307	319
30	144	110	390	257		284	146	491	90	252		385	446	353	58	229
233	340	426	500	322		352	266	114	268	23		254	174	259	54	77
493	289	422	249	142		368	172	418	494	147		483	464	449	383	460
246	310	272	403	325		294	28	364	409	295		2	102	135	209	5
183	49	445	130	388		96	338	218	55	226		339	392	371	117	225
119	412	108	370	425		109	381	430	188	415		393	250	80	8	374
429	10	358	444	451		153	382	384	327	228		312	354	82	19	280
437	317	201	487	214		326	378	187	152	262		297	376	231	419	86
162	363	76	219	61												

TABLE 8—INTEGERS 1–500
Each page is a permutation

430	322	183	110	221	421	187	173	125	435	25	65	208	20	287
139	378	37	213	357	448	313	424	298	383	103	83	137	184	86
351	100	288	62	165	463	190	286	326	499	459	71	102	153	64
402	327	98	63	353	157	219	69	82	439	337	267	264	469	406
308	77	169	88	388	129	43	492	464	347	4	392	396	92	367
122	384	466	382	136	51	412	196	93	486	253	245	343	398	140
236	428	425	456	118	42	458	332	228	440	189	436	206	260	224
312	204	220	99	401	258	194	304	405	470	390	284	36	111	138
200	56	95	160	329	28	144	229	325	117	101	178	500	21	120
218	27	91	29	60	268	344	191	174	59	262	452	348	211	369
123	32	361	431	294	333	293	472	33	109	12	121	87	397	355
455	85	188	68	349	26	432	38	156	215	66	181	255	52	376
429	271	148	403	394	335	172	371	473	381	365	147	231	450	279
295	389	89	116	422	437	449	168	309	72	292	307	497	438	485
362	320	216	195	58	186	131	3	354	135	483	162	393	315	240
150	81	163	61	317	185	447	283	443	387	496	281	310	23	441
370	239	67	484	457	70	487	302	324	76	202	311	404	263	35
166	80	146	198	13	328	170	158	360	433	380	391	336	444	300
209	50	296	256	411	79	152	290	252	321	126	359	477	75	155
24	301	479	133	350	226	11	7	476	338	385	413	442	78	427
358	113	177	399	232	352	1	5	74	141	244	115	305	127	114
104	480	41	323	225	291	49	375	418	306	471	46	488	274	233
475	409	467	90	259	454	238	57	277	10	247	366	227	408	149
22	490	34	130	145	212	417	205	379	339	159	314	6	234	423
151	342	407	331	426	119	182	171	237	9	363	489	210	176	105
39	223	16	167	319	8	235	400	14	108	465	346	142	474	372
2	491	18	468	410	272	278	107	241	44	494	248	498	243	356
19	214	495	451	482	330	364	47	270	276	15	134	478	462	481
54	414	175	257	124	420	179	377	45	275	53	386	374	197	254
55	285	395	453	217	242	199	416	266	251	73	299	368	132	316
17	128	289	164	269	222	230	460	303	282	106	84	193	261	341
97	96	419	415	180	461	201	40	48	265	334	318	154	434	446
207	493	250	345	112	445	246	249	340	192	143	280	273	161	31
94	297	203	373	30										

TABLE 8—Integers 1–500

Each page is a permutation

102	437	308	230	254	379	281	366	220	377	140	264	164	217	320
383	342	413	496	443	197	135	251	267	385	376	143	408	309	69
188	81	280	367	169	13	70	186	62	464	364	190	185	493	107
401	213	435	239	428	1	39	399	216	304	22	414	373	8	177
296	218	387	378	67	146	123	191	247	189	113	195	83	233	294
370	89	327	18	92	255	488	31	228	446	333	252	134	137	478
42	357	430	335	460	286	179	103	88	223	130	470	126	325	86
396	452	421	322	57	303	82	331	19	125	61	456	172	278	463
276	465	108	120	35	249	256	87	109	479	78	390	242	447	356
419	341	58	79	48	192	73	329	405	418	105	458	313	111	439
462	265	20	483	352	156	158	472	237	372	219	397	154	66	369
196	68	30	132	243	457	469	99	285	477	442	151	14	214	56
261	21	392	52	368	74	449	64	346	12	47	53	269	362	44
482	480	136	173	411	171	402	43	348	259	312	279	90	355	300
176	76	258	210	412	211	319	221	340	201	358	448	475	97	311
16	293	183	193	117	426	494	147	208	416	288	324	422	344	199
270	318	212	436	274	404	400	124	231	365	59	65	205	485	291
51	273	271	26	71	374	224	46	406	15	181	23	118	298	131
142	302	384	336	10	184	215	253	246	398	359	54	187	159	116
334	112	101	45	175	234	350	163	292	106	129	119	75	316	474
236	339	455	491	466	4	289	145	394	361	337	295	391	248	91
275	80	420	94	444	363	49	326	338	486	287	481	500	260	454
487	459	257	34	115	498	100	165	28	244	323	114	354	441	5
438	182	3	461	127	227	262	25	138	161	301	85	55	349	110
222	121	170	403	266	240	268	388	290	160	33	321	207	204	202
36	162	328	284	32	375	96	330	353	50	489	476	497	495	37
198	226	245	41	200	95	17	235	381	409	178	157	168	433	72
282	150	40	98	128	152	225	360	425	386	241	77	250	133	434
343	283	305	310	93	148	238	393	7	232	167	345	450	203	9
431	315	395	473	27	432	423	380	229	2	153	351	490	347	499
206	209	371	467	440	468	332	141	471	429	166	451	277	29	6
307	155	382	415	272	11	427	263	180	306	314	424	24	139	445
317	122	297	194	453	417	144	38	410	104	492	389	149	60	407
63	299	84	174	484										

TABLE 8—INTEGERS 1–500
Each page is a permutation

3	54	133	383	491	39	367	365	98	301	257	474	421	320	197
195	452	433	409	107	253	185	254	381	138	224	167	70	181	283
62	161	231	202	456	371	38	343	24	364	157	276	88	457	288
292	267	121	203	178	109	470	326	354	454	422	414	322	129	156
389	209	261	42	459	169	356	275	47	340	236	298	460	147	434
449	251	179	461	425	345	33	266	431	328	217	245	315	10	8
92	110	32	306	290	368	235	6	112	401	430	108	336	51	360
435	489	45	162	180	255	497	287	277	405	14	17	479	411	144
137	76	404	69	300	206	67	219	27	337	84	36	273	386	213
363	307	163	262	94	477	427	2	93	101	13	182	40	130	126
466	369	81	75	284	173	413	442	377	18	48	268	78	218	68
473	151	390	438	467	168	143	7	483	352	148	37	127	417	153
394	216	52	420	361	244	403	327	123	204	339	455	426	146	376
325	23	95	269	487	207	114	362	106	380	171	304	215	264	260
350	385	111	241	419	445	239	498	228	370	187	444	189	16	83
259	247	119	159	142	15	488	139	122	160	402	448	359	172	256
242	323	128	141	471	82	314	125	117	265	30	174	188	5	60
333	201	347	124	85	131	249	9	74	423	344	58	140	465	312
366	335	252	429	295	500	237	28	243	186	415	318	96	428	285
198	478	311	463	297	499	418	291	149	407	476	493	357	450	492
481	410	233	205	208	191	41	164	199	412	446	341	31	175	34
302	496	329	43	183	103	246	494	331	210	437	229	150	400	392
11	22	72	232	26	432	293	64	270	115	263	100	1	240	80
227	310	294	12	113	348	468	374	66	484	63	358	234	447	278
408	443	453	225	379	19	53	349	436	50	155	382	29	485	317
355	135	372	104	166	87	391	248	282	462	86	73	212	309	177
475	308	458	89	373	387	136	286	397	238	324	134	192	296	91
158	221	184	220	222	59	486	384	490	90	44	346	20	375	118
223	424	165	399	289	353	464	330	271	102	176	71	190	480	272
120	250	49	258	77	332	416	145	388	281	116	105	351	196	319
280	170	214	495	338	305	57	303	469	472	152	230	21	55	378
441	316	440	61	393	4	193	194	65	226	25	79	342	406	299
398	482	200	334	154	321	46	274	56	439	211	99	279	395	35
396	97	132	451	313										

TABLE 8—INTEGERS 1–500

Each page is a permutation

349	266	214	246	66	457	479	130	478	12	426	142	308	64	317
215	295	241	152	270	235	293	86	22	305	453	200	101	277	161
291	69	398	23	407	110	314	338	331	197	208	238	294	209	243
262	421	166	245	312	205	100	412	114	370	44	476	180	158	185
42	286	287	299	62	231	192	172	168	438	194	14	182	456	229
265	223	144	395	120	252	191	443	9	352	347	41	483	410	48
129	494	433	20	181	63	222	107	272	413	328	148	90	354	56
451	459	325	167	496	425	76	224	127	38	201	136	29	394	323
289	380	67	122	187	57	3	400	162	84	80	193	24	99	385
449	271	361	139	455	452	466	202	75	297	54	492	458	472	364
143	49	429	250	226	15	365	117	169	447	260	381	21	408	474
411	446	384	184	204	487	255	490	416	10	135	377	239	495	393
418	247	269	306	279	375	212	275	1	351	156	176	360	469	115
318	339	489	263	149	219	198	445	157	95	428	230	102	316	13
186	132	249	280	36	439	440	51	442	497	4	26	47	217	46
257	373	31	228	138	237	5	462	434	300	419	460	345	170	126
322	399	471	225	414	296	137	173	344	45	79	405	389	211	33
82	68	465	430	304	396	118	356	278	336	61	210	369	311	402
481	146	415	437	371	346	324	372	454	417	233	195	37	81	363
27	283	240	406	73	422	468	74	221	234	473	254	113	334	78
2	178	302	436	141	164	160	77	72	404	34	309	189	7	171
88	92	111	220	376	108	128	388	59	134	236	288	488	40	218
342	267	313	16	320	441	475	145	500	378	486	199	330	206	154
467	420	6	401	232	94	264	397	493	39	326	444	424	227	390
109	140	268	96	98	177	392	329	321	151	485	11	290	379	403
498	105	155	188	121	450	427	25	461	362	87	18	159	183	163
256	203	350	367	147	106	85	307	251	387	435	261	65	274	358
332	499	71	464	248	431	284	477	335	315	213	28	343	482	327
50	124	179	125	353	259	165	196	409	60	292	131	423	190	55
386	119	104	348	112	103	35	70	374	253	89	319	273	282	484
337	368	97	276	8	83	93	432	310	258	43	491	463	357	480
175	58	116	448	285	153	359	333	298	216	341	133	19	123	303
281	301	17	207	340	150	32	366	244	470	30	382	391	52	91
355	53	383	242	174										

TABLE 8—INTEGERS 1–500

Each page is a permutation

181	263	477	294	215	236	33	144	286	196	457	343	44	453	410
103	19	117	301	114	371	361	151	153	40	208	211	235	291	64
266	433	229	473	458	440	487	278	466	373	88	432	299	102	360
399	78	225	261	476	289	100	65	246	170	77	11	498	118	420
419	146	95	494	167	430	96	356	155	238	436	186	112	353	378
316	132	25	402	287	461	401	315	389	414	407	248	221	397	434
17	499	245	243	452	438	451	212	326	302	13	120	104	275	398
442	486	403	41	125	26	368	157	445	35	443	490	429	8	222
91	81	175	395	2	390	156	284	380	168	50	150	4	53	362
109	158	226	34	194	312	179	251	70	255	39	391	244	350	69
214	46	359	171	448	55	220	139	455	187	351	348	152	223	232
347	48	283	462	134	20	166	230	15	496	376	257	37	190	138
292	421	394	213	322	169	3	450	131	330	258	56	317	83	253
379	297	267	202	417	441	71	80	183	305	345	89	27	249	480
182	201	24	133	304	5	18	119	483	195	52	409	411	189	277
219	126	73	321	372	98	224	178	392	204	207	97	216	256	479
268	164	92	14	199	86	307	478	279	231	21	116	413	106	416
342	82	393	200	264	210	465	260	423	197	141	346	454	93	12
110	185	482	344	333	328	206	339	288	1	459	456	425	341	9
239	227	148	128	431	497	121	335	300	203	159	426	193	254	76
422	388	191	424	447	488	384	332	272	475	489	23	329	366	47
500	418	406	205	42	67	10	16	247	176	274	400	296	140	491
383	29	352	250	217	311	323	192	136	74	337	338	54	396	280
470	276	327	145	165	387	405	463	242	484	22	124	308	331	493
188	270	6	85	309	28	269	45	472	154	363	172	68	281	365
142	99	198	259	355	49	240	357	143	370	32	237	334	87	43
377	38	449	469	437	367	319	160	108	412	58	386	177	492	127
382	364	265	320	107	173	79	408	369	252	36	72	468	282	460
467	111	336	90	63	439	75	234	94	180	31	30	428	130	285
262	435	354	218	295	485	474	105	375	306	290	62	84	427	404
471	446	163	149	135	385	161	59	174	57	162	415	324	61	147
233	137	7	66	51	273	228	101	60	340	123	310	122	129	358
444	115	293	298	495	113	209	349	314	303	325	464	271	374	318
313	481	381	184	241										

TABLE 8—INTEGERS 1–500

Each page is a permutation

437	357	193	416	202	4	388	14	28	232	260	174	253	197	226
29	297	455	335	371	142	155	264	275	413	154	491	265	121	464
429	417	279	12	124	210	98	47	397	156	186	227	461	231	453
465	151	351	13	87	421	88	436	312	204	271	389	395	410	65
340	135	244	433	442	354	178	411	430	318	68	71	287	375	406
307	282	399	291	450	485	418	439	396	188	294	84	241	337	366
349	365	424	379	301	72	352	80	431	412	51	456	360	328	9
405	346	460	63	130	203	394	469	31	473	236	147	386	76	497
333	144	40	110	305	458	327	319	452	486	304	478	118	173	370
150	175	278	443	43	245	261	316	83	42	214	432	320	325	90
364	369	494	64	75	331	259	107	32	111	476	78	402	257	492
363	249	341	157	356	420	191	268	457	344	228	194	496	96	209
20	201	483	127	196	82	112	482	221	454	73	258	167	427	181
299	17	277	339	100	60	220	207	182	69	215	104	459	34	247
468	50	163	41	292	447	283	26	158	148	419	391	162	467	133
30	1	117	463	435	285	324	18	2	217	211	119	266	177	315
321	408	198	152	281	183	33	317	471	93	329	141	53	383	103
67	171	449	480	131	242	326	199	270	330	358	58	137	168	255
385	81	62	97	109	114	172	159	273	314	448	89	373	345	66
49	498	290	322	77	276	286	353	46	170	445	250	380	206	377
99	123	500	240	295	313	224	212	267	289	74	415	5	274	444
336	361	426	222	474	308	92	423	487	25	390	309	348	400	350
332	374	368	24	160	101	139	488	10	434	407	269	55	472	3
70	136	343	52	57	61	149	138	86	302	235	238	122	37	128
409	367	36	120	19	140	54	359	125	223	243	477	192	382	7
129	481	414	229	493	94	208	263	233	280	378	108	398	381	372
376	230	15	440	189	306	338	39	293	393	143	284	310	441	187
342	134	35	311	470	256	466	161	179	27	16	254	362	303	387
384	403	475	225	490	334	347	404	79	200	56	205	239	251	489
401	425	21	176	164	102	38	237	422	48	113	323	252	59	216
218	91	300	248	22	106	116	288	262	105	6	44	479	8	451
246	219	85	45	298	499	495	296	392	428	446	165	145	234	132
153	169	126	355	438	146	184	185	484	11	95	180	23	272	190
213	462	195	115	166										

TABLE 8—INTEGERS 1–500

Each page is a permutation

```
 69 294  66 444 183     62 123 426 191 197     91  70 220 327  24
253  18 387 378   7     64  89  98 290  92    269 375  33 332 280
364 260 295 133  81    356 487  17 384 111    302 179 167 143  78
288 347 230 312 271    289 287  44 425 187    385 237 353 473  57
137 226 475 190  27    249 468  15 171 377     95 438   3 157 435

405 451 482 278 450    254  93 420 225 453    442 135 463 333 406
320 369 304 318  54     52  97 416 210 349    114 177 456 395  88
314 403 174 343  71    410 458 279 402 486     11 499 229 146  21
448 115 480 221 417     41 261 478 239 493     13  46 313  51 443
234  53 274 148 324    208 484 209  20 363    217  37 193 376  14

455 293 116 281 172    411   2 303 336  48    242 250 132  35 474
246 263 351 317 319    316 296 433 498 142    285  28 297 245 393
481 218 256 434 122     84  50 358 337 379    283 147 291 227 401
105 341 154 394 180    311 382 500 276 207      4 118 329 436 216
 12 449 389  16 372     86 272  79 421 104     25  58 399 408  96

 73  42 430 495 224     61 199 361 141  19    325 128 202 404 292
286 307 365 211 262    460  75 362 136 198    103 446 222 150 175
374 424 165 213 321     32 490 331 162 470    306 415 305 485  63
151 247 414 156 367     30  74 205 437 386    188  90  82 496 109
228 160 335   6 107    158 185 413  39  10    491 259 488 166 330

  9 429 127  43 459    355 264 422 427 238    388 300 144 113  72
 40 469 299 342 397    176 432 370 164 431    189 308  94 129 348
119  99  36 360 467    214 178 284  22 338    192 423 248 236 251
102 419 101 483 465     29 275 266 244 344     67 252  47 100  45
170 131  68 466  31    152  23  60 315 110    439 418 282 257 471

323 479 454 383 204    268 371 322  34 233     76 392 464 398  59
390 462 134 345 380      8 301 346 309 124    200 219 352 125  65
232 153 241 357 354    396 173 182 400 181    334 452   1 497 149
440 494 267 368 255    121 407 155 391 366    412 163 447 340 206
223 277 201 273  26    476 472 235 112  83     80 161 139 492 373

310 194 339 461 117    130 489 326 381  87    457 231 359 169 243
265  77  55 159 409    477 186 168 195 298    140  56  85 106   5
 38 184 350 203 215    120 138 441 212 145    240 270  49 445 258
108 428 196 328 126
```

TABLE 8—INTEGERS 1–500

Each page is a permutation

41	236	461	147	213	317	330	257	171	77	258	68	378	36	365
494	321	75	144	262	389	78	456	303	93	112	369	325	85	333
150	255	404	359	353	328	133	368	148	252	482	371	366	179	398
441	350	273	217	65	241	37	401	27	73	335	84	418	492	361
17	23	116	301	83	248	53	377	307	332	220	475	82	342	488
277	484	477	270	254	283	151	390	287	489	459	356	229	284	90
194	391	346	198	234	396	438	345	115	181	158	476	5	454	392
281	299	232	472	403	3	499	449	322	329	170	497	34	339	481
355	265	126	212	42	55	208	132	341	58	357	192	435	123	91
62	288	134	121	196	263	483	49	394	69	439	15	111	405	466
191	182	45	199	420	496	264	349	160	347	122	39	74	178	434
253	444	227	54	214	421	157	304	56	259	239	374	465	267	373
95	326	480	143	274	219	453	296	295	431	261	140	406	315	235
490	318	11	104	331	163	174	31	293	176	43	268	351	320	354
240	297	313	202	197	110	138	462	308	136	145	275	385	278	451
230	118	125	479	498	414	24	35	491	129	124	445	415	113	225
177	279	81	424	260	209	412	114	162	38	442	242	343	6	159
175	309	216	463	164	8	130	246	21	92	72	428	103	33	243
149	223	26	280	20	97	282	131	448	495	101	493	485	156	370
447	120	48	127	70	105	408	89	407	206	487	195	135	107	19
470	340	44	193	98	63	200	233	271	486	289	334	471	57	458
88	344	165	201	59	336	137	469	238	427	298	169	249	382	457
190	423	386	231	153	18	376	7	419	327	426	207	203	269	66
184	372	99	500	440	185	443	173	416	433	10	468	363	323	22
180	360	460	189	399	381	286	250	411	167	80	86	266	430	362
186	247	311	300	338	358	215	16	155	272	46	14	52	302	422
251	455	13	100	452	245	319	25	437	228	393	337	166	76	348
432	379	226	2	218	324	109	117	87	387	244	139	12	305	375
380	388	222	96	474	450	172	204	312	276	310	71	383	146	306
187	221	478	183	154	51	384	211	410	446	464	237	108	29	402
102	429	292	436	367	1	316	47	161	79	30	314	467	128	188
417	61	400	290	64	60	168	352	32	4	142	473	106	210	224
40	119	67	141	413	152	9	364	50	285	294	94	205	425	256
397	28	409	291	395										

TABLE 8—INTEGERS 1–500

Each page is a permutation

396	457	108	459	424	53	173	118	250	342	138	429	499	237	360
261	34	304	77	469	468	422	379	240	94	177	340	160	305	402
65	367	59	213	142	201	351	221	72	390	11	45	355	431	220
318	86	495	182	55	311	141	255	84	153	328	450	373	232	418
66	190	330	74	489	376	404	423	85	269	157	299	139	426	494
359	179	46	417	384	27	187	449	210	409	313	14	281	326	408
365	425	212	400	58	265	230	354	56	388	205	193	144	375	183
444	282	226	78	241	252	460	155	490	419	21	301	374	93	209
370	465	225	320	279	31	36	4	202	5	492	447	308	276	285
399	251	195	204	112	406	420	8	357	292	191	32	244	393	271
136	132	171	76	75	385	303	445	103	100	222	44	321	7	368
22	219	116	158	235	25	380	395	446	443	162	481	377	411	260
6	43	165	394	319	99	224	386	356	12	414	234	206	223	482
125	51	122	343	47	362	462	474	154	430	3	68	18	479	300
338	81	63	455	133	119	485	137	329	62	290	95	60	83	123
168	20	349	363	497	407	327	48	150	106	483	312	42	372	198
403	200	432	283	369	104	88	341	325	10	498	268	317	238	49
87	175	50	242	35	472	54	461	26	33	199	323	188	218	9
115	189	52	105	256	496	442	243	228	456	475	28	38	428	19
416	248	387	121	487	383	366	334	452	127	30	270	253	120	314
129	471	161	143	310	401	181	392	316	1	29	348	215	286	297
389	124	488	249	288	415	435	337	412	258	466	110	307	259	79
382	262	347	159	441	335	236	245	381	458	91	113	102	97	39
70	273	82	166	140	73	284	491	478	134	197	500	57	40	71
101	217	149	309	484	167	145	274	64	207	463	291	266	114	80
464	295	231	246	180	216	263	493	451	470	98	233	96	298	61
324	410	436	17	315	306	117	346	90	336	398	332	67	126	254
128	89	448	480	111	151	247	486	275	353	397	211	322	131	24
433	174	361	438	109	302	378	229	130	339	208	69	185	294	440
163	437	345	16	454	203	280	358	333	41	164	186	272	156	364
453	287	331	293	23	148	476	2	296	473	146	135	439	196	350
371	169	37	13	152	413	477	427	192	257	239	289	214	264	178
170	147	467	391	172	184	176	15	434	277	344	421	352	194	405
227	92	267	278	107										

TABLE 8—Integers 1–500
Each page is a permutation

341	36	278	411	458	422	55	32	402	315	146	361	164	266	421
41	83	147	372	497	439	275	328	359	139	430	293	448	334	190
163	226	437	377	63	487	216	308	38	156	137	276	201	373	499
51	419	479	473	333	181	271	215	186	302	87	348	20	318	391
375	78	435	346	316	23	130	187	107	14	450	12	169	244	189
202	307	405	322	90	432	470	392	396	335	44	358	260	399	301
6	294	228	355	468	427	47	325	478	96	64	115	124	91	132
76	258	101	145	37	80	481	86	234	312	188	250	309	344	35
68	52	447	288	213	252	31	472	30	347	167	99	282	50	265
160	300	296	259	205	460	191	151	371	326	199	42	121	25	317
209	204	180	225	321	138	400	434	387	161	420	49	464	330	493
365	157	43	314	235	40	192	363	178	79	242	196	97	148	112
223	386	454	268	177	95	237	214	416	281	360	98	7	229	245
203	304	133	249	111	81	125	21	398	129	274	241	381	262	170
174	343	469	298	218	220	60	154	299	48	269	236	474	329	444
150	84	397	247	395	390	66	239	123	280	182	8	122	9	385
418	103	173	264	16	113	200	217	364	253	485	208	22	92	117
238	19	195	367	441	135	11	65	349	286	324	424	483	118	233
1	311	305	410	158	337	3	379	345	336	492	353	407	28	153
413	428	384	94	433	350	207	374	389	179	162	285	82	257	417
67	255	85	446	489	496	232	108	409	128	477	498	471	451	339
263	62	4	256	476	486	39	445	119	72	323	289	77	240	354
171	58	172	332	306	100	368	284	356	140	194	88	352	310	500
34	351	406	221	408	102	467	494	459	224	45	426	18	136	114
131	54	212	279	185	277	2	165	272	24	141	56	110	490	292
313	159	210	438	466	455	254	183	149	338	53	57	463	70	287
443	222	219	211	320	143	370	17	109	74	465	193	73	495	15
270	246	59	423	71	382	394	105	127	453	176	357	414	452	69
342	425	393	340	449	175	456	166	144	295	251	291	26	243	482
327	142	152	261	362	231	283	248	376	303	104	46	412	198	366
297	388	267	116	168	480	319	106	184	383	331	401	61	436	442
369	206	10	429	378	13	475	29	134	440	431	403	491	75	227
5	93	462	27	484	415	89	488	380	230	457	404	126	197	155
290	461	120	273	33										

TABLE 8—Integers 1-500

Each page is a permutation

10	343	311	449	378	402	84	245	280	150	334	321	143	110	379
307	3	21	91	125	335	106	400	253	157	467	129	376	127	384
265	371	324	292	163	462	260	362	304	482	454	79	399	361	484
1	156	105	90	62	458	7	421	257	264	112	499	284	35	146
455	24	70	314	448	87	57	410	439	291	165	431	34	310	23
15	239	38	56	490	211	385	142	205	486	51	470	344	154	114
184	97	237	72	58	86	299	132	336	306	186	340	332	234	316
137	119	488	255	219	12	217	405	153	267	29	161	312	227	47
82	365	301	272	195	131	241	445	246	27	148	174	387	231	230
60	18	326	372	144	457	319	175	183	236	390	5	188	407	495
342	221	94	223	294	380	259	298	37	320	89	149	139	464	409
121	276	80	285	108	69	295	249	350	74	182	341	346	55	391
418	328	478	210	443	262	113	286	348	122	491	368	176	370	50
101	323	209	275	329	162	147	485	229	317	2	270	16	417	263
22	220	173	338	352	96	48	290	494	247	61	206	30	397	168
39	254	203	228	118	357	493	40	473	252	242	190	215	14	396
31	469	363	213	243	172	109	76	339	416	42	477	133	179	322
266	261	474	46	463	216	128	171	447	366	489	123	68	432	189
218	460	461	192	107	476	356	413	238	136	52	440	393	480	65
36	185	468	436	420	151	465	415	394	369	398	373	441	196	386
315	308	483	9	160	313	360	141	364	83	187	408	78	212	359
425	404	427	164	134	412	355	271	496	302	155	191	204	4	100
44	197	115	472	117	435	200	180	388	279	278	170	159	41	85
232	59	453	475	102	6	226	437	77	487	403	124	471	426	377
479	194	414	64	333	349	268	104	199	92	198	126	116	423	354
353	450	95	288	452	327	303	8	28	201	111	120	166	53	17
401	325	367	383	442	11	293	233	459	389	381	193	358	256	337
67	13	438	158	130	498	43	347	222	434	99	54	419	296	250
481	244	63	428	429	32	309	26	395	500	422	269	251	406	225
103	66	152	45	208	273	98	49	207	446	145	75	248	20	224
374	177	466	214	424	277	305	181	492	169	81	283	331	71	433
178	33	444	411	19	93	167	456	451	282	240	318	135	430	345
289	25	392	88	73	497	287	138	140	375	258	330	281	351	297
274	235	202	382	300										

TABLE 8—INTEGERS 1–500

Each page is a permutation

```
 14 233 480  11 170     201 132  35 142   5     239 276 216 103 215
342  21 110  15 499     206 145 459  39 414      40 277 491 322 184
274 452 439 425 153      78  66 282 393 457     157 436 260  97 241
376 250  64 304 224     133 152 252  74 471     344  76  61 293 448
384 343 155 370 386     352 284  59 464 123     200 347 182 456  22

135 147 419 389 287     438   3 207  20 266      30  44 437 454 441
208 244 309 105 138     498 275 403 421  58     487 474 399 102 463
214 226 391  13 288      86 479  81 483 412     460  57  26 489 122
346 318 317 374 420     336 210  96 377  98     383 134 131 324 354
213 113 469 263 197     435  75  42  23 292     106 166 407 243 212

109 379 156 220  17     251 270 230 371 202     280 410 400 236 163
326 190 169 314  36     180 143 234  32 297     283 451 221  69   4
204 405  41  50  12     315 273  71 192 269     431 285 209 107 186
323 124 146 242   8      62 404 168 222 298     409  48 238 477 355
261 232 117   7 475     364 381 332  52 495     299 423 295 205 392

187 302 482  80  37     160 345 301   2  89     478 380 337 458  84
 60 490 467 278 367      91 291  92 218  47     395 279 359 472 164
267 339 235 199 179     494  77  67 331 387     127 443 415 203 161
139 328 361 259 350     194 172 385  27 140     290 366 237 445 444
 87 121 281 144 306     191 130 165 253 348     446 313   1  43 430

159 296  54 188 185     449 465 418 300 497     365  46 150 453 137
 73  18 174  28 126     466 356 294  34 272     311  24 500 362 402
189 176 440 316 175     101  31 375 349 148      93  88 496  56 319
484 151 262 357  70     104 330 428 173  33     111 196 455 125  65
158 397  55 411 271     481 219 429  72 434     368 246  83 476  85

227 183 129 351 154     447 305  45 427  90     225 255 398 303 171
369 247 119 422 258     116  79 193 416 118     335 358  99 265 341
100 128 373 325 245     462 211  82 120 149     461 198  19 378 167
413 115  16 360 257     468 286 310  38 327     382 248  53 321 177
388 353 406 249 108     450  10 178 492 473     486 488   9 442 136

112 396 181 228 217     289  49 340 338 470     433  25 256  95 268
114 432  63 312 231     426 223 329 334 390     485 240  68 254 417
333 424 372 493 308     195 307 162 264 320      29 401  94 394  51
229 408   6 141 363
```

TABLE 8—INTEGERS 1-500

Each page is a permutation

50	119	386	159	458	12	129	492	203	380	79	177	401	384	471
137	55	488	181	116	1	402	277	173	191	442	98	494	472	51
59	385	271	500	396	187	46	245	89	111	446	52	310	158	128
33	288	9	429	409	468	7	150	263	176	201	11	117	483	143
70	135	479	306	486	280	68	373	318	205	286	332	114	145	454
183	90	314	115	18	41	353	179	430	456	132	73	217	295	438
369	453	30	80	248	341	448	113	349	324	107	19	491	389	209
65	220	476	405	170	311	334	102	81	347	431	291	219	240	475
403	376	233	378	189	382	229	440	428	163	350	31	397	495	197
361	138	287	300	223	226	259	3	69	32	243	168	283	218	493
415	379	432	477	489	452	356	443	323	97	86	96	152	357	444
427	260	408	439	6	94	210	175	108	164	320	148	392	426	285
305	63	257	58	344	367	91	196	62	319	144	490	162	110	222
23	322	333	364	165	25	247	411	390	47	22	255	16	464	338
276	307	362	5	235	157	8	53	238	49	398	328	4	42	421
413	381	39	498	326	339	406	346	301	252	60	485	174	83	359
422	423	250	451	212	216	465	101	161	178	20	44	368	363	109
441	457	418	370	21	234	469	467	297	74	336	131	254	278	437
487	40	82	414	299	298	236	104	190	371	43	34	105	294	407
474	340	434	387	221	352	27	147	182	374	436	88	482	75	198
78	400	249	289	394	246	225	478	455	28	481	360	325	412	54
214	232	92	127	193	480	207	154	188	2	447	253	304	473	293
316	354	99	345	355	61	351	142	48	425	76	231	167	215	228
410	169	303	72	45	200	327	420	171	383	37	213	449	337	204
433	419	120	180	155	282	227	499	496	262	195	241	416	462	194
375	64	315	133	77	470	404	372	66	258	140	279	10	126	348
123	71	317	424	192	484	445	172	146	14	184	290	331	100	121
67	308	13	466	270	265	274	211	393	335	268	269	388	330	284
224	365	38	302	139	296	309	244	36	399	329	136	57	230	85
497	242	267	261	321	256	124	377	342	35	202	17	185	273	160
435	112	122	417	156	292	130	118	93	313	106	237	24	141	149
459	56	186	460	272	450	26	103	206	343	281	275	251	166	463
15	391	461	395	29	264	87	153	266	208	239	366	95	84	312
151	125	358	199	134										

TABLE 8—Integers 1-500

Each page is a permutation

385	405	287	90	247	308	204	302	178	210	267	288	246	342	263
48	422	3	306	265	337	188	219	336	64	280	304	243	60	117
355	408	24	462	53	498	33	198	9	264	218	187	316	315	4
478	13	278	134	189	421	268	113	281	206	214	142	217	386	474
101	87	105	173	326	116	230	7	419	426	413	186	404	119	108
448	109	100	226	97	286	484	253	431	238	130	295	322	150	80
141	285	172	120	461	149	348	148	455	367	493	390	54	135	311
321	303	121	79	18	411	271	377	133	112	41	211	197	227	125
349	428	414	400	338	241	51	10	168	258	301	66	410	145	407
447	147	94	240	327	490	274	330	418	427	381	273	351	329	492
171	343	167	139	91	215	233	140	318	468	451	175	132	128	457
208	55	454	392	442	25	279	270	255	45	32	174	29	144	290
341	207	313	17	106	76	242	299	129	239	371	283	19	248	324
179	73	235	429	138	314	143	35	482	346	259	325	75	357	298
86	166	383	74	481	78	93	26	110	470	432	489	65	61	50
88	310	366	269	396	289	425	393	81	160	228	146	82	251	333
361	483	225	444	276	202	376	450	39	84	193	480	46	284	231
199	245	83	260	275	363	436	406	395	52	154	126	433	309	72
20	475	356	114	297	12	437	249	398	257	256	486	254	335	5
300	161	358	2	47	332	59	58	229	394	69	224	485	92	319
374	488	34	222	67	399	122	438	156	435	420	317	277	344	37
372	115	151	402	261	118	44	379	412	16	200	159	180	221	331
158	391	169	384	22	305	453	213	11	232	36	388	476	312	464
307	6	244	364	63	328	127	380	104	96	353	373	463	439	62
465	184	452	424	369	137	181	339	40	401	417	340	491	496	403
124	320	472	209	99	203	162	409	446	103	471	347	23	500	185
220	370	382	397	195	497	237	415	176	458	293	8	354	98	350
296	477	294	68	495	334	499	14	190	266	170	1	70	28	473
345	77	467	389	43	469	152	440	378	102	205	292	191	449	236
56	456	387	27	434	216	441	282	359	201	42	494	85	164	460
182	479	365	250	107	234	323	95	163	262	487	177	416	153	192
57	212	111	49	466	352	194	362	375	445	30	155	368	423	136
291	123	360	71	21	223	131	430	459	15	252	157	31	272	196
38	183	165	89	443										

TABLE 9—Integers 1–1000
Part I

907	969	44	276	914	894	581	951	882	599	234	757	236	658	488
934	302	791	609	216	466	545	150	254	888	513	932	915	875	544
670	853	359	631	353	30	810	778	24	846	314	149	227	136	783
968	707	357	563	64	165	718	600	751	930	380	187	148	745	373
481	235	798	586	146	322	850	109	296	612	170	677	215	173	449
452	82	129	418	942	342	21	456	83	804	425	189	11	279	332
100	561	653	730	532	457	788	582	651	284	509	321	984	607	734
713	266	139	10	572	18	594	568	230	526	91	775	647	275	994
574	891	917	869	868	873	451	735	429	378	516	289	636	558	885
744	732	301	686	493	858	661	673	546	510	842	925	26	958	870
161	656	649	657	995	675	973	708	435	458	928	728	906	781	662
269	84	278	983	518	299	629	772	909	226	820	168	703	731	494
923	993	31	560	244	292	782	51	697	700	163	403	919	325	935
55	405	522	823	400	696	335	573	624	648	824	538	643	604	828
747	521	363	652	303	180	209	192	484	59	147	519	883	974	346
375	337	92	164	929	317	298	407	931	469	947	89	779	106	584
683	620	903	98	48	398	50	153	611	392	606	349	218	459	258
441	385	506	69	936	483	319	196	760	4	981	978	814	898	687
155	421	237	511	570	527	955	904	530	390	559	960	688	241	601
41	680	181	698	988	12	70	16	416	864	206	787	587	770	379
886	533	944	743	817	799	87	25	391	963	13	641	966	95	589
2	807	896	310	489	66	202	210	825	246	678	832	22	316	307
63	62	204	740	861	381	889	962	892	803	260	847	329	169	45
478	562	893	53	986	119	339	515	723	219	520	952	330	540	172
569	291	473	945	537	271	499	598	366	103	701	387	118	113	852
377	879	8	726	835	354	360	208	871	107	383	933	541	490	213
848	862	793	358	27	514	231	972	345	556	536	991	1	897	220
465	224	73	313	438	33	577	47	382	154	525	297	780	500	492
976	283	199	578	797	371	739	591	550	250	167	715	980	419	628
228	201	326	182	750	268	592	884	694	625	68	881	436	445	211
737	35	497	856	434	75	334	997	440	477	470	178	157	78	831
142	370	851	503	946	595	908	948	613	132	549	949	364	668	706
773	690	281	645	816	315	899	565	76	411	496	777	248	58	410
813	179	617	439	193	752	905	127	630	738	57	637	640	602	99
985	368	704	85	671	776	837	273	877	911	384	312	872	464	460

TABLE 9—INTEGERS 1-1000
Part II

191	941	712	834	399	293	225	711	971	356	60	535	367	523	590
789	101	865	685	7	295	214	667	717	566	288	474	131	585	796
450	122	442	424	554	937	223	447	422	135	878	177	901	918	5
795	854	433	693	597	759	331	365	990	786	902	833	388	644	571
86	71	999	664	200	461	755	998	959	369	304	308	839	654	921

252	548	855	822	838	841	626	430	294	699	564	239	746	221	318
65	504	472	229	953	623	112	261	175	42	265	311	627	982	615
141	815	794	455	922	754	134	415	800	152	950	125	17	495	32
756	768	491	555	961	327	957	222	408	517	198	420	811	557	190
340	679	120	386	251	324	253	567	621	964	205	681	954	749	916

659	351	46	444	338	614	528	910	829	876	927	343	812	827	720
741	104	124	90	920	748	672	505	784	576	763	691	610	361	203
605	133	467	286	507	524	94	633	551	158	171	608	682	116	635
437	285	264	616	426	975	404	130	508	638	989	29	290	412	395
443	836	843	486	676	137	263	501	790	619	725	195	396	761	642

650	543	188	867	774	769	243	764	96	531	965	194	423	166	287
482	874	233	940	463	579	639	665	389	406	724	970	583	487	240
34	840	753	300	809	912	806	144	336	259	372	242	108	733	238
785	306	660	162	684	151	143	758	185	88	710	159	176	15	431
305	352	663	859	376	887	805	943	618	344	245	802	996	397	93

542	355	938	575	498	81	863	145	348	727	184	765	255	362	588
232	38	580	924	475	808	446	262	767	328	247	272	714	80	913
844	721	77	480	468	895	666	160	37	14	502	427	830	603	669
28	539	217	766	138	128	860	534	52	394	890	257	174	61	762
49	97	110	880	547	432	56	552	123	115	453	280	705	512	274

857	102	156	479	939	553	845	692	801	256	323	54	979	333	9
183	593	476	114	926	140	126	409	462	23	3	485	634	19	197
992	401	967	74	36	309	655	277	393	742	819	956	417	39	*
529	43	448	471	121	722	702	596	689	632	67	117	818	977	270
792	866	646	719	821	771	622	900	709	341	729	249	212	20	186

| 428 | 111 | 40 | 414 | 716 | 849 | 413 | 826 | 72 | 320 | 736 | 6 | 987 | 350 | 695 |
| 79 | 207 | 674 | 402 | 347 | 105 | 267 | 454 | 374 | 282 | | | | | |

* Represents 1000

Each pair of facing pages is a permutation of 1000 integers, 525 in the left-hand page (Part I) and 475 on the right-hand page (Part II).

TABLE 9—Integers 1-1000

Part I

288	27	905	342	308	837	443	130	715	169	608	16	575	646	536
891	207	926	664	131	255	815	86	411	982	379	829	530	93	198
75	870	946	668	984	863	993	469	541	500	734	210	816	195	14
408	681	597	491	718	929	611	22	538	729	89	220	797	767	535
170	527	606	187	640	20	111	830	304	814	798	307	478	741	166
665	434	890	925	152	179	757	251	817	657	908	129	551	620	899
877	424	149	781	395	701	6	670	714	910	595	125	113	832	652
923	850	876	854	432	463	847	346	970	157	533	450	545	337	298
782	768	928	687	559	393	158	159	57	258	468	236	192	779	430
956	775	903	609	182	310	454	663	216	416	623	793	725	104	269
954	62	992	557	751	585	821	407	866	50	339	442	372	939	554
96	480	572	350	461	312	680	156	120	384	239	95	945	181	589
809	280	710	745	875	521	53	451	94	190	769	452	377	136	693
607	972	112	345	885	894	488	246	940	602	949	666	172	49	232
29	110	998	712	264	242	504	625	248	605	224	462	878	635	77
362	465	888	332	367	333	820	322	836	753	874	571	658	448	273
284	566	439	659	36	55	979	676	717	484	643	305	645	749	197
955	776	785	944	352	759	555	872	758	274	358	833	414	351	501
133	937	516	477	164	770	12	780	546	962	988	13	499	447	43
932	577	394	417	405	186	154	1	30	827	762	229	994	436	445
783	502	952	338	570	330	980	892	789	561	219	644	738	574	205
976	225	171	943	515	938	882	373	737	492	419	162	259	539	971
755	700	774	739	61	953	297	63	38	622	639	211	168	37	262
151	231	265	532	505	320	326	296	552	648	795	647	88	787	514
842	706	684	912	441	404	633	409	378	32	72	682	619	540	237
901	581	364	299	614	387	263	934	301	283	494	898	601	400	7
826	511	257	660	818	406	116	253	353	861	183	784	360	140	860
17	824	302	711	19	522	397	831	662	800	213	808	840	520	138
293	374	788	420	773	361	694	636	642	123	440	935	862	961	915
909	627	155	916	74	222	801	791	881	698	328	548	969	68	920
906	485	858	989	135	294	727	896	810	343	549	64	704	686	835
864	391	672	464	740	100	161	148	493	683	84	203	991	21	965
146	118	778	271	177	615	724	531	582	*	641	564	396	189	369
173	327	324	576	212	983	777	428	285	287	185	600	80	204	649
855	879	848	528	174	565	28	48	65	215	845	650	695	556	331

* Represents 1000

TABLE 9—Integers 1–1000

Part II

163	553	580	356	560	83	87	852	828	323	526	46	433	537	529
460	201	370	599	772	228	245	621	105	567	279	241	503	733	843
689	365	893	805	334	685	747	512	286	978	887	10	180	278	550
483	573	603	510	388	744	765	886	147	69	456	880	267	804	629
921	871	697	508	272	455	853	931	223	705	67	108	761	383	544
85	690	593	422	392	958	427	227	25	291	884	81	518	206	975
543	137	841	473	735	472	438	825	385	92	583	79	966	336	354
449	948	869	812	457	47	289	252	631	42	534	412	924	459	613
482	713	562	596	873	58	497	675	750	139	60	145	314	802	33
490	270	914	579	76	413	121	98	604	9	126	977	987	679	266
519	102	311	839	612	357	466	895	109	18	221	44	968	240	371
300	389	707	616	176	598	523	963	959	999	390	3	150	5	70
51	634	319	470	256	347	760	40	974	106	363	986	904	54	250
699	995	458	249	498	941	696	243	919	918	856	618	318	731	295
610	917	277	471	59	990	669	851	115	97	859	34	268	178	78
329	677	692	889	344	819	951	200	429	846	950	31	496	486	275
218	558	481	506	748	766	911	4	402	716	960	39	437	723	542
230	446	811	167	913	653	709	160	399	11	290	410	626	244	813
997	144	122	996	247	132	726	902	128	403	678	276	335	467	897
341	52	927	630	771	900	796	930	418	857	359	321	127	655	56
355	569	691	45	754	421	524	708	688	525	973	99	671	226	947
933	184	398	883	475	431	849	24	193	985	8	592	103	981	588
867	803	313	799	638	584	868	134	426	479	637	590	487	746	594
165	71	114	752	907	742	732	865	822	586	348	730	366	728	587
316	142	435	719	281	624	423	736	617	667	309	282	234	375	2
786	188	306	844	73	806	325	957	191	261	474	674	764	202	26
238	509	376	823	489	91	807	547	107	381	124	703	722	628	66
673	425	453	254	743	199	578	661	101	175	651	838	292	444	214
513	790	317	495	196	654	90	15	119	942	260	35	386	721	702
380	340	401	194	563	656	209	568	720	153	143	315	476	303	936
792	82	41	217	117	922	233	382	834	235	23	632	208	349	517
507	964	415	756	763	591	141	368	967	794					

Each pair of facing pages is a permutation of 1000 integers, 525 in the left-hand page (Part I) and 475 on the right-hand page (Part II).

TABLE 9—INTEGERS 1–1000
Part I

732	504	348	306	700	837	277	755	597	882	690	291	992	162	638
333	584	5	289	885	325	530	851	681	971	976	324	383	522	360
3	490	295	248	241	6	370	145	310	975	629	993	36	261	85
187	253	824	402	818	204	710	592	7	588	705	969	536	442	32
888	787	767	346	957	533	590	926	351	568	43	630	338	912	604
202	503	868	461	747	513	376	873	75	782	304	811	100	260	158
262	899	951	984	459	474	156	130	599	499	318	622	707	498	740
78	726	650	549	610	443	166	846	213	688	155	801	281	14	656
802	288	626	491	51	719	861	105	988	387	307	254	120	405	880
877	81	250	309	172	321	932	605	662	270	107	121	689	863	247
487	207	178	520	116	631	323	960	457	147	955	516	203	545	692
571	616	476	244	716	551	914	34	471	986	640	56	930	809	936
17	198	939	749	484	480	594	54	268	174	62	511	518	786	709
63	11	87	45	475	765	395	792	303	133	697	258	970	538	869
865	666	637	711	382	812	131	713	271	803	576	477	483	519	694
80	908	282	420	15	501	417	582	751	649	60	137	924	781	526
521	586	825	771	724	205	703	664	954	456	754	827	695	219	434
460	542	230	699	344	437	373	175	738	86	245	744	907	301	841
428	858	974	367	380	821	47	753	341	509	977	328	850	608	577
336	206	77	330	532	943	55	832	400	643	996	562	58	652	636
794	354	366	439	528	508	799	902	941	601	836	234	507	963	179
648	399	353	365	337	672	252	136	59	378	469	609	807	965	712
170	280	489	564	397	677	26	109	840	390	39	394	658	16	305
83	870	569	151	828	160	810	917	663	773	820	904	138	283	377
514	436	686	789	946	231	110	750	944	66	823	790	537	264	481
285	74	759	931	555	872	816	432	418	164	785	148	176	839	236
529	8	770	355	843	199	135	967	570	217	168	182	892	815	89
372	114	797	859	525	362	403	454	388	958	606	327	911	190	772
79	293	142	593	835	775	942	451	184	990	860	737	269	871	466
10	132	196	90	292	92	523	875	727	962	435	299	540	339	886
222	315	410	177	587	186	515	806	294	890	427	191	644	953	211
113	665	579	670	286	356	887	361	879	612	218	256	425	450	98
259	910	31	535	758	95	639	583	676	987	906	343	991	93	126
385	364	614	983	134	798	209	925	212	923	739	980	961	959	22
826	97	918	752	445	985	386	831	559	2	541	103	527	718	981

TABLE 9—Integers 1–1000
Part II

251	112	800	510	684	615	379	611	547	978	979	897	641	852	625
855	964	691	419	50	1	685	493	935	20	33	257	389	150	149
552	421	255	934	159	52	893	429	808	793	949	624	407	546	314
329	320	627	465	769	276	698	201	847	30	408	122	84	494	948
42	679	619	404	558	715	449	157	763	884	573	462	49	876	153
350	723	486	229	392	287	335	414	35	867	764	756	748	659	674
909	495	57	857	263	221	272	18	645	352	496	128	41	720	239
173	374	966	266	929	651	653	845	618	741	37	347	384	4	557
634	25	776	125	833	188	896	193	246	891	141	226	326	883	768
548	777	834	560	468	819	409	472	805	225	632	431	215	363	900
70	717	438	233	849	275	780	458	779	220	208	938	422	704	340
613	696	398	240	311	817	952	733	224	905	680	517	898	531	968
94	279	553	228	565	455	393	146	746	714	602	766	223	68	284
829	423	502	129	673	933	48	317	195	607	12	998	830	937	572
682	106	595	143	743	424	124	678	591	453	342	945	567	544	950
762	61	171	444	274	671	214	901	163	71	322	920	822	152	216
621	76	731	115	973	706	265	46	345	814	28	916	227	661	96
928	401	730	40	308	728	488	298	470	349	482	947	913	701	999
603	73	646	473	313	381	735	13	154	334	994	997	660	566	118
235	412	585	894	119	19	447	463	693	452	44	127	725	413	297
123	368	862	864	117	82	67	169	181	467	290	21	359	300	580
854	415	736	273	396	853	633	647	927	99	788	729	848	620	915
878	657	668	856	784	669	512	550	189	617	506	783	64	995	200
734	161	197	556	654	238	111	702	563	813	989	406	479	889	243
844	745	575	791	838	369	358	104	842	302	922	140	192	596	144
796	38	102	433	430	316	561	757	982	167	919	278	598	881	65
232	441	180	426	761	600	375	53	721	874	27	446	312	267	319
464	91	972	543	485	635	742	628	505	331	88	642	69	185	23
956	524	139	492	497	448	9	210	357	903	24	675	416	534	*
539	623	708	921	687	411	778	108	578	940	500	249	296	391	667
371	795	478	655	589	866	101	29	237	760	194	165	242	574	722
72	554	683	774	183	804	332	440	895	581					

* Represents 1000

Each pair of facing pages is a permutation of 1000 integers, 525 in the left-hand page (Part I) and 475 on the right-hand page (Part II).

TABLE 9—INTEGERS 1-1000
Part I

760	859	469	92	319	26	470	238	702	945	471	896	359	650	375
589	845	709	252	426	112	774	217	185	796	193	18	267	995	495
323	283	136	870	878	175	982	7	528	994	784	661	11	551	38
548	924	186	671	682	765	999	854	280	987	198	2	555	740	779
322	182	295	64	939	846	428	559	664	137	33	390	901	41	224
693	279	327	514	374	237	719	257	827	388	953	412	65	694	991
491	944	947	236	663	979	321	264	888	634	623	797	427	301	908
404	480	241	313	862	966	73	614	116	460	772	500	115	841	449
521	640	226	608	401	805	207	810	630	900	63	948	826	247	574
895	763	309	506	234	539	318	228	697	932	233	957	271	920	721
980	993	138	936	170	176	707	544	422	838	287	441	474	357	353
172	262	473	509	248	472	575	508	17	181	882	703	499	153	328
40	24	770	552	316	914	911	792	240	223	215	912	405	988	748
50	166	476	927	104	447	19	558	76	429	457	921	268	467	579
325	791	373	36	386	798	641	631	502	341	408	986	143	523	568
395	877	526	786	807	975	871	824	371	629	144	451	700	214	44
954	564	244	668	971	59	336	439	203	450	593	762	150	140	421
855	304	85	49	885	829	22	681	162	612	349	239	365	883	5
124	501	231	749	129	403	220	370	67	781	704	275	307	580	679
75	102	486	764	665	121	512	977	46	444	393	643	80	107	43
604	23	6	406	812	157	235	433	768	562	942	571	903	61	99
967	602	174	964	355	380	128	850	286	667	229	616	913	868	658
992	452	637	253	536	636	690	576	835	756	516	677	189	517	566
42	830	151	414	306	397	715	483	951	959	269	879	463	402	74
221	687	436	533	905	611	718	894	381	89	209	706	813	972	3
94	16	860	916	20	337	711	351	475	90	875	818	659	607	776
435	546	540	874	69	141	928	385	45	260	596	560	485	610	745
638	817	113	504	904	582	256	334	930	446	591	837	754	587	750
531	358	361	758	583	332	200	601	799	836	190	503	530	710	66
142	484	761	505	219	95	598	525	529	79	686	294	230	168	432
872	195	419	338	164	320	669	465	205	666	135	159	857	802	343
662	842	788	363	180	8	822	970	672	368	97	101	288	438	627
861	724	199	249	847	192	163	789	171	507	25	785	30	108	167
683	766	880	865	274	431	778	873	126	37	890	538	680	243	550
437	78	929	984	211	906	31	819	996	213	618	632	139	573	398

TABLE 9—Integers 1–1000
Part II

907	649	130	730	645	191	285	348	590	308	613	804	919	543	729
816	396	547	216	299	464	577	777	335	594	377	881	795	383	324
60	717	57	84	853	732	270	68	424	350	326	549	821	227	459
39	685	950	952	360	743	938	407	258	726	976	639	510	83	625
654	418	563	147	588	225	298	925	493	212	744	312	978	242	738
541	783	272	490	965	109	340	773	532	651	892	635	889	617	152
87	434	755	453	114	169	442	955	494	806	344	989	831	537	524
454	281	595	825	389	741	725	123	897	111	723	599	300	620	117
91	305	833	542	660	922	581	800	534	943	356	458	255	863	626
367	941	545	376	961	34	497	158	926	832	81	478	674	946	714
757	746	735	98	333	886	809	387	771	736	122	851	844	4	119
876	430	962	276	731	330	423	535	156	578	567	569	747	699	864
120	734	477	858	769	675	265	160	492	915	487	62	146	960	317
642	940	448	782	106	488	910	125	345	633	53	201	990	48	411
496	315	194	105	767	553	963	52	13	118	148	733	794	934	261
656	592	670	32	134	399	266	554	520	722	866	652	689	197	657
362	513	251	899	293	188	56	263	808	752	259	10	956	155	893
378	958	21	364	352	909	673	742	695	297	856	468	498	556	77
481	653	586	218	54	600	86	391	1	290	204	296	519	51	440
869	254	100	482	415	132	400	688	96	985	647	969	70	314	58
628	282	416	9	937	751	917	29	511	701	561	728	935	557	606
245	310	814	648	93	489	713	206	676	27	110	461	737	222	624
35	981	103	82	232	801	585	302	347	456	425	178	173	646	72
346	47	852	12	678	372	884	727	705	887	466	605	15	462	968
597	790	522	329	273	565	443	145	803	394	369	208	455	187	409
379	303	644	161	289	28	339	291	615	898	133	983	811	933	622
14	183	392	708	570	684	849	154	366	71	342	515	420	759	179
88	55	997	445	384	278	210	149	848	753	974	787	479	973	931
621	527	584	127	202	793	692	572	410	184	949	828	918	619	246
698	292	843	417	354	603	131	998	250	891	823	196	902	780	923
716	691	382	739	311	696	*	720	834	712	839	775	820	815	413
165	277	518	655	284	177	840	867	331	609					

* Represents 1000

Each pair of facing pages is a permutation of 1000 integers, 525 in the left-hand page (Part I) and 475 on the right-hand page (Part II).

TABLE 9—INTEGERS 1-1000
Part I

725	921	410	992	97	813	332	603	949	756	42	844	743	226	367
630	871	625	854	699	828	664	821	796	574	735	654	993	158	918
39	957	43	642	565	605	216	433	94	45	953	960	677	964	290
304	264	932	859	37	215	119	567	846	610	150	501	703	879	256
888	318	300	895	193	979	716	782	242	90	816	110	634	489	585
335	98	209	660	492	459	23	263	811	260	466	986	422	720	791
187	477	412	764	524	26	538	114	402	208	471	683	482	411	484
505	377	591	550	662	100	793	122	629	658	837	893	13	185	619
616	941	279	303	848	86	559	50	512	650	765	919	111	192	190
659	385	623	817	359	389	349	908	310	476	274	947	273	101	527
52	196	808	480	905	938	25	386	313	415	889	883	869	417	31
28	314	135	372	143	19	460	350	120	802	434	195	700	294	323
990	461	792	205	886	873	481	172	834	528	504	66	400	429	408
710	78	900	543	766	20	561	293	446	380	351	488	867	463	906
326	182	652	760	496	635	168	96	118	937	299	611	575	606	80
884	968	384	731	881	116	424	962	284	519	159	371	223	835	780
758	896	733	952	959	197	47	815	847	675	553	757	977	600	11
739	709	853	855	827	807	165	820	830	577	646	423	40	702	102
762	587	826	3	142	239	129	663	542	499	341	974	627	856	787
607	403	449	156	626	231	278	644	202	331	333	33	379	395	590
327	275	942	297	693	615	243	902	24	571	453	573	747	801	721
729	27	1	65	236	15	438	897	520	391	531	690	22	671	398
500	486	727	9	130	390	794	382	593	584	752	360	381	775	368
376	636	736	715	357	824	267	612	432	301	704	676	509	507	614
355	548	286	966	92	922	128	137	738	291	126	458	556	936	498
987	232	468	467	935	845	863	392	268	41	140	781	649	621	162
832	903	166	405	73	975	800	535	107	814	169	774	874	510	940
991	726	54	171	763	970	213	901	399	850	633	440	138	529	849
875	409	586	431	447	907	682	637	515	578	69	771	770	876	673
246	557	265	21	204	851	536	967	336	338	81	262	722	753	363
456	53	108	679	934	852	404	955	163	340	401	397	229	457	298
388	154	640	89	868	923	132	948	337	445	622	912	84	819	218
988	176	186	131	686	419	572	470	617	280	513	444	146	670	322
253	713	737	*	532	435	155	728	882	891	602	730	872	248	188
749	580	687	946	601	790	55	334	127	911	631	785	904	6	305

* Represents 1000

TABLE 9—INTEGERS 1–1000
Part II

```
219 437 951 969 857    255 643 589 472 961    522 588 978 490 829
761 406 858 292 913    742 809 464 570 582    325 254 514  85 541
926 147 705 104 450    348  36 452 136 238    269 551 976 161 497
950 257 364 346 667    999 540 276 661 965    698 319  49  82 784
181 598 823 203 624    566   2  51 878 944    544 133 198 648 723

 34 795 929 153 394    666 745   8 838 261    786 141 776 121 562
 61 430 818 985  64     70 707 998 373 706    909 595  57 989  48
825 620 343 594 201    865 281 552 892 841    685  72 639 954 983
258 167 755 105 945    177 287 374 148 618    688  91 701 684 708
487 583  67 296 860      4 475 563 840 773    928 842 289 546 245

342 839 689 613 174     99 455  95 778 228    973 306 772  12 230
579 741 995 890 789    678  35 164 309 112    604 545  44 712  14
657 365  74 307 740    173 175 956 271 244    877 651  56 427  59
478   5 750 345 217    503 759 797  62 804    224 259 933 864  30
734 963 799 628 414    547 369 483 555 560    836 632 241 672 211

283 240 413  63 549    569 495 426 210 366    396 972 180 356 833
525 887 599 206 194    465 647 655 151  83    330 748  87 925 982
798 592  18 530 931    324 184  16 270  46    221 157  58 843 576
788 910 916 328 508    534 899 441 806 777    810 225 680 939 370
179 645 581 272 861    344 115 914 803 997    191 474  17 732 783

533 442 554 378 493    880 674 502 751 252    393 653 214 695 329
779 311 117 448 170      7 564 719 321 485    436 249  71 282 927
812 894 235 568 669    317  68 596 109 207    320 339 250 898 870
439 387 994 958 971    767  60 523 277 638    516 558 656 233 711
469 443 506 718 266    361 724 744  75 697     29  38 943 769 539

353 183 996 917 113    302 124 103 694 924    134 285 375 425 691
805 980 428 421 462    227 768 416 308 347    692 681 451  32 608
354 149 696 247 537     79 862 981 526 316    609 295 178 220 418
665 362 885 454 237    717 212 641 251 234    145 822 473 714 139
144  93 831 315 407    984  77 491 358 521    288  88 866 312 123

517 189 352 920 668     76 200 479 494 597     10 754 383 106 152
930 160 518 746 420    511 199 915 125 222
```

Each pair of facing pages is a permutation of 1000 integers, 525 in the left-hand page (Part I) and 475 on the right-hand page (Part II).

199

TABLE 9—INTEGERS 1–1000

Part I

150	921	632	794	608	345	96	564	878	936	760	558	20	890	720
248	170	8	509	221	428	85	226	185	547	72	616	175	542	200
732	824	544	476	84	501	82	587	560	583	791	451	110	504	102
100	681	434	568	456	298	690	444	807	919	337	120	276	636	43
411	64	111	781	38	754	233	253	42	853	992	52	724	285	758
51	220	522	311	379	665	652	584	710	478	93	686	795	455	62
980	932	453	839	142	230	634	251	901	3	708	535	726	526	4
366	327	241	261	644	556	822	425	76	209	974	863	374	516	223
837	717	537	376	198	197	98	421	529	541	628	698	305	15	277
194	192	310	798	740	71	112	342	299	676	821	666	772	996	668
817	484	458	604	892	388	528	702	73	377	562	402	441	438	514
301	*	525	651	184	470	49	638	420	688	808	559	156	946	671
729	291	629	725	855	664	885	279	696	952	856	922	225	35	554
81	74	549	320	219	762	812	368	416	631	65	265	979	28	540
389	231	426	178	829	981	755	656	214	585	998	280	874	353	489
864	315	370	606	282	243	419	396	783	871	589	348	887	703	449
165	949	469	858	278	969	335	613	357	387	961	195	734	394	275
409	448	597	733	563	392	877	228	362	187	534	296	109	519	614
9	512	83	825	293	144	343	934	576	34	873	588	898	127	205
938	923	816	33	247	347	944	212	582	909	925	367	321	23	433
323	602	639	258	464	462	128	531	596	941	113	599	697	495	99
618	917	300	493	479	488	551	809	95	964	557	866	295	605	181
54	139	412	704	799	61	927	745	942	287	759	401	149	97	646
780	752	805	158	897	916	498	968	270	994	876	894	289	950	700
572	290	801	442	538	667	973	797	384	32	987	800	381	985	647
303	995	905	365	669	238	313	503	607	777	350	813	806	659	571
768	663	255	612	404	437	641	902	574	962	771	22	460	284	146
891	851	818	129	159	90	590	349	705	565	865	24	840	736	814
92	331	753	810	140	94	312	399	955	843	756	274	832	677	492
609	828	410	224	468	879	830	884	965	273	573	738	723	895	29
716	958	486	984	737	119	943	69	490	57	970	849	339	161	948
252	66	235	297	418	675	483	236	976	403	461	748	947	593	661
517	467	44	834	852	283	281	766	439	820	580	31	138	383	263
336	802	257	520	552	375	344	11	680	857	889	497	782	679	157
266	164	494	239	106	131	491	826	115	570	714	773	622	415	36

* Represents 1000

200

TABLE 9—Integers 1–1000
Part II

764	997	692	269	699	929	393	124	926	398	693	385	744	640	153
715	216	523	712	649	903	615	779	657	670	186	591	264	835	521
577	318	626	203	539	719	227	14	937	485	406	658	67	169	386
990	237	637	189	177	122	334	307	126	915	908	803	17	245	763
182	906	550	457	533	635	427	655	598	167	630	931	70	750	77
430	859	201	633	971	358	619	594	620	317	202	400	405	16	678
978	868	975	746	610	53	13	360	913	673	701	727	838	694	730
395	121	319	940	592	910	463	213	373	778	527	788	789	731	369
210	496	363	103	408	294	823	954	601	707	713	721	860	60	217
711	206	364	951	355	26	776	25	846	621	5	91	500	136	333
332	988	431	685	623	168	397	259	222	196	515	244	786	770	114
774	414	899	872	536	354	417	674	105	372	68	380	499	653	953
473	41	761	218	660	793	508	75	600	21	316	617	359	326	2
480	861	854	546	443	765	506	595	796	811	163	154	391	130	87
148	911	37	530	329	648	117	322	132	896	650	662	928	171	993
324	524	883	684	792	706	481	790	695	172	775	862	378	356	983
292	262	45	575	390	242	757	982	914	104	487	19	39	429	166
440	566	831	742	502	687	207	59	904	107	518	12	413	841	888
80	309	454	249	735	827	215	567	271	260	918	141	432	579	882
199	935	945	875	325	268	900	155	229	465	1	581	722	784	48
847	510	151	108	288	188	435	446	58	751	972	160	116	709	930
689	511	957	88	174	939	254	180	240	341	422	135	718	306	845
836	56	55	881	728	569	191	912	603	173	351	234	869	50	338
654	960	78	162	767	211	785	123	543	691	267	963	147	47	86
819	848	340	328	977	532	6	382	137	907	134	624	683	474	844
79	645	625	966	682	507	193	477	999	346	967	143	586	555	371
548	445	741	787	452	118	804	101	46	30	561	7	450	250	505
330	472	145	459	643	272	747	627	286	475	314	833	611	89	739
924	176	672	749	40	179	870	743	553	436	578	933	893	423	183
867	956	208	513	10	204	769	352	308	466	482	447	304	842	886
133	545	850	407	986	152	991	920	471	125	989	880	232	256	190
302	63	959	246	361	27	18	424	642	815					

TABLE 9—INTEGERS 1-1000
Part I

804	123	314	779	305	274	955	923	773	690	502	99	429	650	684
829	531	615	641	725	8	761	52	756	54	760	418	935	978	243
833	23	765	72	711	675	498	894	846	444	869	787	831	360	475
816	671	623	619	134	400	625	68	84	636	298	563	728	229	597
857	783	995	13	201	365	174	811	694	246	980	736	521	327	689
565	653	952	434	423	638	47	231	311	93	279	676	680	473	762
87	387	859	499	249	406	613	774	437	630	141	927	943	731	937
301	616	707	32	509	105	70	687	732	315	861	895	720	985	953
450	719	601	845	581	721	254	922	854	431	849	152	596	286	862
739	9	997	931	705	82	14	938	352	280	169	930	533	960	820
307	821	990	321	136	179	536	828	151	158	709	803	926	840	977
584	175	751	797	170	772	233	528	25	777	379	369	364	255	654
667	15	2	103	440	764	551	902	217	12	993	235	634	43	157
706	824	547	936	741	561	580	802	855	890	238	961	669	485	35
285	962	648	195	241	126	607	92	835	442	471	350	73	608	150
609	806	541	529	278	591	469	226	543	127	679	495	230	979	747
621	30	380	463	395	95	122	632	886	256	470	490	515	891	917
966	261	368	815	493	525	148	193	590	865	808	906	703	851	20
57	505	146	758	788	507	583	417	449	108	121	830	120	889	422
992	482	700	635	877	361	96	329	62	189	297	871	738	511	934
264	629	376	723	330	242	177	320	454	942	944	239	868	514	378
657	476	488	651	969	599	155	61	807	234	190	128	800	49	951
557	88	41	915	546	275	763	265	579	412	663	860	407	618	708
759	17	662	167	929	981	325	786	878	209	672	393	893	928	582
489	119	290	247	232	461	716	340	114	351	79	785	624	576	817
832	441	778	3	686	302	695	666	660	6	187	523	512	357	29
925	58	456	227	266	685	337	945	487	333	989	757	143	216	592
875	308	948	359	411	71	864	97	481	251	291	163	144	853	85
887	491	26	682	353	373	125	272	645	439	468	503	222	574	77
51	766	443	130	310	483	776	91	55	748	805	901	568	*	588
770	617	332	323	924	115	718	595	453	391	994	991	81	219	905
903	907	347	389	45	795	101	149	722	245	605	299	516	484	262
652	971	798	344	780	530	459	156	750	479	248	464	355	842	322
898	681	223	211	204	782	542	791	448	27	182	388	572	696	876
819	524	659	196	303	112	587	349	458	858	111	165	863	21	626

* Represents 1000

TABLE 9—INTEGERS 1–1000
Part II

154	390	171	317	932	501	213	164	401	250	259	188	560	244	415
166	398	210	206	586	447	836	882	911	496	727	834	466	445	781
810	18	809	548	570	567	117	746	909	363	620	56	139	366	538
168	818	812	844	506	904	913	850	726	191	697	102	76	178	486
207	527	699	754	334	100	67	522	335	282	947	474	304	356	637

104	312	975	33	478	281	63	24	986	316	428	665	140	1	339
598	668	381	670	377	794	545	847	497	879	517	284	633	899	571
477	185	793	578	137	724	996	271	435	438	643	277	933	268	513
292	710	392	974	220	34	602	452	267	287	11	920	318	270	589
740	42	537	399	983	460	138	212	702	799	5	269	383	225	735

294	145	22	192	813	575	147	59	362	554	504	348	550	371	998
367	841	734	283	553	83	838	900	674	28	451	162	814	295	237
382	480	656	713	218	372	526	19	919	319	692	987	715	562	539
744	892	396	309	263	457	520	965	276	801	867	918	228	544	883
430	354	492	610	31	132	874	914	410	603	336	446	908	197	370

827	872	161	704	413	768	866	113	253	75	941	972	409	258	184
86	124	940	402	701	48	658	326	614	673	236	593	408	98	345
203	194	714	328	37	465	822	594	433	180	881	510	500	420	837
342	577	358	64	89	622	208	712	982	627	508	752	214	976	183
823	664	566	133	300	176	472	885	556	427	65	628	118	884	957

260	956	386	606	678	346	916	405	142	40	257	131	107	78	880
202	559	116	737	564	394	425	604	790	331	532	843	964	873	661
39	110	324	198	44	181	848	825	424	973	896	939	921	519	240
416	555	80	767	856	494	94	289	769	730	535	343	436	414	455
796	646	912	293	691	569	839	432	631	153	639	306	221	585	462

38	888	729	984	69	999	518	826	135	224	252	698	742	771	775
655	109	90	53	949	733	397	296	404	426	200	573	552	338	4
384	534	950	288	784	789	375	205	644	600	683	611	66	172	74
642	186	959	313	755	753	612	640	749	958	46	549	970	159	540
968	963	988	50	16	852	36	421	745	60	160	7	693	649	647

| 419 | 743 | 967 | 954 | 717 | 273 | 467 | 215 | 385 | 558 | 792 | 688 | 946 | 129 | 677 |
| 10 | 374 | 106 | 403 | 199 | 910 | 173 | 870 | 341 | 897 | | | | | |

Each pair of facing pages is a permutation of 1000 integers, 525 in the left-hand page (Part I) and 475 on the right-hand page (Part II).

203

TABLE 9—INTEGERS 1-1000
Part I

803	716	380	334	873	767	230	98	548	680	165	295	8	346	239
263	839	595	251	938	910	365	980	286	33	135	413	689	293	277
106	529	426	840	476	307	171	696	235	123	779	615	449	390	282
920	969	122	535	495	894	152	706	780	35	505	981	688	504	116
710	712	163	23	735	497	244	471	676	576	638	956	124	823	275
858	857	782	809	511	692	575	668	891	93	772	739	625	304	494
419	159	647	797	247	694	719	544	62	824	512	812	338	67	721
66	564	946	893	982	723	942	789	790	965	457	188	608	685	918
492	107	740	479	209	336	80	621	371	465	718	843	757	9	22
467	594	519	726	15	157	734	540	37	811	205	76	404	518	435
*	48	587	658	674	51	664	979	136	119	352	860	586	306	867
760	524	223	305	349	733	903	168	974	186	18	319	224	921	539
619	926	128	681	865	271	92	225	215	513	273	299	660	572	436
728	630	173	962	420	125	177	174	907	876	697	667	598	534	747
783	820	399	377	276	973	573	126	474	866	363	485	54	935	547
821	583	948	258	11	604	96	246	134	713	422	213	5	373	889
444	78	648	294	229	359	950	975	238	77	379	623	890	261	421
278	139	254	744	543	596	827	386	343	698	498	579	906	382	963
407	368	931	582	661	849	886	189	402	957	603	147	395	480	434
327	949	643	182	986	559	398	991	143	884	673	231	538	553	784
376	874	389	997	97	993	170	217	475	356	12	634	259	47	53
499	493	335	428	24	272	999	49	759	905	745	362	801	922	447
954	842	752	541	460	250	637	567	183	331	503	578	302	862	312
570	636	593	549	326	832	531	248	303	788	74	880	953	112	308
701	830	154	190	102	871	320	117	746	584	617	915	807	964	909
158	675	392	837	442	514	845	835	330	355	877	369	127	439	574
160	94	846	810	383	409	530	791	280	83	284	16	490	502	939
998	678	717	972	707	468	677	976	466	826	581	151	828	653	556
57	720	521	977	897	64	108	571	145	879	952	194	855	854	120
27	292	937	941	944	645	483	394	510	640	793	781	693	351	748
296	622	283	859	115	628	687	895	652	602	705	285	364	133	923
614	169	298	208	768	325	387	311	256	396	310	597	776	659	34
458	691	180	411	792	585	919	388	200	755	649	743	632	4	443
754	568	451	762	220	416	612	916	129	267	555	829	486	89	226
222	666	888	59	155	172	30	360	289	590	218	26	243	313	384

* Represents 1000

TABLE 9—Integers 1–1000

Part II

88	323	970	853	212	178	642	3	344	489	914	44	802	945	6
563	864	185	892	317	68	95	114	703	934	415	445	951	487	588
324	55	101	663	766	210	153	804	484	347	902	425	936	412	378
852	42	242	887	453	70	234	31	646	204	56	437	374	985	629
150	121	438	79	655	819	868	624	85	424	816	432	911	925	927
146	605	431	375	84	385	554	149	699	372	566	7	461	270	787
477	491	29	357	206	161	815	507	414	725	994	785	984	960	896
833	758	176	966	656	488	841	341	464	933	393	702	904	227	742
844	40	650	861	741	199	822	805	400	481	671	613	478	60	463
523	167	898	620	913	138	103	520	440	32	773	580	967	269	536
611	577	87	281	20	110	763	684	990	749	25	38	618	262	469
711	240	786	408	882	370	300	932	141	825	91	192	607	506	850
140	686	166	682	201	616	769	179	996	848	82	627	429	978	727
260	872	45	883	257	164	751	314	756	10	569	297	473	501	983
799	639	992	187	715	454	600	137	709	198	81	203	207	551	470
459	817	550	609	560	679	71	537	527	516	268	771	591	309	924
63	403	99	144	142	532	328	714	626	885	162	427	211	13	321
391	236	863	401	533	589	662	61	216	654	761	690	441	929	958
808	610	348	274	111	433	472	724	39	232	462	695	988	193	354
552	509	448	875	777	606	592	900	796	729	765	28	987	455	633
191	337	940	995	546	361	456	249	130	301	736	219	65	522	315
366	265	778	565	417	322	69	358	971	657	738	104	847	644	908
318	156	43	836	21	109	525	418	410	795	517	73	542	813	214
670	423	446	878	731	148	237	774	869	2	181	105	753	253	381
450	737	526	72	947	41	332	631	899	508	350	601	405	955	75
86	928	683	287	132	228	672	794	665	397	406	851	558	345	651
599	430	266	17	329	131	291	245	870	58	959	353	708	700	279
90	500	19	641	764	968	100	750	264	14	202	113	496	912	482
252	46	834	290	943	367	730	669	838	333	557	562	901	635	241
196	798	452	288	917	770	255	50	1	197	814	342	831	818	233
806	930	175	732	704	184	515	339	340	775	856	561	545	221	961
118	528	722	316	800	881	52	989	195	36					

Each pair of facing pages is a permutation of 1000 integers, 525 in the left-hand page (Part I) and 475 on the right-hand page (Part II).

TABLE 9—INTEGERS 1-1000
Part I

768	557	105	833	451	209	857	502	852	937	280	161	264	28	956
298	482	752	420	579	216	164	489	104	839	273	900	764	294	595
198	627	276	93	10	681	43	142	208	756	778	889	829	513	414
519	968	14	174	891	78	428	753	311	892	378	539	66	743	363
966	976	518	151	509	890	954	285	870	456	565	409	783	732	898
754	307	233	435	791	143	17	22	537	347	748	504	439	657	495
960	953	505	574	590	575	122	634	578	669	820	373	787	907	345
746	584	300	837	943	621	521	54	297	928	581	109	941	236	506
674	207	388	769	447	874	158	431	38	183	811	386	918	165	916
342	767	55	942	218	946	57	679	475	980	175	430	353	232	726
306	973	2	897	977	156	512	203	610	838	815	359	851	534	566
320	224	733	959	625	853	675	765	615	659	871	272	702	741	415
56	912	821	841	830	8	64	653	36	343	377	921	322	325	770
21	564	433	709	845	859	750	868	654	676	4	758	443	361	663
672	855	917	908	394	545	533	507	229	63	950	173	914	895	961
255	585	15	358	148	949	319	19	215	805	172	867	772	649	94
538	911	299	169	457	802	459	159	929	445	340	548	804	108	600
863	449	11	124	999	266	591	69	683	603	258	196	510	188	72
76	444	646	809	213	23	338	176	150	84	133	184	759	728	893
220	223	873	599	396	167	989	712	828	372	181	593	939	878	722
761	436	546	570	440	39	532	840	144	558	496	987	792	369	247
682	740	295	85	671	620	403	305	137	50	49	412	498	71	136
302	705	434	296	633	731	499	251	59	82	788	355	785	146	360
356	854	862	547	612	780	65	483	658	644	965	293	688	132	673
289	480	698	30	288	417	789	827	700	46	321	796	200	349	865
231	967	668	645	762	7	927	963	381	205	211	985	493	587	368
888	567	95	102	836	714	552	721	283	703	222	666	751	877	486
318	639	149	366	801	379	460	986	799	924	330	270	464	880	576
514	869	885	678	708	256	716	479	469	677	814	619	141	53	723
110	304	18	933	637	605	664	125	128	975	*	613	458	376	886
848	755	287	697	508	894	899	75	103	195	73	693	68	241	329
742	556	562	179	473	680	348	492	875	589	530	163	453	747	964
494	882	404	909	226	3	823	662	648	879	901	522	281	186	542
947	317	611	315	577	387	32	471	643	560	171	254	426	452	323
481	686	263	429	604	656	442	630	913	113	474	344	371	660	16

* Represents 1000

TABLE 9—INTEGERS 1-1000
Part II

27	694	667	782	423	390	185	797	979	983	47	421	138	219	119
779	79	998	596	517	249	177	275	573	246	800	217	261	96	926
520	971	9	598	760	661	265	97	384	528	123	252	806	970	952
89	749	284	99	718	416	997	526	191	490	951	614	819	463	153
608	638	237	450	822	710	695	341	301	717	199	984	422	316	20
665	477	187	364	91	594	690	90	936	516	274	52	825	602	166
824	903	563	737	60	81	531	866	70	544	98	919	350	931	397
763	715	831	239	117	684	346	260	314	623	795	995	5	524	550
735	162	170	131	484	240	902	197	466	290	553	896	592	432	51
268	326	696	86	476	632	549	601	701	202	727	6	647	462	115
655	392	707	332	45	385	958	279	930	80	793	271	234	803	62
292	794	193	775	843	618	408	335	419	860	352	738	972	227	571
650	540	406	816	448	74	44	88	832	883	107	92	525	597	503
160	334	691	391	846	130	77	225	25	652	134	111	981	354	826
812	940	944	974	583	455	559	569	235	437	400	617	214	561	692
367	957	126	864	485	730	948	771	212	29	58	720	243	313	470
739	201	935	624	152	982	327	616	543	383	331	511	988	884	932
192	101	745	121	41	774	140	35	628	42	588	818	798	734	872
629	572	842	586	418	500	33	488	393	310	48	994	844	194	339
568	278	309	515	641	282	204	834	83	116	168	724	139	835	407
410	147	993	26	413	106	881	925	269	784	189	757	37	182	551
996	631	554	308	849	713	411	497	61	807	850	286	626	40	31
248	904	808	382	118	777	120	375	905	441	398	910	706	100	34
529	401	262	729	817	725	405	336	465	536	87	190	773	12	523
135	427	228	267	303	501	328	178	238	487	154	324	945	786	776
230	685	244	389	923	257	454	67	962	206	527	155	687	736	955
704	969	978	847	636	861	129	609	127	380	642	425	635	112	990
277	719	145	906	813	651	922	582	374	333	312	622	856	468	24
915	711	370	607	670	689	934	1	351	606	13	438	291	446	180
114	991	253	920	357	395	478	365	541	399	992	555	810	640	887
242	362	402	535	938	766	858	699	157	424	259	210	580	472	461
221	744	245	250	781	337	790	467	491	876					

Each pair of facing pages is a permutation of 1000 integers, 525 in the left-hand page (Part I) and 475 on the right-hand page (Part II).

TABLE 9—INTEGERS 1-1000
Part I

```
  6 646 712 314 870    116 730  32 512 164    701 951 440 190 708
823 799 904  79 461     12 934 287 914 933    134 269 486 496  51
990 516 339 494 803    192 711 659 761 498    454 592 867 432 705
707 594 807 910 472    670 428 741 619 509    872 381 645 307  60
648 321 247 182 694    923  15 809 514  10    763 937 231 505 522

962 920 456 800  38     72 489 921 677 856    787 891  76 130 475
510   8 306 484 633    632 943 370  92 174    886 845 771 663 660
698 797 266 335 501    240  85 811 837 722    260 468 569 726 610
151 198 100 219 206    346 447 830 293 599    961 265 365 331 848
577 887 117 285  70    878 913 615 892 661    998 464 337 441 834

685 628 682 576 110    253 991 715 768 734    394 290 284 320 235
 66 574  71 215 348    389 214 810 796 288    444 396 356 654 506
388 107 956  45 352    971 519 604 416 992    189 362 129 128 249
926 651 586 480 919     89 947 244 298 795     56 936 945 658 634
774 804 917 751 783    770  23 788 784 899    405 644 120 357 623

438 780 126 535  82    929 313 470 603 762    311 583 211 988   1
350 982 752 825 137    478 601 582  54 318    209 975 571 674 896
566 755 639 940 748    305 640 333 653 954    250 400 893 424 469
523 568 851 931 425    310 145 511  96 140    742 987 156 662 410
746 404 983 790 563    909 361 103 500 888    224 326 647 702 973

403 649 274  18 390    617 508 495 808 729    517 349 324 924  16
203 950 144 263 543    692 146 418 875 897    228 749 435 650  94
620 588 766 374  81    903 449 657 980 606    642 158 681 499 316
401 460 149 593 169    386 387 207  35 283    330 835  78 183 271
221 106 113 366 798    580 338 378  42 612    162 391 857 873 102

876   4 690  62 600     25 325 918 208 877    561 462  33 949 546
706 434 704 841 226    121 696 885 818 753     98 520 385 354 364
371 122 131 191 279    776   3 743 202 782    849 351 153 393  61
764 317  77 781 217     58 538 488  84 817    160 276 816 590  67
 48 295 613 861 270    957 738 193 382 536    408 626 824 572  74

652 727  19 363 905    123 953 413 838 368    397 482  50 636 955
372 993 463 557 492    625 871 186 417 161    135  27 737  40 312
664 550 255  14   2    724 775 200 473 750    967 843 138  22 341
747 415  43 960 439    812 559 822 965 445    297 671 703 819  29
184 477 700 278 292    421 683 154 736 585    367 195 133 132 168
```

TABLE 9—INTEGERS 1–1000

Part II

87	252	68	466	532	143	833	994	772	854	541	986	974	236	881
227	714	946	406	554	562	471	155	567	882	465	831	528	57	820
667	668	199	150	786	999	334	840	402	125	223	547	687	234	846
959	915	204	855	243	86	88	80	309	345	678	989	631	109	638
347	375	864	294	358	141	718	197	777	483	939	862	196	732	485
380	725	869	534	83	916	178	493	124	814	422	205	296	731	242
11	181	927	302	142	225	159	716	427	254	630	844	739	656	222
344	136	497	676	248	560	673	448	693	769	118	281	376	9	868
166	802	806	210	467	765	392	721	171	785	436	597	552	233	641
355	177	26	935	379	756	259	744	97	679	360	717	941	911	479
944	792	49	972	530	291	232	963	635	607	299	157	114	490	443
64	459	286	760	542	621	507	984	323	93	277	53	637	216	264
605	643	912	491	450	105	545	99	524	47	457	44	908	237	898
220	502	529	24	526	201	383	399	322	31	719	767	75	229	836
194	446	863	21	779	745	300	720	30	890	900	407	180	689	758
398	952	852	289	551	111	185	272	665	981	481	578	411	697	308
173	958	979	548	537	429	267	556	108	895	34	906	139	616	258
55	709	666	757	163	*	591	930	369	595	52	627	175	793	675
925	850	246	147	315	598	858	238	487	684	874	518	241	59	7
884	273	778	614	90	384	69	515	28	555	340	815	280	821	713
866	212	504	883	584	101	170	414	65	303	213	549	680	431	63
104	789	922	602	901	579	148	573	596	880	521	733	968	879	419
544	801	889	629	942	319	5	976	412	423	966	119	476	827	853
948	165	539	686	268	611	452	275	907	304	669	695	430	420	624
336	587	261	218	327	455	179	938	37	969	36	964	902	847	564
39	813	608	754	513	985	115	723	20	245	442	230	928	46	735
558	474	91	859	256	17	533	373	127	791	932	570	977	826	688
794	672	531	565	996	451	359	832	377	997	172	13	842	691	239
332	581	426	342	187	437	409	328	860	655	773	257	73	865	282
589	540	395	609	728	95	329	995	353	343	894	710	41	622	759
829	575	301	262	978	433	251	152	970	618	839	503	453	458	699
828	553	527	188	112	525	176	167	805	740					

* Represents 1000

Each pair of facing pages is a permutation of 1000 integers, 525 in the left-hand page (Part I) and 475 on the right-hand page (Part II).

TABLE 9—Integers 1-1000

Part I

974	366	637	202	856	13	155	450	550	130	268	610	913	523	95
139	784	490	907	773	671	563	870	478	995	529	719	912	950	632
282	975	487	331	774	188	869	630	647	343	439	66	416	642	947
686	460	992	15	236	297	376	59	377	403	619	93	242	883	335
250	507	694	287	936	406	185	534	575	246	470	499	412	479	496
727	846	184	548	938	672	767	762	116	796	811	567	245	353	959
216	929	817	298	518	704	432	709	986	200	578	886	905	6	790
284	589	923	543	614	386	38	617	159	269	321	625	831	657	656
32	147	961	272	77	677	588	696	604	786	238	388	355	810	713
707	88	503	669	323	357	483	308	997	3	183	67	165	346	489
433	641	404	890	437	271	755	63	828	387	262	892	25	473	711
983	570	926	379	932	131	544	582	231	552	413	855	920	506	221
208	501	646	715	349	852	104	897	425	785	313	724	301	474	778
454	562	50	12	319	225	769	264	275	418	573	61	56	824	545
943	34	458	365	747	113	302	358	193	714	629	889	802	541	847
957	658	40	274	519	951	477	695	213	395	197	426	649	396	389
822	293	827	851	397	820	399	90	807	815	356	70	622	235	286
466	480	933	639	497	615	99	60	739	976	217	312	341	511	462
201	835	853	832	849	252	270	816	173	393	322	655	438	92	292
613	132	204	400	741	158	18	288	495	812	668	14	793	841	690
141	211	424	229	28	568	618	549	596	463	919	134	457	866	540
260	148	673	826	748	731	414	441	860	30	381	891	26	941	289
878	539	901	538	937	654	280	11	592	645	868	76	726	256	468
753	89	776	494	679	894	336	973	978	559	845	803	703	557	27
530	839	249	930	915	521	512	488	705	405	273	864	737	361	725
378	64	583	681	688	329	875	609	127	509	607	887	327	867	10
644	364	330	120	2	129	967	821	921	1	594	914	909	640	334
699	854	254	493	620	317	766	133	819	112	9	207	65	337	918
452	266	128	48	966	795	806	31	73	972	29	36	22	551	206
556	57	74	210	547	833	648	757	537	105	710	871	354	520	84
555	445	600	431	882	191	384	106	110	756	935	754	469	124	209
903	888	314	665	800	808	224	182	423	928	8	996	111	449	880
848	461	968	442	865	306	666	203	476	394	586	19	315	409	276
899	153	917	420	879	585	144	991	535	759	922	982	58	768	79
898	146	765	944	434	309	969	736	233	792	199	744	82	80	626

TABLE 9—INTEGERS 1–1000
Part II

522	81	742	553	771	653	732	410	455	172	446	911	332	761	844
698	326	667	43	643	371	621	96	239	259	781	194	255	51	718
100	137	965	984	4	840	579	98	220	338	885	513	407	574	566
169	906	791	244	599	663	41	465	993	145	417	339	436	685	532
861	515	722	300	927	988	370	408	837	367	240	17	109	243	102
500	174	691	189	241	524	459	664	35	448	83	843	584	428	140
960	602	782	716	977	258	825	430	248	181	989	345	186	569	350
517	758	650	859	801	536	712	257	285	348	190	508	939	729	453
955	168	108	419	952	953	998	482	402	763	44	628	533	510	114
383	948	738	307	971	717	746	735	611	232	593	687	166	980	728
372	485	633	23	91	603	472	900	219	126	71	595	161	772	118
504	601	227	740	558	752	368	962	546	834	797	608	382	693	230
954	163	175	261	970	682	164	720	874	554	798	151	316	940	152
893	363	320	226	429	195	651	456	411	305	157	347	443	342	498
697	117	794	881	205	850	373	475	107	444	267	24	278	872	421
464	214	857	135	612	385	516	223	963	662	150	303	590	916	605
263	999	818	587	212	198	616	987	279	902	734	5	700	215	527
46	125	946	873	597	369	45	652	196	814	670	743	481	97	87
451	85	779	180	789	884	187	876	222	560	247	981	121	281	787
634	160	491	62	877	809	904	69	526	788	770	192	706	390	531
751	733	234	360	123	391	692	505	750	775	723	564	676	20	471
813	925	661	374	606	467	678	344	333	842	435	294	492	683	398
39	149	660	990	783	764	985	721	143	979	415	311	577	291	486
47	138	934	340	119	576	171	401	142	422	956	514	296	16	701
362	598	708	447	310	571	*	283	924	945	581	627	994	177	675
749	572	528	352	525	895	730	228	836	561	94	440	427	122	72
68	55	799	78	780	178	829	251	659	101	823	830	115	167	325
942	162	277	805	838	858	237	7	53	392	318	591	156	896	324
103	484	299	295	631	351	42	689	375	52	777	862	49	37	565
154	745	328	638	964	958	680	580	684	218	176	908	304	75	502
21	54	179	265	253	359	624	804	380	170	931	136	542	636	949
623	33	86	674	760	702	635	910	290	863					

* Represents 1000

Each pair of facing pages is a permutation of 1000 integers, 525 in the left-hand page (Part I) and 475 on the right-hand page (Part II).

TABLE 9—Integers 1-1000

Part I

111	366	227	60	47	745	470	985	178	244	857	601	198	449	837
183	334	465	98	308	525	641	411	472	99	757	694	786	280	591
900	529	193	874	943	680	875	298	881	33	233	736	243	386	952
711	397	984	327	886	488	737	515	217	55	718	726	681	697	260
813	406	864	678	839	753	994	384	668	596	948	179	100	426	15
80	539	425	460	969	276	873	378	612	290	913	473	430	723	202
648	250	39	739	401	197	199	318	70	752	890	66	647	642	79
524	600	951	440	277	216	637	721	69	534	672	896	808	348	554
213	884	510	408	483	807	975	379	716	256	68	221	820	443	609
22	414	312	432	421	921	85	894	572	587	795	491	892	419	261
476	121	319	127	75	751	849	109	40	382	222	339	787	452	306
989	501	867	288	538	588	565	147	788	119	851	196	628	265	279
776	728	981	770	817	299	578	663	594	200	128	516	987	779	631
624	112	10	354	468	767	67	885	264	61	665	185	487	262	640
692	621	958	603	136	45	961	284	141	175	653	204	955	688	518
623	417	914	930	377	278	144	104	481	252	484	798	686	115	614
840	986	622	110	152	978	632	871	245	341	176	912	125	577	297
526	547	791	44	182	14	442	963	89	294	862	520	762	550	611
625	782	24	708	660	169	466	988	662	589	27	350	42	3	992
977	703	827	292	750	88	513	610	974	190	248	503	898	521	816
232	880	574	676	461	836	364	52	613	324	259	317	835	567	727
543	877	8	931	132	954	357	532	602	456	830	267	819	274	568
920	519	541	915	258	464	654	856	563	497	506	409	296	156	824
742	463	853	201	643	455	841	195	507	246	699	242	149	514	571
917	950	724	626	226	928	167	362	330	657	882	714	474	715	735
238	25	579	122	685	933	633	499	667	16	399	92	26	18	184
437	447	413	536	467	316	365	905	494	500	271	777	170	629	581
228	342	607	359	805	533	560	888	852	799	420	964	549	523	114
304	275	693	794	62	569	181	953	459	615	597	105	593	454	81
780	879	375	162	124	301	135	396	740	997	909	706	281	934	46
311	531	174	254	655	32	373	761	618	838	585	57	73	300	792
422	90	205	638	993	907	225	138	64	237	402	173	477	395	83
74	12	998	605	756	230	439	966	796	537	566	129	769	322	268
645	458	448	895	576	815	385	935	508	764	551	118	392	540	137
403	381	120	941	187	224	904	671	189	446	785	113	806	573	367

TABLE 9—Integers 1–1000
Part II

102	599	797	682	20	556	356	758	43	759	444	747	206	309	902
502	982	462	868	485	155	939	159	940	800	21	210	415	592	968
639	486	489	971	781	134	37	41	314	617	405	151	876	87	810
809	97	412	116	652	832	207	649	269	729	343	372	666	634	371
251	310	270	899	903	814	329	480	471	755	932	731	331	760	970
370	369	478	139	353	9	847	450	445	363	674	63	608	553	391
846	561	475	544	570	967	58	801	746	49	812	239	30	748	828
866	76	684	123	509	1	23	552	919	263	338	707	582	336	636
107	51	942	427	901	479	257	842	995	564	925	54	148	145	878
918	705	980	673	848	177	285	944	869	315	855	929	490	6	71
94	337	266	326	142	164	965	302	272	575	732	972	241	35	580
687	679	583	670	161	870	891	783	5	717	307	158	505	361	606
160	293	358	171	321	595	790	789	313	295	453	235	700	273	394
106	860	291	53	376	690	701	352	72	548	908	734	889	345	774
522	223	325	495	937	916	180	393	231	108	214	368	11	423	698
512	287	96	416	709	863	220	36	146	253	646	117	383	976	194
771	93	784	530	831	7	418	630	31	850	131	893	65	428	720
431	906	457	498	924	163	249	360	283	650	504	555	743	229	255
130	959	493	84	651	677	960	435	191	656	374	400	861	821	559
661	388	389	154	17	897	29	390	696	773	834	398	833	215	234
983	936	584	86	387	947	844	38	702	946	562	635	438	323	772
911	282	545	616	979	991	355	236	683	926	557	778	858	82	404
192	627	188	380	95	349	320	34	604	103	712	749	351	619	710
424	56	332	305	482	328	172	689	825	133	713	738	212	766	528
492	887	78	140	2	669	496	247	50	*	691	150	511	209	658
804	704	208	558	340	101	620	802	999	535	168	859	719	165	725
949	845	433	872	990	126	730	77	240	344	775	219	335	922	166
883	823	211	768	286	441	590	818	811	469	957	434	938	546	865
910	203	517	829	91	333	218	744	153	927	754	923	527	542	303
659	793	157	822	826	410	675	48	13	28	733	765	143	347	962
945	346	4	722	843	973	407	586	19	644	436	854	186	741	598
803	763	59	451	429	664	695	996	289	956					

* Represents 1000

Each pair of facing pages is a permutation of 1000 integers, 525 in the left-hand page (Part I) and 475 on the right-hand page (Part II).

TABLE 9—Integers 1-1000
Part I

118	896	260	574	287	270	666	791	580	211	108	294	644	797	87
336	494	892	126	634	897	868	609	285	500	497	561	236	174	453
78	304	702	257	539	243	19	886	948	764	733	169	464	458	969
58	855	110	900	462	67	689	620	340	429	280	394	736	767	842
66	284	366	5	974	288	480	116	898	668	164	731	671	916	255
589	329	331	955	778	849	594	538	805	318	902	320	185	207	479
162	499	882	661	941	203	177	292	986	295	188	514	130	563	856
602	959	674	181	410	544	248	278	714	970	395	860	971	979	516
265	792	981	356	346	353	466	521	85	250	24	729	143	89	160
439	28	245	988	99	316	708	481	473	993	312	571	289	215	841
49	491	437	201	859	854	533	158	824	14	904	184	579	722	806
915	293	512	616	885	703	9	377	365	474	71	448	610	555	409
830	372	918	677	385	688	206	717	72	742	65	52	438	26	908
532	973	274	687	783	966	794	151	451	669	822	551	171	61	167
858	772	542	676	718	534	172	879	727	210	300	737	271	960	647
36	376	629	888	176	817	693	179	106	436	523	889	222	743	682
23	530	684	980	275	560	975	628	582	517	945	351	540	428	967
134	649	982	752	522	572	807	105	933	526	444	483	218	543	405
515	826	232	339	709	375	308	920	700	18	524	447	426	954	478
746	109	596	146	186	577	887	546	672	762	832	358	226	552	343
922	789	657	906	940	93	88	518	755	460	225	214	149	930	413
780	835	244	322	825	253	600	421	646	261	209	675	934	585	617
910	782	884	833	282	831	880	417	424	621	867	173	865	238	787
625	785	13	192	216	899	2	925	608	712	76	386	12	196	707
656	874	907	695	554	720	593	724	237	431	763	390	605	138	296
242	459	576	692	84	944	946	387	259	912	876	750	121	380	388
681	406	60	370	504	744	866	190	834	557	487	653	125	943	470
471	919	240	890	588	361	46	267	101	229	223	498	268	117	812
35	531	378	348	195	411	734	623	947	624	694	476	187	95	41
446	510	488	281	562	39	985	399	771	91	757	997	519	850	443
34	914	678	828	391	875	208	140	547	178	490	29	728	352	665
870	328	175	445	205	161	321	420	297	157	120	761	327	801	461
299	368	786	777	382	59	27	917	756	455	776	878	165	548	360
383	326	290	509	137	662	759	418	839	92	22	4	81	53	73
961	928	869	773	535	613	638	310	815	315	128	583	472	721	821

TABLE 9—INTEGERS 1–1000
Part II

127	435	903	935	741	398	468	536	994	338	30	781	819	774	893
6	626	124	155	820	779	440	333	43	337	150	234	642	220	957
231	984	20	581	324	8	989	314	775	307	685	586	942	213	396
107	40	816	652	570	691	827	102	485	256	103	962	450	664	77
846	42	507	843	956	104	924	412	364	302	659	123	569	901	811
492	456	233	766	144	286	434	369	467	246	415	3	44	452	730
119	622	367	852	673	711	454	505	698	354	996	814	374	564	69
51	754	384	193	16	592	862	330	17	853	484	725	697	465	541
433	32	403	894	818	844	950	837	100	537	632	836	501	591	706
838	619	154	991	740	545	11	230	977	291	639	200	404	968	871
587	63	923	636	266	147	334	*	911	606	597	332	442	663	768
273	872	999	658	615	699	748	567	978	788	618	607	651	929	79
10	486	511	800	926	745	357	643	927	441	936	913	252	402	863
407	96	686	513	166	972	98	751	482	301	770	813	527	323	798
142	877	264	305	347	112	68	359	556	964	1	696	258	680	932
857	883	469	251	493	992	796	566	400	952	57	573	419	990	810
747	135	909	732	704	132	15	823	197	627	82	630	690	430	635
601	393	342	784	881	803	272	363	416	38	723	753	139	847	141
422	457	611	937	33	799	953	122	477	56	362	25	873	7	905
998	595	189	525	645	640	153	276	170	931	432	503	349	263	851
114	599	738	239	182	735	279	463	129	159	392	449	829	70	355
598	710	679	427	506	590	895	152	795	633	553	604	55	381	715
249	235	306	133	495	921	793	631	529	648	224	228	37	80	758
371	425	578	641	475	520	344	660	614	716	401	790	965	804	156
808	769	247	350	319	262	86	949	269	90	148	603	389	549	575
739	726	113	163	938	963	199	939	891	508	637	227	987	94	194
298	809	254	204	313	670	212	848	202	47	654	749	379	317	45
995	496	83	528	719	241	198	283	345	423	683	701	180	584	414
21	75	219	845	54	131	408	667	568	335	309	550	502	31	951
612	558	74	976	217	341	864	303	489	760	168	802	111	655	115
62	183	373	311	191	64	958	397	861	221	705	765	713	136	325
277	840	145	48	983	565	650	559	50	97					

* Represents 1000

Each pair of facing pages is a permutation of 1000 integers, 525 in the left-hand page (Part I) and 475 on the right-hand page (Part II).

TABLE 9—Integers 1-1000
Part I

```
347  14  89  83 416    759 298 686 753 250    887 361 330 172 692
885 320 676 903 155     18 474  46 222 781    358 378 342 613 646
657  53 699 640 450    707 958  25 893 288    933 224 360 469  22
497 457 716 515 516    292  76 270 869 348    180 925 684 467 817
 63 564  86 939 668     77 894 712 872 459    915  71 675 988 185

859 848 568 578 777    473 789 890 420  38    650 425 353 816 593
 33 529  37 384 832    808 722 774 964 738    948 194 798 846 123
769  21 660 677 867    525 335 889 545 252    211 509 102  36 334
276 726 514 970 471    424 311 567  35   1    389 919  34 938 147
833 279 336  93 272    941 108 111 346 569    899 308 630 910 414

262 315 594  78 201    685 393 128 177 587    246 285 689 502 693
169 316 982 284 782     12 850 120  54 624    705 714 277 153 875
161 241 760 106 271    249 947 242 489 618    643 977 752 942 806
480 206 225 974 656    914 191 356 404 883    251 856 380 374 983
681 464 975 539 912    213 708 485 966 999    560 702 168 203 724

401 987 235 670 654    615 862 821  55  95     52 778 122 776 394
563 631 700 142 962    240 672  82 986  32    385 357 625   9 803
956 582 736 232 417    453 460 911 412 484    500 604 282 136 212
849   2 824 758 674    278 742  62 257 600    968 810 125 877 667
 40  61   4 468 280    735 214 152 652 126    673 980 392 445 765

221 665 537 981  39    907 691 434 661 940    314 787 713 227 719
733 119 770 945 534    524 694 811   6 182    878 858 647 825 303
771 596 715 955 332    902 562 490 447   7    498 572 260 585 909
506 478 159 935 757    683 536 881 174 662    697 866 626 243 267
820 906 350 743   3    998 579 543  23 158    116 721 642 470 546

193  31 245 629 523    898 976 584 139 628     96 868 755 904 297
228 218 718 575 466     42 996 289  65 455    648 731 110  24  49
704 367  73 210  91    263 793 785 861 407    397 387 794 671 565
162 542 138 649 113    322 634 175 737 932    558 149 623  56 978
790 483 583 436 482    863 571 527 561 855    788 248 837 557 426

762 413 137 622 923    635 219 851 236 391    476 205 130 493 775
143 184 592 723 936    703 325 475 535 372    266 131 949 170 427
121 508  11 299 812    886 838 351 301 873     70 747 761 559 268
924 329 621 591 296    839 127 607 437 728     57  50 274 553 403
513 538 124 992 364    679 188 291 239 317     79 283 365 946  99
```

TABLE 9—INTEGERS 1–1000
Part II

```
512 930 323 520  68    586 456 870 913 835     74 237 944 307 465
238 255 547 751 338    822 304 929 990 802    639 957 786 813 880
767 967 428 891 114    678 658 627 874 989    264 953 187 746 645
655 720   * 598 286    541 134 226 595 112    472 306 165  47 449
144 430 532  19   5    196 462  43 991 601    101 400 801 312 446

952 313 349 176 487    145 234 375 666 641    696 843 215 680 901
799 823 744 163 791    969 104 588 217 154    554 410 636  92 340
370 884 701 732 709    458 805 419 779 818    734 633 117 382  13
 60 499 362  69 959      8 344 710 857 179    198  45 616 766 597
505 612 916 748 115    441 300 107 826 233    531 740  85 725 617

100 463 388  67 749    160 197 706 519 842    186 281 895 199 173
 59 993 879 207 368    844 566 345 253 897    599  29 905 273 373
847  30 669 496 745    294 310 494 435 688    399 150 780 764 845
295 381  97 422 477    632 259 354 608 727    359 352 355 619 377
326 954 830 501 247    132 171 129 754 309     72 795 339 943 343

448 918 606  20 651    481  81 254 189 717     16 550  80 750 544
157 275 603 729 831    231 521 503 230 620    302 602 190 402 517
834 695 208 687 258    328 552  98 418 804    195 792 423 507 972
840 815 937 994 444    103 495 590 209 882    644 555 261 773 408
133 411 756 390 109    406 908 229 698 192    549 814 921 888 369

573 491 809 202 530    653 605 796 581 783    610  88 135 318 807
864 511 461 570 204    682 148 768 926 269    421 156 256 395  58
528 293 439 576 526    319 871 551 860 663    452 486 321 265 166
800 609 167 492 504     51  84 548 589  10    431 928 611  48 922
892 331 577 819 950    454 178 961 836 324    827 220 442 305 438

146 927 518 741 105    931 386 853 244 711    963 730  87 379 533
223 405 979 337 141    876 341 287  94 376    183 829 995  15 784
 44 690 398 366 965    363 371 432 429 772    140 934 973 540 997
433 522 556  17 763    984 739 396 960  64    580 479 985  27 971
443 488 118 451 951    841 638 181  66 797    415 896 510 614  26

333 164 828 151  75     41 900 327 917 200    854 920 216 865 383
574 409 440 659 637    852 290  28  90 664
```

* Represents 1000

Each pair of facing pages is a permutation of 1000 integers, 525 in the left-hand page (Part I) and 475 on the right-hand page (Part II).

TABLE 9—INTEGERS 1-1000

Part I

539	80	633	632	35	50	519	833	352	822	919	581	871	864	463
436	725	198	300	825	826	700	446	966	642	161	378	549	740	454
946	742	665	829	920	926	128	152	635	147	600	453	373	889	931
668	280	185	813	792	90	93	126	336	118	848	34	647	907	250
529	412	558	959	937	479	294	694	880	550	754	445	818	500	65
521	747	708	384	941	382	561	743	513	107	741	355	251	41	124
735	497	141	678	148	402	892	759	610	908	856	652	379	736	53
664	607	458	166	477	857	654	296	426	203	168	949	143	266	555
224	927	312	256	188	804	249	303	233	200	956	466	991	583	869
591	883	799	569	945	205	898	26	846	79	423	13	192	934	304
650	887	602	45	885	798	916	910	814	830	223	772	268	787	970
933	361	39	705	21	214	349	298	886	234	669	318	878	817	354
922	912	863	59	394	145	292	60	590	329	619	806	608	587	393
730	739	380	973	584	14	626	353	989	276	763	40	63	882	72
422	496	605	347	364	98	721	657	752	11	299	531	915	884	348
405	375	106	228	68	94	186	459	976	866	543	307	643	238	244
974	478	357	791	119	262	350	890	490	795	788	309	671	895	220
284	716	154	259	383	82	565	400	399	755	710	522	22	709	698
748	876	628	395	738	310	961	918	326	939	433	836	750	546	92
753	809	66	766	760	279	711	849	73	227	823	290	51	618	88
789	645	193	547	432	117	389	990	208	493	576	331	155	57	658
802	392	187	749	365	520	556	677	330	414	855	255	483	985	737
516	834	137	122	948	794	777	58	783	160	526	103	617	225	528
727	734	999	606	504	579	16	207	621	462	524	649	202	282	906
900	962	533	704	514	235	231	729	567	592	191	175	894	108	971
319	263	563	427	439	109	15	55	199	585	911	368	653	744	127
293	6	345	428	461	237	84	408	609	411	779	387	995	720	78
724	582	589	248	987	573	936	697	289	719	23	173	431	385	781
176	467	409	828	901	129	575	451	656	534	424	271	308	790	4
351	338	712	805	323	64	343	302	762	596	572	717	315	530	957
460	288	904	693	953	502	843	858	548	181	491	769	429	471	773
796	56	212	267	170	321	131	770	397	776	940	518	925	5	623
162	682	274	261	488	417	444	593	967	240	695	44	944	947	480
328	532	469	105	448	174	391	180	557	983	879	597	988	257	542
273	456	599	196	158	19	316	612	216	204	222	150	115	104	75

TABLE 9—INTEGERS 1–1000
Part II

634	552	757	498	768		218	980	100	163	620		771	640	877	574	902
334	178	38	984	201		578	684	820	996	27		986	149	977	545	842
507	675	667	515	30		644	566	571	559	62		808	449	151	18	570
320	673	929	332	891		327	285	372	419	48		732	580	923	464	437
924	232	110	344	824		756	91	510	554	975		305	969	807	595	281
342	194	651	722	655		125	33	295	952	629		964	622	785	69	793
195	992	49	899	144		840	485	177	660	2		803	97	410	662	646
164	36	797	839	598		958	541	413	778	801		435	311	666	468	47
577	434	184	745	943		183	687	159	903	860		101	213	167	815	356
536	366	420	111	359		95	28	767	746	692		313	236	588	3	71
718	978	404	135	482		868	851	457	537	494		396	335	800	492	206
484	277	136	601	679		283	511	852	325	909		314	981	499	388	452
450	306	346	972	376		112	367	627	540	821		993	867	301	562	260
505	337	639	52	968		425	157	553	189	475		339	360	928	751	613
253	138	861	403	272		197	782	872	702	121		523	896	614	586	630
854	663	690	686	726		638	358	340	811	476		506	54	659	691	242
165	535	215	564	827		728	381	85	481	517		641	688	837	230	46
371	61	888	845	25		407	443	670	430	503		442	241	963	89	696
474	810	672	832	648		859	914	997	731	120		508	297	764	527	723
611	43	636	625	447		77	211	819	286	1		455	156	994	637	406
415	172	681	841	960		386	362	835	153	998		706	850	935	501	733
99	921	495	893	12		680	169	363	247	616		699	812	29	9	70
418	897	87	182	701		81	604	865	551	714		525	965	8	631	713
440	116	333	775	369		219	470	560	377	683		954	96	317	17	951
246	76	509	291	243		838	881	254	217	239		324	847	226	761	905
624	685	7	955	252		874	917	374	341	758		258	209	370	322	210
982	24	472	83	32		179	615	139	786	780		416	853	544	703	862
674	438	67	603	140		132	390	74	171	287		270	20	932	275	142
102	942	689	774	245		269	123	42	421	487		873	86	401	146	707
10	114	473	844	512		229	538	278	661	398		489	875	134	913	221
784	113	979	486	568		441	715	31	*	130		930	938	765	816	831
594	37	190	264	265		465	870	676	133	950						

* Represents 1000

Each pair of facing pages is a permutation of 1000 integers, 525 in the left-hand page (Part I) and 475 on the right-hand page (Part II).

TABLE 9—INTEGERS 1–1000

Part I

306	593	184	124	307	344	253	979	9	596	571	346	811	534	780
898	122	461	689	565	576	334	771	809	242	718	850	987	569	2
353	249	514	716	700	919	39	472	647	570	463	834	672	61	163
114	614	802	557	556	726	168	322	599	102	989	749	714	815	608
686	31	23	656	186	668	617	789	232	878	197	651	177	935	365
929	414	872	737	53	77	181	823	267	819	664	521	622	545	988
337	341	800	754	961	153	416	498	335	712	213	312	579	155	328
913	209	985	573	719	465	52	294	516	983	300	982	120	424	820
277	911	126	326	957	855	46	40	216	60	262	473	479	762	82
679	208	613	183	790	239	282	349	950	252	361	509	524	319	562
948	421	392	436	54	505	598	720	58	589	633	347	991	245	402
692	305	419	678	258	68	271	160	605	620	980	156	871	278	836
607	222	552	717	624	885	94	427	453	888	977	587	676	675	741
447	321	374	674	798	761	797	932	522	283	16	827	852	876	515
580	166	101	629	755	91	221	470	393	922	994	25	481	234	697
875	180	847	302	103	870	429	100	745	104	20	770	330	38	801
837	657	132	567	175	751	494	926	412	786	395	317	293	15	203
643	903	195	882	275	877	348	484	445	430	109	630	525	320	547
734	273	170	677	433	688	79	110	703	468	442	740	838	972	116
639	835	123	532	383	59	338	996	343	201	636	238	625	310	953
862	386	6	117	164	642	756	628	372	663	934	586	683	553	662
387	147	83	291	359	729	*	35	840	782	612	757	230	449	452
536	938	900	354	901	34	480	450	396	313	603	650	508	435	376
246	340	89	758	492	527	853	707	917	578	113	584	902	539	355
951	65	443	159	460	575	566	891	130	143	722	512	325	26	151
595	975	311	904	941	546	839	351	785	574	776	920	457	179	892
497	659	292	455	739	19	426	459	897	963	202	388	111	723	964
724	173	231	966	559	425	362	538	499	400	281	511	531	259	269
792	848	768	821	81	684	946	276	725	588	440	736	881	198	92
609	93	265	616	318	466	583	701	28	107	385	192	145	67	530
303	783	601	843	204	196	73	329	411	357	5	380	813	217	97
635	193	223	916	235	705	949	250	141	621	594	284	699	401	715
693	33	939	62	665	533	176	240	488	986	187	4	517	78	501
413	995	660	454	85	37	732	136	518	967	844	907	866	51	98
810	910	887	405	367	228	856	648	21	544	99	947	270	171	80

* Represents 1000

TABLE 9—INTEGERS 1-1000
Part II

96	389	706	880	131	537	879	713	29	912	842	506	323	331	615
784	765	781	339	694	649	397	558	384	604	942	150	220	272	645
695	959	965	523	324	890	36	690	75	368	149	316	390	585	764
55	775	554	611	490	954	237	118	194	969	489	254	290	88	342
243	502	288	417	44	266	172	207	814	750	874	214	158	47	360
105	287	432	998	945	766	182	500	883	731	529	806	17	1	993
64	358	691	767	921	817	87	637	992	634	210	415	606	955	572
127	218	513	747	27	928	962	631	851	742	148	548	909	11	142
577	3	485	41	308	219	115	540	610	777	375	702	860	520	666
857	812	807	315	496	721	189	474	936	144	832	653	45	960	215
886	188	709	364	846	391	167	43	822	933	865	369	301	728	752
467	297	225	619	199	256	894	743	597	981	475	591	434	746	563
8	990	274	581	286	255	332	139	296	915	867	526	543	486	50
638	652	704	753	211	646	138	69	773	248	873	654	791	923	804
943	444	793	510	482	63	70	451	549	861	476	49	227	863	420
905	644	244	190	978	462	129	918	42	95	710	12	769	439	564
550	984	670	830	787	711	422	309	774	899	13	7	406	119	268
618	233	381	14	889	708	828	404	794	162	730	165	661	212	394
350	673	896	431	264	410	206	260	906	32	456	561	632	174	845
658	503	541	519	285	974	314	952	824	135	908	626	448	685	560
680	24	299	469	200	778	491	858	816	859	655	382	378	86	796
727	738	818	805	971	363	535	528	582	914	507	495	247	140	733
352	169	356	895	437	956	826	590	999	345	229	106	973	788	748
681	893	478	398	10	327	841	477	759	125	446	304	377	333	441
976	336	161	930	84	152	829	133	298	418	236	698	854	295	795
157	408	884	687	257	779	925	56	671	178	370	289	763	735	641
803	428	944	458	940	261	600	471	379	128	279	205	864	371	280
403	407	958	154	134	696	744	868	831	493	185	90	592	760	71
57	937	627	808	869	833	772	504	968	137	72	438	30	366	931
682	112	224	146	927	924	667	121	970	555	602	241	66	551	191
74	399	263	640	76	226	669	997	542	22	849	108	18	48	568
423	483	487	409	799	373	464	623	251	825					

Each pair of facing pages is a permutation of 1000 integers, 525 in the left-hand page (Part I) and 475 on the right-hand page (Part II).

TABLE 9—INTEGERS 1-1000
Part I

247	150	852	783	873		16	772	589	748	704		215	942	987	849	854
168	630	248	364	932		746	521	780	407	382		479	100	94	856	510
883	63	573	537	252		756	978	140	496	216		631	317	817	697	825
64	176	470	485	661		731	706	267	503	850		312	944	508	527	782
465	689	328	831	861		218	933	963	42	590		640	890	313	29	632
225	489	448	591	417		606	442	323	289	368		95	567	240	938	841
672	517	30	762	321		10	54	191	708	254		729	739	556	802	325
526	24	820	425	601		917	845	646	455	687		256	909	279	823	14
13	808	815	445	781		804	533	182	652	900		644	379	23	524	128
433	705	450	752	208		206	177	863	710	210		559	577	40	70	635
205	297	824	172	226		615	838	813	716	397		390	98	416	173	557
371	410	422	43	401		905	335	134	681	119		775	695	926	910	294
758	80	904	280	284		121	375	988	629	346		28	361	32	366	651
683	872	874	492	558		49	377	6	153	262		431	576	265	792	96
968	27	253	798	531		613	306	207	586	354		156	696	996	464	223
424	358	187	720	251		878	701	159	534	914		964	628	975	828	869
404	925	8	217	77		428	261	686	725	724		971	680	122	538	766
124	118	290	707	657		349	924	486	654	129		520	398	292	956	864
668	235	927	698	511		805	513	452	641	605		334	332	302	755	148
396	616	408	931	213		788	434	777	579	405		753	330	960	9	617
948	818	52	123	502		992	994	263	180	961		188	93	157	578	750
669	101	171	236	515		320	395	437	356	797		821	899	26	675	212
115	785	660	484	467		790	255	73	367	393		789	202	885	907	85
732	288	472	770	44		276	283	131	127	595		604	572	68	327	801
889	105	892	19	203		700	82	342	634	858		995	667	103	50	493
482	46	238	787	197		875	603	532	274	151		977	973	287	415	381
648	728	810	282	583		7	846	865	986	761		670	600	443	799	88
581	237	459	308	612		544	175	620	574	461		548	318	299	529	138
145	643	476	243	304		955	229	561	384	75		962	625	786	113	939
776	378	174	773	285		778	637	837	458	281		757	91	184	392	369
102	244	957	562	569		870	430	310	362	41		402	249	898	985	735
120	950	514	553	38		20	463	647	57	155		976	784	836	763	209
946	564	998	726	769		650	293	599	47	740		403	749	60	596	655
436	61	980	15	372		259	972	272	385	107		31	542	843	703	541
719	111	471	663	593		440	164	39	822	866		891	411	550	811	170

TABLE 9—Integers 1–1000
Part II

895	979	341	894	847	345	454	350	468	48	286	684	351	192	190
137	198	108	929	141	993	451	665	348	958	803	142	928	611	588
278	220	221	622	626	947	79	196	547	258	37	509	199	246	186
970	189	370	301	165	721	76	881	918	624	754	525	179	614	311
353	688	842	554	185	552	83	563	3	266	21	344	969	488	469
58	158	877	239	87	844	427	888	523	495	316	104	487	25	535
149	423	795	337	147	315	233	388	974	117	5	560	329	419	435
112	232	309	319	827	130	711	146	132	742	954	336	919	908	536
55	2	699	619	528	483	275	930	296	738	106	224	230	794	819
618	291	340	807	*	307	491	447	45	363	409	911	896	494	793
162	439	507	406	441	949	518	166	715	35	722	250	768	855	543
771	639	163	649	516	399	902	621	59	169	747	690	953	53	951
682	658	453	99	305	848	906	887	277	609	832	659	551	78	943
633	234	760	840	481	982	737	161	74	608	506	730	400	743	380
967	734	125	89	270	360	602	22	835	389	673	456	269	709	201
144	271	18	446	56	195	990	936	231	65	851	376	260	984	421
937	391	940	692	326	365	598	498	51	387	857	429	193	806	460
923	97	796	814	941	959	991	478	414	242	876	386	812	298	751
718	92	17	194	81	859	109	501	656	418	677	324	519	662	983
723	920	712	539	679	582	11	989	438	981	522	893	540	694	444
331	674	227	500	922	160	264	374	154	295	66	779	67	868	886
627	997	594	830	546	915	133	759	664	871	965	912	623	530	178
671	357	585	347	4	322	211	355	833	566	143	457	181	638	383
245	913	549	273	222	693	504	867	62	477	545	300	791	727	228
678	333	744	829	474	568	499	303	33	691	853	241	413	765	570
505	204	945	34	903	490	338	952	645	139	497	676	880	642	114
636	420	412	512	934	713	257	745	339	86	714	90	901	314	214
473	839	200	884	36	268	394	666	426	12	916	736	575	72	702
897	219	816	432	774	764	741	84	607	352	860	449	359	1	116
587	580	935	879	826	862	597	71	733	610	343	69	136	966	653
462	555	183	571	135	834	999	480	466	167	152	800	475	921	882
592	373	717	767	110	565	809	584	126	685					

* Represents 1000

Each pair of facing pages is a permutation of 1000 integers, 525 in the left-hand page (Part I) and 475 on the right-hand page (Part II).

TABLE 9—Integers 1-1000
Part I

231	758	288	15	299		775	331	276	30	930		362	697	256	540	486

```
231 758 288  15 299    775 331 276  30 930    362 697 256 540 486
384 377 741 394 112    543 403 969 449 955    879 117 711 874 166
279 477 679 548 875    124 316 529 622  12    298 709 404 335  63
681 792 140 462 226    761 619 186  99 453    800 463 878 748 858
747 527  61 354 282     31  38 100 416 665    533  22 447 374 672

497 146 544 514 794    643 839 469 423 361    743 755 471 308 424
669 803  48  78 746    476 123 666 473  89    568 133 364 150 464
602 218  91 314 272    214 793 668 571 663    274 259 586  82 539
 90 967 128 211 580    824 640 674 574 310    216 434 445 554 499
638  55 883 555 784    929 856 452 243 776    892 676 958 203 206

303 212 475 524  67    220 670   3 700 648    812 859 255 537 951
156 825 249 860 528    616 744  26 421 684     72 823 248 911 920
480 172  39 881 419    660 651 417 441 641     17 153  76 654 677
611 109 330 239  53    201 329 742  69 227    520 773 976 762  51
692 278 815 659 736    113 652 401 973 488    179 536 979  44 151

804 431 503 294 873    355 908 737 518  49    615 637 321 852 724
343 457 995 848 716    334 177 346 513 500    868 970  73   7 686
577 938 270 484 517    673 956 375 867 696    884 244 779 939 820
111 844 229 342  47    846 379 865  27 328    340 219 631 160 512
 10   4 266 230 458    433 238 977 409 438    129 268 118 569 714

809  35 425 702 991    530 142 685 647 624    134 258 115 534 367
176 834 606 897 422    546 627 928 193 550    801  16 993 968  98
482  92  74 106 756    590 796  28 387 468     23 725 360 623 912
731 145 781 320 566    395 636 297 149  33    467 708 589 301 667
372 263 671 770 831    491 357 290 363 942    121 981 455  25 738

531 207 325 778 413    838  93 382 275  18     37 435 478  85 894
465 899  65 699 181    827 444 788 917 400    730 842 108 563 545
204 661 262 234 187    924   8 436  59 148    241 197 251 983 267
 81 895 402 620 933      2 560 662 304 764    144 371 935 396  75
557 250  52 664 326    992 923 470 498 185    749 175 768 318 816

223 521 853 562 843    572 959 787 253 369    305 706 841 525 932
753 339 324 116 609    996 171 675 905 767    516 608 680 432 558
136  54 866 926 225    864 240  20 861 505    190  62 740 291 978
293 900  86 985 802    603 988 903 481 126    553 990 771 916 332
556 642 712 199 284    678 582 625 964 359    344 941 508 822  58
```

224

TABLE 9—INTEGERS 1–1000

Part II

542	289	309	296	155	139	103	281	114	949	495	353	235	336	84
125	261	370	922	626	682	575	135	914	351	890	398	519	934	835
97	585	208	655	292	68	948	302	732	269	127	122	718	21	383
559	378	936	754	785	209	131	170	479	405	532	818	739	727	439
311	70	56	380	947	158	95	583	649	5	264	182	763	217	257
644	448	704	871	312	389	427	870	205	984	222	254	147	356	703
162	515	487	107	32	34	143	178	639	13	600	653	863	721	786
273	937	857	927	215	285	165	373	110	19	168	504	982	752	195
656	593	782	88	483	885	893	813	610	368	607	523	130	799	657
323	333	798	101	157	588	597	728	807	456	940	888	612	576	202
845	397	390	420	164	915	898	962	381	265	393	723	412	549	174
695	887	183	618	769	511	391	242	474	552	855	715	693	271	726
96	228	986	705	119	963	965	925	632	713	551	689	287	579	466
851	319	11	36	720	850	974	43	882	595	701	77	137	213	910
998	645	313	173	338	159	104	245	430	946	909	840	889	683	561
365	14	161	410	826	501	814	880	847	141	472	233	184	345	921
751	506	567	352	869	828	428	907	315	919	944	759	283	538	64
347	877	617	105	872	953	446	188	437	429	194	945	628	358	817
691	777	451	224	745	876	997	994	614	41	808	180	443	*	613
901	605	594	757	694	972	570	989	120	341	509	260	454	442	918
57	440	236	598	392	522	904	980	717	931	306	246	169	406	232
564	46	526	950	210	79	237	774	971	1	349	896	494	966	837
791	832	300	783	999	547	507	138	280	710	854	6	629	592	960
690	646	191	604	167	152	891	795	633	780	688	591	819	163	733
906	821	565	83	247	581	94	902	60	833	630	286	913	584	87
426	132	192	806	698	198	411	957	252	886	348	707	459	71	493
154	9	601	634	621	952	830	461	450	490	388	376	19	350	954
635	386	772	735	277	418	790	578	849	722	587	766	729	810	189
489	66	541	408	42	102	650	366	829	862	943	734	196	961	975
658	987	789	760	502	596	50	24	573	485	510	40	811	836	29
414	200	765	221	460	317	327	535	45	80	805	295	415	407	492
797	322	496	399	599	687	750	385	307	337					

Each pair of facing pages is a permutation of 1000 integers, 525 in the left-hand page (Part I) and 475 on the right-hand page (Part II).

TABLE 9—INTEGERS 1–1000

Part I

599	429	263	69	253	172	944	49	648	803	530	62	362	707	205
246	863	752	957	466	421	774	545	399	872	198	852	738	68	3
712	901	892	884	501	739	765	57	95	274	657	502	277	918	44
458	377	883	464	518	548	247	574	439	408	380	214	653	939	147
606	51	74	120	416	209	617	397	750	126	440	658	340	166	376
482	869	281	531	550	773	728	453	845	81	985	694	240	567	404
556	560	984	18	256	257	979	679	629	38	988	103	27	528	785
930	134	868	889	125	444	959	473	15	265	6	533	343	86	822
982	769	630	104	365	474	905	860	493	764	851	980	237	662	202
835	19	696	455	266	579	369	867	727	778	284	90	825	107	926
674	211	196	802	379	962	351	460	577	915	393	861	817	573	249
754	726	296	953	392	748	339	260	117	145	857	13	830	53	294
273	532	966	819	742	316	842	846	809	688	427	101	146	942	517
801	425	526	704	289	480	734	304	848	587	438	449	691	858	419
432	651	779	538	139	971	641	148	618	43	467	745	896	741	25
732	437	635	956	929	588	553	423	563	499	127	767	735	454	602
978	364	153	789	64	967	853	831	132	189	762	428	565	668	231
904	452	335	795	234	229	470	128	342	403	624	42	446	505	661
647	947	888	620	693	807	35	384	794	112	279	886	79	603	232
990	448	527	298	692	268	954	181	475	7	585	837	811	314	217
94	871	596	295	355	503	521	306	34	722	409	756	961	925	350
186	621	315	669	417	589	262	989	720	254	958	838	402	498	582
222	163	347	133	682	859	949	271	165	67	55	683	777	32	313
138	190	595	578	945	182	283	612	753	705	698	93	751	832	383
916	398	224	89	634	714	633	41	353	300	960	390	815	782	337
894	562	516	786	876	119	75	749	770	108	559	542	513	570	206
366	433	717	301	952	686	278	354	823	54	21	250	73	761	880
169	478	413	374	58	30	776	276	557	935	800	824	173	326	485
325	450	14	318	472	259	597	285	29	170	829	451	361	931	92
158	675	780	655	855	336	357	150	758	723	65	401	287	167	381
924	142	671	160	395	293	22	457	317	219	436	677	11	645	938
359	976	997	141	382	520	228	766	197	684	632	212	238	975	995
927	179	856	716	152	614	286	836	311	638	447	442	843	199	656
731	941	394	48	724	887	37	841	604	610	500	235	31	8	270
213	763	509	82	865	102	507	368	309	9	549	348	291	264	510

226

TABLE 9—INTEGERS 1–1000

Part II

334	796	282	174	736	242	491	996	226	210	308	810	746	874	991
269	328	243	581	862	463	844	799	175	594	775	487	781	737	708
713	109	607	673	928	244	792	569	759	373	733	873	973	771	40
866	17	951	747	203	431	598	372	303	561	61	729	787	188	965
114	76	788	740	486	816	193	131	950	681	26	646	321	891	808
666	689	622	481	993	221	465	330	200	162	84	327	654	667	605
178	937	70	412	902	711	650	626	252	660	583	456	743	171	566
87	907	352	977	834	52	85	670	983	180	923	933	820	338	730
652	576	332	494	297	697	248	575	443	955	913	839	405	814	468
818	236	100	515	47	39	140	552	241	391	936	644	710	23	600
225	609	586	157	946	137	690	106	312	346	77	706	512	882	699
420	898	497	239	459	755	920	678	208	547	378	230	718	981	435
20	885	496	906	410	890	194	223	897	619	10	135	948	155	702
760	360	664	963	2	33	97	370	611	821	849	441	144	798	245
71	130	115	389	592	80	414	60	934	385	540	994	367	525	768
292	877	123	479	919	1	400	590	218	625	28	488	850	99	914
204	687	506	703	371	66	921	483	78	406	320	324	870	267	637
434	424	943	24	164	46	881	879	903	511	168	358	16	302	207
185	572	992	591	672	539	541	535	299	386	124	477	322	149	543
56	116	899	628	280	601	519	375	407	554	791	790	908	504	255
154	96	329	972	642	910	118	639	233	45	685	615	418	968	917
715	909	305	122	111	534	36	251	113	461	411	659	462	970	900
784	156	105	387	50	522	143	183	826	987	227	415	806	192	471
490	176	895	878	721	627	544	290	216	680	623	854	636	307	584
344	571	363	121	4	665	288	974	469	187	220	12	177	136	159
828	555	184	151	998	783	911	426	546	88	98	445	272	319	797
195	323	676	893	129	63	709	875	*	551	986	514	110	349	969
793	191	640	258	59	341	331	261	922	631	161	695	804	940	744
495	275	396	932	83	813	643	613	345	725	356	476	484	840	833
719	593	537	91	805	912	72	568	388	864	663	5	492	608	529
523	558	215	201	701	580	772	757	524	508	333	999	422	700	489
812	847	649	564	964	616	827	430	310	536					

* Represents 1000

Each pair of facing pages is a permutation of 1000 integers, 525 in the left-hand page (Part I) and 475 on the right-hand page (Part II).

TABLE 9—INTEGERS 1–1000
Part I

530	509	47	379	786	644	488	359	893	680	271	498	995	886	13
345	726	580	262	939	389	92	127	934	453	59	874	739	634	170
443	179	430	352	337	110	701	311	513	793	841	781	365	978	6
43	812	93	195	465	459	27	74	877	647	925	558	541	649	83
446	945	767	613	653	213	11	566	543	80	772	134	54	506	682
396	153	263	853	236	569	591	714	601	247	384	692	349	773	857
198	578	154	918	969	254	321	862	493	727	844	734	928	564	697
868	483	796	460	763	694	556	175	69	139	732	52	721	65	393
391	689	312	770	274	620	881	295	800	756	802	199	785	219	693
981	473	233	99	417	666	833	926	944	584	752	645	942	319	246
301	376	927	502	405	550	966	992	68	604	958	627	749	932	885
457	815	982	239	88	97	296	710	811	375	775	571	458	679	308
640	347	898	248	621	354	577	859	40	757	651	780	117	111	24
338	915	61	769	979	475	531	875	599	112	9	843	440	294	646
759	4	642	700	415	990	224	593	560	78	989	208	887	388	305
264	949	787	121	318	470	848	819	633	737	568	356	302	495	429
834	706	971	183	220	801	273	854	517	596	462	383	366	353	516
794	432	364	284	326	120	431	476	360	258	931	22	617	197	58
166	956	709	472	542	631	266	983	201	856	215	630	492	439	745
896	512	673	407	738	242	973	606	196	173	207	751	235	467	214
998	16	487	17	658	193	385	540	267	663	135	35	75	57	565
62	118	768	742	420	551	369	980	504	837	803	842	403	129	159
101	451	165	485	791	760	865	960	899	717	671	210	53	534	946
674	628	835	708	155	771	527	171	779	736	515	610	953	436	810
152	494	66	766	681	963	279	444	370	39	891	249	174	906	182
941	408	234	567	715	471	711	450	873	823	783	807	503	401	683
672	320	372	149	967	730	817	691	158	46	729	975	746	86	699
421	718	938	292	463	930	390	303	304	955	852	576	136	84	665
570	851	643	287	702	113	14	148	290	315	872	77	21	427	156
624	603	836	410	968	447	241	348	339	226	850	395	519	754	327
225	259	331	735	277	28	282	45	145	49	876	965	594	778	895
855	299	499	124	70	81	988	664	525	227	425	659	441	860	827
496	*	343	411	251	104	626	741	987	695	180	661	160	169	839
574	784	386	947	64	325	333	563	554	122	789	526	486	270	128
608	406	538	474	884	357	792	529	265	350	858	232	991	452	838

* Represents 1000

TABLE 9—INTEGERS 1–1000
Part II

999	902	1	832	579	840	524	611	368	116	948	218	821	935	912
238	774	964	355	298	119	677	662	414	164	243	882	619	961	189
51	79	625	590	655	15	743	826	705	448	188	317	167	747	869
890	138	908	131	904	221	37	508	202	48	669	206	900	518	688
878	863	419	744	818	880	830	137	696	954	824	42	974	849	412
553	907	816	532	358	322	288	397	733	161	392	748	585	229	761
866	456	205	289	132	398	501	147	340	418	186	790	911	426	163
115	609	871	588	719	686	575	95	952	707	888	704	381	26	367
374	29	820	592	329	536	799	916	587	919	442	481	731	605	56
341	537	652	269	657	323	423	648	959	572	351	172	937	87	25
100	478	96	921	146	581	276	923	996	150	151	479	994	3	753
505	977	428	612	950	466	600	130	557	203	582	660	607	250	883
178	638	484	500	30	539	636	306	755	639	261	449	23	157	244
910	176	616	629	192	362	18	641	281	750	986	371	461	511	762
454	143	559	684	985	549	976	777	252	344	76	230	544	255	929
583	797	437	314	507	363	285	722	562	71	936	814	740	107	597
33	5	194	307	725	34	933	546	723	98	8	798	614	894	10
346	650	223	552	545	335	260	445	310	846	123	387	105	970	491
586	782	713	489	828	993	716	212	125	795	177	204	91	200	922
297	402	361	413	438	380	31	813	245	469	943	187	316	41	510
940	272	573	435	805	73	103	622	126	209	394	330	217	480	831
309	809	788	675	555	144	7	332	924	72	972	482	687	2	422
468	764	60	889	822	283	257	211	728	82	602	962	909	32	776
256	106	598	140	656	521	984	913	758	920	522	806	703	324	328
867	595	528	36	670	291	903	231	635	275	724	765	216	490	477
632	520	268	108	133	804	416	914	162	690	85	141	901	50	404
168	861	676	142	313	240	400	334	523	533	667	38	637	455	90
342	253	514	879	615	94	237	373	678	278	433	548	685	997	917
547	109	286	222	623	280	654	20	19	698	228	864	847	561	892
67	825	497	63	12	951	102	336	378	190	184	300	808	181	293
535	424	957	618	114	870	44	720	712	589	55	191		89	829	434
905	668	382	897	399	409	464	185	377	845					

Each pair of facing pages is a permutation of 1000 integers, 525 in the left-hand page (Part I) and 475 on the right-hand page (Part II).

APPENDIX

The permutations presented were prepared at the Stanford Computation Center on the Burroughs 220, using the RAND deck of random digits [1]. The program is straightforward and moderately fast. (An average of 7 seconds per permutation was required to permute integers 1–100, compute the statistics, and print the results. It is estimated that approximately 3.5 seconds per permutation were required for computing the statistics.)

The discussion and the flow diagram presented here will be of assistance if one wishes to write a computer program for generating random permutations of sequences of integers. This discussion supplements the general description, within the text, of the algorithm used for randomly permuting a sequence of integers. The notation used here corresponds to the notation used in the text.

In particular, the programmer will be interested in the details of those operations that must be performed prior to execution of the first cycle (i.e., the cycle for which $M_j = N$) and those performed at intermediate points of transition from one modulus K to the next. Certain details about the selection of the initial values of F, K, and U prior to execution of the first cycle can be illustrated best by a numerical example.

The sequence of moduli may be considered the limits for a sequence of modulo reduction intervals. These are displayed graphically for the case in which the range of the random integers is $1 \leq I \leq 100$:

```
        K₄   K₃           K₂    N           K₁              K₀
    |    |    |            |    |            |               |
    1    6    12           25   33           50              100
```

If the number N of integers to be permuted is 100, M_j would be stepped through a standard pattern starting with $K_0 = I_{\max} = 100$ and $F_0 = 1$, then when M_j becomes equal to $K_1 = 50$ the modulus is modified and M_j is stepped through the second interval, and so on. Finally, M_j reaches 1 and the permutation is completed. If instead $N = 33$, the standard starting modulo reduction interval would be that for $K_1 = 50$, but we will discard fewer random integers if we define a starting modulo reduction interval $(M_j = 33, 32, 31, \cdots, 26)$ for which $K_a = 33$ and $F_a = 3$.

Thus at the outset we let $K_a = N$, $F_a = \lfloor K_0/N \rfloor$*, and calculate $U_a = F_a \cdot N$, which is the upper limit on the random integers that may be reduced modulo K. The lower limit K'_a of the starting modulo reduction interval is $K'_a = \lfloor K_0/F_m \rfloor + 1$, where $F_m = 2^m > F_a$. In this example, $m = 2$, $F_m = 2^2 > 3$, and $K'_a = \lfloor 100/4 \rfloor + 1 = 26$. For a starting interval thus defined, each random integer $I > U_a$ must be discarded, otherwise I may be reduced modulo K_a before comparison with M_j.

---

* $F_a = \lfloor K_0/N \rfloor$ is the largest integer not greater than K_0/N.

APPENDIX

START
↓

(T) — If a new value has been assigned to N, i.e., if NEWN = 1, — **(F)**

Assign the integers 1, 2, 3, $\cdots$, N to memory registers PL(1), PL(2), $\cdots$, PL(N) respectively.

Assign: NEWN ← 0.

(T) — If a new value has been assigned to K_0, i.e., if NEWK = 1, — **(F)**

Calculate: $F_a = \lfloor K_0/N \rfloor$; $U_a = F_a \cdot N$.
Calculate: $F_m = 2^m > F_a$, i.e., assign: $F_m \leftarrow 1$; then until $F_m > F_a$; $F_m \leftarrow (F_m + F_m)$.

Calculate: $K'_a = \lfloor K_0/F_m \rfloor + 1$
Assign: NEWK ← 0.

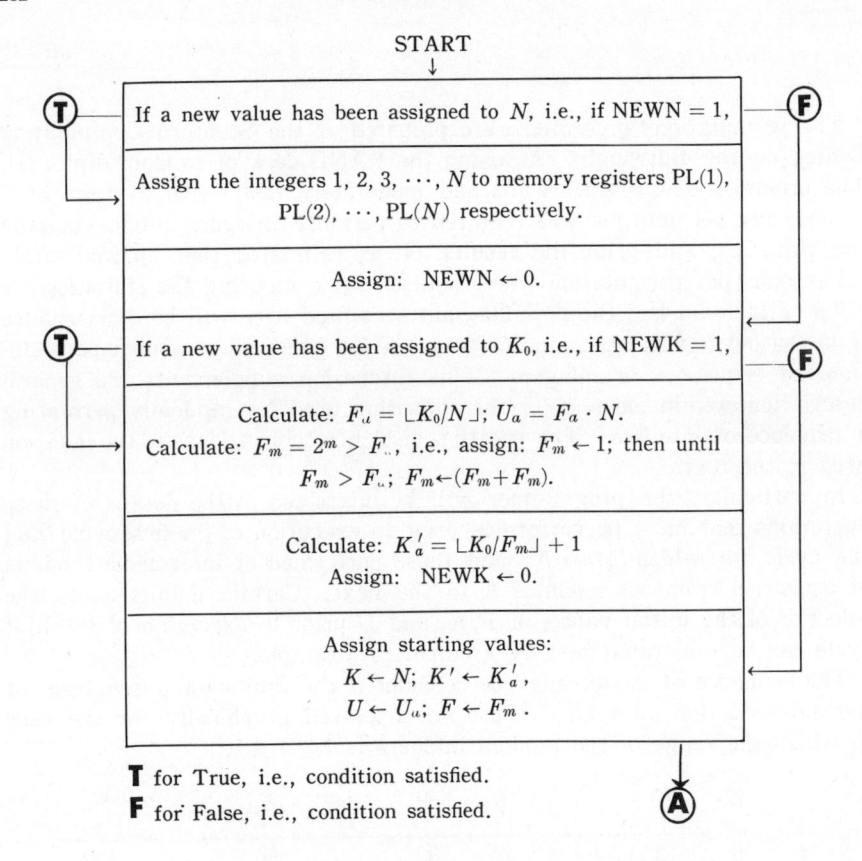

Assign starting values:
$K \leftarrow N$; $K' \leftarrow K'_a$,
$U \leftarrow U_a$; $F \leftarrow F_m$.

T for True, i.e., condition satisfied.
F for False, i.e., condition satisfied.

(A)

After the cycle for which $M_j = 26$, the next lower modulo reduction interval is entered. At this point we return to the standard pattern by calculating $K_m = K'_a - 1$, $K'_m = \lfloor K_m/2 \rfloor + 1$, $U_m = F_m \cdot K_m$, and $F_{m+1} = 2F_m$.

Thereafter, each time a new modulo reduction interval is entered, K, F, and U are modified as follows:

$$K_{m+1} = K'_m - 1, \quad K'_{m+1} = \lfloor K_{m+1}/2 \rfloor + 1, \quad U_{m+1} = F_{m+1} \cdot K_{m+1}, \quad F_{m+2} = 2F_{m+1}.$$

The flow diagram explicitly describes the procedure for randomly permuting an arbitrary sequence of integers. It provides for arbitrary specification of the value of N and of $K_0 = I_{\max}$. Whenever a new value is assigned to N, that fact is indicated by assigning the value 1 to the variable NEWN. Similarly, the value 1 is assigned to the variable NEWK whenever a new value is assigned to K_0, i.e. when the range of the random integers is modified.

The procedure requires on the average 1.5N random integers per permutation of the integers 1-N. Random integers may be obtained from a deck of cards [1], or, if one prefers, the computer may be programmed to generate pseudo-random integers [2], [3], [4].

APPENDIX

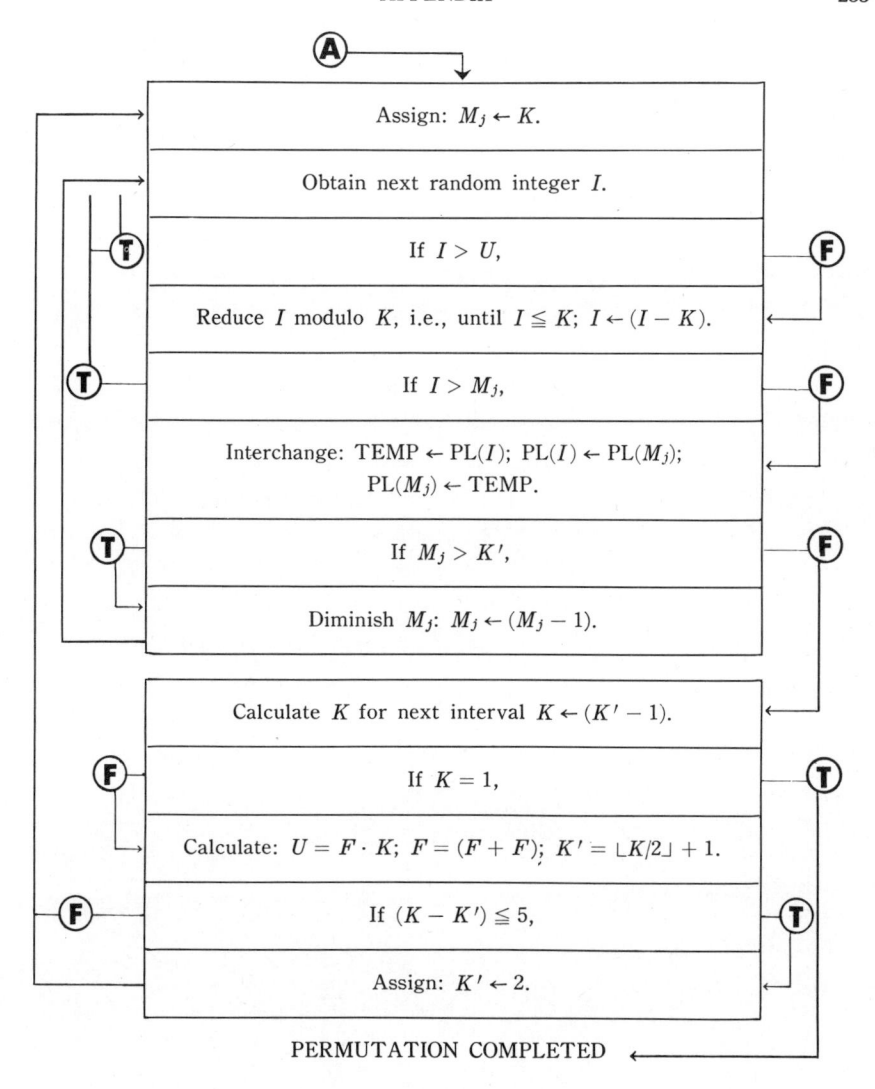

```
                          (A)
                           ↓
              ┌─────────────────────────────────┐
              │   Assign: M_j ← K.              │
              ├─────────────────────────────────┤
         →    │   Obtain next random integer I. │
              ├─────────────────────────────────┤
        (T)   │   If I > U,                     │   (F)
              ├─────────────────────────────────┤
              │   Reduce I modulo K, i.e.,      │
              │   until I ≤ K; I ← (I − K).     │
              ├─────────────────────────────────┤
        (T)   │   If I > M_j,                   │   (F)
              ├─────────────────────────────────┤
              │   Interchange: TEMP ← PL(I);    │
              │   PL(I) ← PL(M_j);              │
              │   PL(M_j) ← TEMP.               │
              ├─────────────────────────────────┤
        (T)   │   If M_j > K',                  │   (F)
              ├─────────────────────────────────┤
              │   Diminish M_j: M_j ← (M_j − 1).│
              └─────────────────────────────────┘

              ┌─────────────────────────────────┐
              │ Calculate K for next interval   │
              │   K ← (K' − 1).                 │
              ├─────────────────────────────────┤
        (F)   │   If K = 1,                     │   (T)
              ├─────────────────────────────────┤
              │ Calculate: U = F · K;           │
              │ F = (F + F); K' = ⌊K/2⌋ + 1.    │
              ├─────────────────────────────────┤
        (F)   │   If (K − K') ≤ 5,              │   (T)
              ├─────────────────────────────────┤
              │   Assign: K' ← 2.               │
              └─────────────────────────────────┘
                  PERMUTATION COMPLETED
```

References

[1] RAND CORPORATION. *A Million Random Digits with 100,000 Normal Deviates*. Glencoe, Ill.: Free Press, 1955.
[2] BOFINGER, E., and V. J. BOFINGER. On a periodic property of pseudo-random sequences. *J. Assoc. Computing Machinery*, **5** (1958), 261–65.
[3] MOSHMAN, JACK. The generation of pseudo-random numbers on a decimal machine. *J. Assoc. Computing Machinery*, **1** (1954), 88–91.
[4] ROTENBERG, A. A new pseudo-random number generator. *J. Assoc. Computing Machinery*, **7** (1960), 75–77.